数值分析学习指南

邹秀芬　吕锡亮　向　华　杨志坚　编著

图书在版编目(CIP)数据

数值分析学习指南/邹秀芬等编著.—武汉:武汉大学出版社,2023.10
ISBN 978-7-307-23899-2

Ⅰ.数…　Ⅱ.邹…　Ⅲ.数值分析—高等学校—教材　Ⅳ.O241

中国国家版本馆 CIP 数据核字(2023)第 145431 号

责任编辑:任仕元　　　责任校对:李孟潇　　　装帧设计:马　佳

出版发行:**武汉大学出版社**　(430072　武昌　珞珈山)
(电子邮箱:cbs22@ whu.edu.cn 网址:www.wdp.com.cn)
印刷:湖北恒泰印务有限公司
开本:787×1092　1/16　印张:13.5　字数:320 千字　插页:1
版次:2023 年 10 月第 1 版　　2023 年 10 月第 1 次印刷
ISBN 978-7-307-23899-2　　定价:46.00 元

前　言

随着大数据时代的到来和计算机技术的不断发展，“数值分析”或“计算方法”已经成为理工科院校本科生和研究生的必修课程. 在这门课程的学习过程中，学生常常对某些知识的理解以及部分习题的推理论证感到较为困难. 为了帮助学生能更好地理解数值计算方法的基本内容，拓展思路，提高解题技巧，并灵活运用所学知识解决问题，我们参考教育部关于理工科学生“数值计算方法”课程基本要求，根据多年的教学经验，在原编写的《数值计算方法学习指导书》的基础上，扩充和调整了部分内容，编写了这本辅导教材.

本书包括基本知识、线性方程组的数值解法、非线性方程(组)的数值解法、曲线拟合、矩阵特征值问题的数值方法、插值法、函数逼近、数值积分、常微分方程的数值解法等内容. 每章都由主要内容、知识要点和典型例题详解三部分组成. 在各章主要部分，提出了本章的要求和要掌握的知识点；在知识要点部分，系统地归纳了本章所涉及的重点内容，并进行了总结和评注；在典型例题详解部分，选择了丰富的能巩固本课程内容的典型例题，并作了详细的分析与解答，许多题目还给出了多种解法和用 MATLAB 数学软件的计算方法. 书末还附有 4 份模拟试卷及其参考解答.

本书第 1 章、第 2 章和第 8 章由邹秀芬老师执笔，第 4 章和第 5 章由杨志坚老师执笔，第 6 章和第 7 章由吕锡亮老师执笔，第 3 章和第 9 章由向华老师执笔，在原书《数值计算方法学习指导书》的基础上进行了改编. 全书编写得到了陈绍林老师和胡宝清老师的支持，全书由邹秀芬老师定稿.

武汉大学信息与计算科学系的相关老师对本书的内容提出了宝贵的意见，武汉大学出版社的编辑为本书的出版给予了大力支持并付出了辛勤劳动，在此一并致谢.

由于作者才疏学浅，书中难免有疏漏及不妥之处，恳请广大读者批评指正.

编　者

2023 年 3 月于武汉大学

目　录

第 1 章　基 本 知 识

1.1　主要内容

本章主要讲解绝对误差、相对误差和有效数字的基本概念．讲解向量范数，矩阵范数及状态数(条件数)，矩阵序列的极限的概念、性质和有关重要结论，以及用范数来分析方程组的性态.

1.2　知识要点

1.2.1　误差的基本概念

1. 绝对误差与相对误差

用 x^* 表示一个精确数，x 表示 x^* 的近似数，$\Delta x = x - x^*$ 表示 x 与 x^* 的误差．分别称 $\varepsilon = |\Delta x|$，$\xi = \left|\dfrac{\Delta x}{x^*}\right|$ 为近似数 x 的绝对误差和相对误差.

2. 有效数字

若近似数 x 关于其精确数 x^* 满足 $|x - x^*| \leqslant \dfrac{1}{2} \times 10^{-k}$，则称 x 近似表示 x^* 时精确到小数点后的第 k 位．从这位(包括第 k 位)数字起，直至该数最左端的非零数字之间的所有数字，称为该近似数的有效数字.

3. 有效数字与绝对误差、相对误差的关系

对于同一个精确数，近似数的有效数字越多，绝对误差与相对误差越小.

4. 算法的数值稳定性

一个算法如果输入数据有扰动(即有误差)，而计算过程中舍入误差不增长或可以控制，则称此算法是数值稳定的，否则称此算法为数值不稳定的.

5. 数值计算中的注意事项

(1) 避免两个相近的数相减，防止有效数字的损失.

(2)绝对值太小的数不宜作除数，以防止数值超出计算机能表示的数值范围而发生“溢出”.

(3)防止大数“吃掉”小数.

(4)简化计算程序，减少运算次数，以减少误差积累.

(5)选用数值稳定性好的算法.

1.2.2　向量范数与矩阵范数

1. 向量范数

1)定义

设 V 是数域 $\mathbf{K}$ (实数域 $\mathbf{R}$ 或复数域 $\mathbf{C}$)上的一个 n 维向量空间. 若对任一 $\boldsymbol{x} \in V$，有一个非负实数 $\|\boldsymbol{x}\|$ 与之对应，满足：

(1) $\boldsymbol{x} \neq \mathbf{0}$ 时 $\|\boldsymbol{x}\| > 0$，当且仅当 $\boldsymbol{x} = \mathbf{0}$ 时 $\|\boldsymbol{x}\| = 0$(非负性)；

(2) $\forall \lambda \in \mathbf{K}$，$\|\lambda \boldsymbol{x}\| = |\lambda| \|\boldsymbol{x}\|$ (齐次性)；

(3) $\forall \boldsymbol{x}, \boldsymbol{y} \in V$，$\|\boldsymbol{x} + \boldsymbol{y}\| \leqslant \|\boldsymbol{x}\| + \|\boldsymbol{y}\|$ (三角不等式)，

则称 $\|\cdot\|$ 为 V 上的一个向量范数.

2) V 中常用向量范数

设 $\boldsymbol{x} = (x_1, x_2, \cdots, x_n)^{\mathrm{T}} \in V$，则有

1- 范数：$\|\boldsymbol{x}\|_1 = \sum_{i=1}^{n} |x_i|$；

2- 范数：$\|\boldsymbol{x}\|_2 = \sqrt{\boldsymbol{x}^{\mathrm{H}} \boldsymbol{x}} = \sqrt{\sum_{i=1}^{n} \overline{x_i} x_i} = \sqrt{\sum_{i=1}^{n} |x_i|^2}$；

∞ - 范数：$\|\boldsymbol{x}\|_\infty = \max_{1 \leqslant i \leqslant n} |x_i|$.

一般的 Hölder 范数(或 p- 范数)：$\|\boldsymbol{x}\|_p = \left(\sum_{i=1}^{n} |x_i|^p\right)^{\frac{1}{p}}$，$1 \leqslant p < \infty$.

2. (有限维空间中的)矩阵范数

1)定义

设 $M = V \times V$ 表示数域 $\mathbf{K}$ 上 n 阶矩阵全体形成的 n^2 维线性空间. 若对任一 $\boldsymbol{A} \in M$，有一非负实数 $\|\boldsymbol{A}\|$ 与之对应，满足

(1) $\boldsymbol{A} \neq \boldsymbol{O}$ 时 $\|\boldsymbol{A}\| > 0$，当且仅当 $\boldsymbol{A} = \boldsymbol{O}$ 时 $\|\boldsymbol{A}\| = 0$；

(2) $\forall \lambda \in \boldsymbol{K}$，$\|\lambda \boldsymbol{A}\| = |\lambda| \|\boldsymbol{A}\|$；

(3) $\forall \boldsymbol{A}, \boldsymbol{B} \in M$，$\|\boldsymbol{A} + \boldsymbol{B}\| \leqslant \|\boldsymbol{A}\| + \|\boldsymbol{B}\|$，

则称 $\|\cdot\|$ 是 M 上的一个矩阵范数.

若还满足

(4) $\forall \boldsymbol{A}, \boldsymbol{B} \in M$，$\|\boldsymbol{AB}\| \leqslant \|\boldsymbol{A}\| \|\boldsymbol{B}\|$ (相容性条件)，

则称 $\|\cdot\|$ 是 M 上的相容矩阵范数(若无特别说明，本书矩阵范数均指相容矩阵范数).

2)矩阵范数与向量范数的相容性

设$\boldsymbol{A}\in M$，$\|\boldsymbol{A}\|_\alpha$是矩阵范数．$\boldsymbol{x}\in \boldsymbol{V}$，$\|\boldsymbol{x}\|_\beta$是向量范数，若

$$\|\boldsymbol{Ax}\|_\beta \leqslant \|\boldsymbol{A}\|_\alpha \|\boldsymbol{x}\|_\beta,$$

则称矩阵范数$\|\cdot\|_\alpha$与向量范数$\|\cdot\|_\beta$相容.

3) Frobenius 范数(或 F-范数)

设$\boldsymbol{A}\in M$，$\|\boldsymbol{A}\|_F=\sqrt{\sum_{i,j=1}^{n}|a_{ij}|^2}$是 Frobenius 范数.

(1)设α_j，β_i^{T}分别为$\boldsymbol{A}$的列向量和行向量，则

$$\|\boldsymbol{A}\|_F=\sqrt{\sum_{i,j=1}^{n}|a_{ij}|^2}=\sqrt{\sum_{i=1}^{n}\|\alpha_i\|_2^2}=\sqrt{\sum_{i=1}^{n}\|\boldsymbol{\beta}_i\|_2^2}$$
$$=\sqrt{\mathrm{tr}(\boldsymbol{A}^{\mathrm{T}}\boldsymbol{A})}.$$

(2) $\|\boldsymbol{A}\|_F$是相容的矩阵范数，即满足

$$\|\boldsymbol{AB}\|_F\leqslant \|\boldsymbol{A}\|_F\|\boldsymbol{B}\|_F.$$

(3) $\|\boldsymbol{A}\|_F$与向量2-范数相容，即满足

$$\|\boldsymbol{A}x\|_2\leqslant \|\boldsymbol{A}\|_F\|\boldsymbol{x}\|_2.$$

4)从属于已知向量范数的矩阵范数

设$\|\cdot\|$是V上已知的任一种向量范数，则对一切$\boldsymbol{A}\in M$，$\max\limits_{x\neq 0}\dfrac{\|\boldsymbol{Ax}\|}{\|\boldsymbol{x}\|}$确定的非负实数定义了$M$上的一种矩阵范数，记为$\|\boldsymbol{A}\|$，且有

$$\|\boldsymbol{A}\|=\max_{x\neq 0}\frac{\|\boldsymbol{Ax}\|}{\|\boldsymbol{x}\|}=\max_{\|x\|=1}\|\boldsymbol{Ax}\|,$$

称$\|\boldsymbol{A}\|$为从属于已知向量范数$\|\boldsymbol{x}\|$的矩阵范数，或由向量范数$\|\boldsymbol{x}\|$产生的算子范数、诱导范数.

5)三种常用的从属矩阵范数

设$\boldsymbol{A}=(a_{ij})\in M$，则

$$\|\boldsymbol{A}\|_1=\max_{1\leqslant j\leqslant n}\sum_{i=1}^{n}|a_{ij}|,\quad \|\boldsymbol{A}\|_\infty=\max_{1\leqslant i\leqslant n}\sum_{j=1}^{n}|a_{ij}|,\quad \|\boldsymbol{A}\|_2=\sqrt{\rho(\boldsymbol{A}^{\mathrm{H}}\boldsymbol{A})}.$$

6)三个重要定理

定理1.1 设$\boldsymbol{A}\in M$，$\rho(\boldsymbol{A})$是$\boldsymbol{A}$的谱半径，$\|\boldsymbol{A}\|$是M上任意的一种矩阵范数，则有$\rho(\boldsymbol{A})\leqslant\|\boldsymbol{A}\|$.（谱半径$\rho(\boldsymbol{A})$是$\boldsymbol{A}$的特征值按模最大者，设$\boldsymbol{A}$的特征值集合为$\sigma(\boldsymbol{A})$，则$\rho(\boldsymbol{A})=\max\{|\lambda|\,|\lambda\in\sigma(\boldsymbol{A})\}$）.

注 此定理在特征值与范数的相关结论的证明中经常用到.

定理1.2 设$\|\cdot\|$是从属的矩阵范数，$\boldsymbol{A}$是n阶矩阵且$\|\boldsymbol{A}\|<1$，则必有$\boldsymbol{I}\pm\boldsymbol{A}$可逆，且$\|(\boldsymbol{I}\pm\boldsymbol{A})^{-1}\|\leqslant\dfrac{1}{1-\|\boldsymbol{A}\|}$.

注 此定理保证方程组$\boldsymbol{x}=\boldsymbol{Ax}$有唯一解.

定理1.3 设$\boldsymbol{A}$是n阶非奇异矩阵，$\boldsymbol{E}$是任意n阶矩阵．若$\|\boldsymbol{A}^{-1}\boldsymbol{E}\|<1$，则$\boldsymbol{A}+\boldsymbol{E}$也非奇异，且

$$\|(\boldsymbol{A}+\boldsymbol{E})^{-1}\| \leqslant \frac{\|\boldsymbol{A}^{-1}\|}{1-\|\boldsymbol{A}^{-1}\boldsymbol{E}\|}.$$

注　此定理给出了扰动方程组(包含非线性扰动)的可解性，而且给出了扰动矩阵的逆阵的范数估计.

3. 矩阵序列的极限

1)矩阵序列的极限定义

设 $\{\boldsymbol{A}_k\}$ 是 n 阶矩阵序列，其中 $\boldsymbol{A}_k=(a_{ij}^{(k)})$. 又设 $\boldsymbol{A}=(a_{ij})$ 是 n 阶矩阵. 如果 $\lim\limits_{k\to\infty}a_{ij}^{(k)}=a_{ij}\ (i,\ j=1,\ 2,\ \cdots,\ n)$，则称矩阵 $\boldsymbol{A}$ 是矩阵序列 $\{\boldsymbol{A}_k\}$ 的极限. 如果一个矩阵序列有极限，则称这个矩阵序列是收敛的.

2)收敛矩阵的定义

设 $\boldsymbol{A}$ 是 n 阶矩阵，若矩阵序列 $\{\boldsymbol{A}^k\}$ 收敛到零矩阵，则称矩阵 $\boldsymbol{A}$ 是收敛的.

3)相关的结论

定理 1.4　设 $\boldsymbol{A}$ 是 n 阶矩阵，则 $\boldsymbol{A}$ 收敛的充要条件是 $\boldsymbol{A}$ 的谱半径 $\rho(\boldsymbol{A})<1$.

定理 1.5(逆算子定理)　设 $\boldsymbol{A}$ 是 n 阶矩阵，$\|\cdot\|$ 是一矩阵范数. 若 $\|\boldsymbol{A}\|<1$，则矩阵级数 $\sum\limits_{k=0}^{\infty}\boldsymbol{A}^k$ 和矩阵 $\boldsymbol{A}$ 是收敛的，且 $\sum\limits_{k=0}^{\infty}\boldsymbol{A}^k=(\boldsymbol{I}-\boldsymbol{A})^{-1}$.

1.2.3　方程组的性态与条件数

1. n 阶非奇异矩阵的状态数(或条件数)

设 $\boldsymbol{A}$ 是 n 阶非奇异矩阵，称 $\|\boldsymbol{A}\|_\alpha\|\boldsymbol{A}^{-1}\|_\alpha$ 为矩阵 $\boldsymbol{A}$ 关于范数 $\|\cdot\|_\alpha$ 的状态数或条件数，记为 $\mathrm{cond}_\alpha(\boldsymbol{A})$.

2. 解向量扰动与右端向量扰动的相对误差之间的关系

当右端向量 $\boldsymbol{b}$ 有扰动 $\delta\boldsymbol{b}$ 时，则解的扰动 $\delta\boldsymbol{x}$ 与 $\delta\boldsymbol{b}$ 有下列关系：

$$\frac{\|\delta\boldsymbol{x}\|}{\|\boldsymbol{x}^*\|} \leqslant \mathrm{cond}(\boldsymbol{A})\frac{\|\delta\boldsymbol{b}\|}{\|\boldsymbol{b}\|}.$$

3. 解向量扰动与系数矩阵扰动的相对误差之间的关系

当系数矩阵 $\boldsymbol{A}$ 有扰动 $\delta\boldsymbol{A}$ 时，若 $\|\boldsymbol{A}^{-1}\|\|\delta\boldsymbol{A}\|<1$，则解的扰动 δx 与 $\delta\boldsymbol{A}$ 有下列关系：

$$\frac{\|\delta\boldsymbol{x}\|}{\|\boldsymbol{x}^*\|} \leqslant \frac{\mathrm{cond}(\boldsymbol{A})\dfrac{\|\delta\boldsymbol{A}\|}{\|\boldsymbol{A}\|}}{1-\mathrm{cond}(\boldsymbol{A})\dfrac{\|\delta\boldsymbol{A}\|}{\|\boldsymbol{A}\|}}.$$

4. 方程组的性态

非奇异方程组系数矩阵的条件数越大，称该方程组的求解问题越病态，反之越良态.

1.3 典型例题详解

1.3.1 误差的基本概念

例 1.1 若$f(x)=\ln(x-\sqrt{x^2-1})$，则计算$f(30)$的值时绝对误差有多大？若改用另一等价公式$\ln(x-\sqrt{x^2-1})=-\ln(x+\sqrt{x^2-1})$，则计算$f(30)$的值时绝对误差有多大？(计算过程取6位有效数字)

分析 本题属于基本的计算题，考查绝对误差的定义以及与有效数字的关系．本题有两种解法：一种是直接按照绝对误差的定义来解；另一种是利用有效数字与绝对误差的关系及函数的相关性质来估计出绝对误差.

解法 1 (1) 用函数$f(x)=\ln(x-\sqrt{x^2-1})$．令$y(x)=x-\sqrt{x^2-1}$，$f(x)=\ln y(x)$．若计算过程取6位有效数字，则$\sqrt{30^2-1}$的近似值为29.9833，从而得到$y(30)$的近似值$y_0=0.0167$.

再计算$-\ln y_0$的近似值$f_0=-4.09235$，因此得到$f(30)$的近似值为-4.09235．而$f(30)$的精确值为-4.09406666863206，因此计算$f(30)$的值时绝对误差为

$$
\begin{aligned}
|f(30)-f_0| &= |-4.09406666863206+4.09235| \\
&= 1.72017\times10^{-3}.
\end{aligned}
$$

(2)若改用公式$\ln(x-\sqrt{x^2-1})=-\ln(x+\sqrt{x^2-1})$．令

$$
u(x)=x+\sqrt{x^2-1},\ f(x)=-\ln u(x),
$$

则当$x=30$时，得到$u(30)$的近似值$u_0=59.9833$.

再计算$-\ln u_0$的近似值$z_0=-4.09407$，从而得到$f(30)$的近似值为-4.09407．因此计算$f(30)$的值时绝对误差为

$$
\begin{aligned}
|f(30)-z_0| &= |-4.09406666863206+4.09407| \\
&= 3.331368\times10^{-6}.
\end{aligned}
$$

解法 2 (1)令$y(x)=x-\sqrt{x^2-1}$，$f(x)=\ln y(x)$.

当$x=30$时，若计算过程取6位有效数字，则得到$y(30)$的近似值$y_0=0.0167$．因此根据有效数字与绝对误差的关系知，计算$y(30)$的绝对误差为

$$
|y(30)-y_0|\leqslant\frac{1}{2}\times10^{-4}.
$$

计算$\ln y_0$的绝对误差为

$$
|\ln y_0-f_0|\leqslant\frac{1}{2}\times10^{-5}.
$$

用 Lagrange 中值定理，$f(30)-\ln y_0=\frac{1}{\xi}(y(30)-y_0)$，其中$\xi$介于$y(30)$与$y_0$之间．计算$f(30)$的绝对误差为

$$
\begin{aligned}
|f(30)-f_0| &\leqslant |f(30)-\ln y_0|+|\ln y_0-f_0| \\
&\leqslant \frac{|y(30)-y_0|}{|\xi|}+|\ln y_0-f_0| \\
&\leqslant \frac{|y(30)-y_0|}{|y_0|}+|\ln y_0-f_0| \\
&\leqslant 0.299451\times 10^{-2}.
\end{aligned}
$$

(2)若改用公式 $\ln(x-\sqrt{x^2-1})=-\ln(x+\sqrt{x^2-1})$，令

$$u(x)=x+\sqrt{x^2-1},\quad f(x)=-\ln u(x),$$

则当 $x=30$ 时，得到 $u(30)$ 的近似值 $u_0=59.9833$. 因此计算 $u(30)$ 的绝对误差为

$$|u(30)-u_0|\leqslant \frac{1}{2}\times 10^{-4}.$$

计算 $\ln u_0$ 的绝对误差为

$$|\ln u_0-z_0|\leqslant \frac{1}{2}\times 10^{-5},$$

从而

$$
\begin{aligned}
|f(30)-z_0| &\leqslant |f(30)-\ln u_0|+|\ln u_0-z_0| \\
&\leqslant \frac{|u(30)-u_0|}{|u_0|}+|\ln u_0-z_0| \\
&\leqslant 5.83357\times 10^{-6}.
\end{aligned}
$$

注　(1)从两种方法的计算结果来看，改写后的公式比原公式的计算结果误差小得多，此例说明两个相近的数 x 与 $\sqrt{x^2-1}$ 相减时由于有效数字的损失会产生较大的误差．为了避免这种情形，将公式改写成另外一种形式，就能得到误差较小的结果.

(2)计算过程中的误差由开平方和取对数两部分构成，因此在用第二种解法来估计总的绝对误差时应考虑这两部分，否则就得不到与解法 1 一致的结果.

例 1.2　计算用反正切函数 $\arctan x$ 的 Maclaurin 级数的前三项和 $x-\frac{1}{3}x^3+\frac{1}{5}x^5$ 近似代替 $\pi=4\left(\arctan\frac{1}{2}+\arctan\frac{1}{3}\right)$ 时的绝对误差和相对误差(计算过程取 7 位有效数字).

分析　这是一个基本的计算题，按照绝对误差和相对误差的定义计算即可.

解　令 $L(x)=x-\frac{1}{3}x^3+\frac{1}{5}x^5$，则

$$L\left(\frac{1}{2}\right)=0.4645833,\quad L\left(\frac{1}{3}\right)=0.3218107.$$

因此

$$\pi=4\left(\arctan\frac{1}{2}+\arctan\frac{1}{3}\right)\approx 3.145576.$$

绝对误差为

$$|\pi-3.145576|\approx 3.983346\times10^{-3}.$$

相对误差为

$$\frac{|\pi-3.145576|}{|\pi|}\approx 1.267939\times10^{-3}.$$

例 1.3 已知方程

$$f(x)=1.01e^{4x}-4.62e^{3x}-3.11e^{2x}+12.2e^{x}-1.99. \tag{1.1}$$

可将此方程改写成

$$f(x)=(((1.01e^{x}-4.62)e^{x}-3.11)e^{x}+12.2)e^{x}-1.99. \tag{1.2}$$

若计算过程中保留三位有效数字，且假定 $e^{1.53}=4.62$，分别利用式(1.1)和式(1.2)计算$f(1.53)$ 的近似值，并与精确值的三位数结果$f(1.53)=-7.61$ 进行比较.

解 利用 $e^{1.53}=4.62$，得到

$$e^{2\times(1.53)}=21.3,\quad e^{3\times(1.53)}=98.4,\quad e^{4\times(1.53)}=455.$$

利用式(1.1)计算，则

$$\begin{aligned}f(1.53)&=1.01\times455-4.62\times98.4-3.11\times21.3+12.2\times4.62-1.99\\&=-61.2+56.4-1.99=-6.79.\end{aligned}$$

利用式(1.2)计算，则

$$\begin{aligned}f(1.53)&=(((1.01\times4.62-4.62)\times4.62-3.11)\times4.62+12.2)\times4.62-1.99\\&=(-13.3+12.2)\times4.62-1.99=-7.07.\end{aligned}$$

利用式(1.1)计算的绝对误差为 $|-7.61+6.79|=0.82$，而利用式(1.2)计算的绝对误差为 $|-7.61+7.07|=0.54$. 相对误差分别是 0.108 和 0.071 0.

注 (1) 将式(1.1)改写成式(1.2)这种方法在多项式中被称为“嵌套技术”，它可以减少运算次数.

(2)从计算结果来看，利用式(1.2)计算的绝对误差和相对误差都要小一些，从而说明运算次数的减少可以减少误差的积累.

例 1.4 设 $I_n=\int_0^1 x^n e^x dx$，$n=0,1,2,\cdots$.

(1)证明：$I_n=e-nI_{n-1}$，$n=1,2,3,\cdots$.

(2)给出一个数值稳定的递推算法，并证明算法的稳定性.

解 (1) $I_n=\int_0^1 x^n e^x dx = x^n e^x\Big|_0^1-\int_0^1 e^x n x^{n-1}dx$

$$=e-n\int_0^1 x^{n-1}e^x dx=e-nI_{n-1},\quad n=1,2,\cdots.$$

(2)若直接使用递推公式 $I_n=e-nI_{n-1}$，从 $I_0=e-1$ 出发，若 I_0 的近似值为 $\tilde{I}_0$，则计算得到 I_n 的近似值 $\tilde{I}_n$ 的误差为

$$\begin{aligned}I_n-\tilde{I}_n&=-n(I_{n-1}-\widetilde{I_{n-1}})=n(n-1)(I_{n-2}-\widetilde{I_{n-2}})=\cdots\\&=(-1)^n n!\,(I_0-\tilde{I}_0),\end{aligned}$$

因此递推过程导致算法误差迅速增长，因而是一种不稳定的算法，我们必须将递推公式变

形为 $nI_{n-1}=\mathrm{e}-I_n$. 若已知 I_N，可得如下递推算法：

$$I_{n-1}=\frac{1}{n}(\mathrm{e}-I_n),\quad n=N,\ N-1,\ \cdots,\ 1. \tag{1.3}$$

若已知 I_n 的一个近似值 $\tilde{I}_n$，则实际算得的 I_{n-1} 的近似值为

$$\widetilde{I_{n-1}}=\frac{1}{n}(\mathrm{e}-\tilde{I}_n). \tag{1.4}$$

将式(1.3)与式(1.4)相减得

$$|I_{n-1}-\widetilde{I_{n-1}}|=\frac{1}{n}|I_n-\tilde{I}_n|,\quad n=N,\ N-1,\ \cdots,\ 1.$$

每迭代一次绝对误差均减少为上一代的 $\frac{1}{n}$，因此递推算法式(1.3)是稳定的.

注　例 1.4 主要说明在数值计算中要选用数值稳定性好的算法.

1.3.2　向量范数和矩阵范数

例 1.5　设 $\boldsymbol{A}$ 是实对称正定矩阵，$\boldsymbol{x}\in\mathbf{R}^n$，定义 $\|\boldsymbol{x}\|_A=(\boldsymbol{Ax},\ \boldsymbol{x})^{\frac{1}{2}}$，证明：$\|\boldsymbol{x}\|_A$ 是 $\mathbf{R}^n$ 上的一种向量范数.

分析　验证 $\|\boldsymbol{x}\|_A$ 满足向量范数定义中的三个条件即可，在具体的验证过程中要用到 Cauchy-Schwarz 不等式.

证　注意到 $\mathbf{R}^n$ 中的内积定义，$(\boldsymbol{Ax},\ \boldsymbol{x})=\boldsymbol{x}^{\mathrm{T}}\boldsymbol{Ax}$.

(1)因 $\boldsymbol{A}$ 对称正定，故对任意 $\boldsymbol{x}\neq\boldsymbol{0}$，$\|\boldsymbol{x}\|_A=\sqrt{\boldsymbol{x}^{\mathrm{T}}\boldsymbol{Ax}}>0$，当且仅当 $\boldsymbol{x}=\boldsymbol{0}$ 时，$\|\boldsymbol{x}\|_A=\sqrt{\boldsymbol{x}^{\mathrm{T}}\boldsymbol{Ax}}=0$.

(2)对任意常数 $\lambda\in\mathbf{R}$，

$$\|\lambda\boldsymbol{x}\|_A=\sqrt{(\lambda\boldsymbol{x})^{\mathrm{T}}\boldsymbol{A}(\lambda\boldsymbol{x})}=\sqrt{\lambda^2\boldsymbol{x}^{\mathrm{T}}\boldsymbol{Ax}}=|\lambda|\sqrt{\boldsymbol{x}^{\mathrm{T}}\boldsymbol{Ax}}=|\lambda|\,\|\boldsymbol{x}\|_A.$$

$$\begin{aligned}(3)\quad \|\boldsymbol{x}+\boldsymbol{y}\|_A&=\sqrt{(\boldsymbol{x}+\boldsymbol{y})^{\mathrm{T}}\boldsymbol{A}(\boldsymbol{x}+\boldsymbol{y})}\\&=\sqrt{\boldsymbol{x}^{\mathrm{T}}\boldsymbol{Ax}+\boldsymbol{x}^{\mathrm{T}}\boldsymbol{Ay}+\boldsymbol{y}^{\mathrm{T}}\boldsymbol{Ax}+\boldsymbol{y}^{\mathrm{T}}\boldsymbol{Ay}}\\&=\sqrt{\boldsymbol{x}^{\mathrm{T}}\boldsymbol{Ax}+2\boldsymbol{x}^{\mathrm{T}}\boldsymbol{Ay}+\boldsymbol{y}^{\mathrm{T}}\boldsymbol{Ay}}.\end{aligned}$$

因 $\boldsymbol{A}$ 对称正定，故有非奇异阵 $\boldsymbol{B}$，使得 $\boldsymbol{A}=\boldsymbol{B}^{\mathrm{T}}\boldsymbol{B}$，于是

$$\boldsymbol{x}^{\mathrm{T}}\boldsymbol{Ay}=(\boldsymbol{Bx})^{\mathrm{T}}(\boldsymbol{By}).$$

由 Cauchy-Schwarz 不等式，

$$|\boldsymbol{x}^{\mathrm{T}}\boldsymbol{Ay}|=|(\boldsymbol{Bx})^{\mathrm{T}}(\boldsymbol{By})|\leqslant\sqrt{(\boldsymbol{Bx})^{\mathrm{T}}(\boldsymbol{Bx})}\cdot\sqrt{(\boldsymbol{By})^{\mathrm{T}}(\boldsymbol{By})}.$$

因此

$$\begin{aligned}\|\boldsymbol{x}+\boldsymbol{y}\|_A&=\sqrt{\boldsymbol{x}^{\mathrm{T}}\boldsymbol{Ax}+2\boldsymbol{x}^{\mathrm{T}}\boldsymbol{Ay}+\boldsymbol{y}^{\mathrm{T}}\boldsymbol{Ay}}\\&\leqslant\sqrt{\boldsymbol{x}^{\mathrm{T}}\boldsymbol{Ax}+2\sqrt{\boldsymbol{x}^{\mathrm{T}}\boldsymbol{B}^{\mathrm{T}}\boldsymbol{Bx}}\cdot\sqrt{\boldsymbol{y}^{\mathrm{T}}\boldsymbol{B}^{\mathrm{T}}\boldsymbol{By}}+\boldsymbol{y}^{\mathrm{T}}\boldsymbol{Ay}}\\&\leqslant\sqrt{\boldsymbol{x}^{\mathrm{T}}\boldsymbol{Ax}+2\sqrt{\boldsymbol{x}^{\mathrm{T}}\boldsymbol{Ax}}\cdot\sqrt{\boldsymbol{y}^{\mathrm{T}}\boldsymbol{Ay}}+\boldsymbol{y}^{\mathrm{T}}\boldsymbol{Ay}}\\&=\sqrt{\boldsymbol{x}^{\mathrm{T}}\boldsymbol{Ax}}+\sqrt{\boldsymbol{y}^{\mathrm{T}}\boldsymbol{Ay}}\end{aligned}$$

$$= \|x\|_A + \|y\|_A.$$

因此，$\|x\|_A$ 是 $\mathbf{R}^n$ 上的一种向量范数.

注 由于 $A = B^{\mathrm{T}}B$，B 非奇异，则有

$$\|x\|_A = \sqrt{x^{\mathrm{T}}Ax} = \sqrt{x^{\mathrm{T}}B^{\mathrm{T}}Bx} = \sqrt{(Bx)^{\mathrm{T}}(Bx)} = \|Bx\|_2,$$

因此本题也可以通过证明 $\|x\|_A = \|Bx\|_2$ 是 $\mathbf{R}^n$ 上的一种向量范数而得证.

例 1.6 设 A 是非奇异矩阵，λ 是 A 的任一特征值，$\|A\|$ 是相容矩阵范数，证明：

(1) $\|I\| \geqslant 1$；　　(2) $\dfrac{1}{\|A^{-1}\|} \leqslant |\lambda| \leqslant \|A\|$.

这里 I 表示单位矩阵.

分析 解问题(1)有两种思路：其一是利用单位矩阵的特殊性，直接用范数的基本性质来证；其二是用矩阵的谱半径来证．问题(2)涉及特征值与范数的关系，可以利用矩阵与特征值的关系来证明.

证 (1) 方法 1　$A = A \cdot I$，$\|A\| = \|A \cdot I\| \leqslant \|A\|\,\|I\|$，$A$ 非奇异，$\|A\| > 0$，因此 $\|I\| \geqslant 1$.

方法 2　易知单位矩阵的谱半径 $\rho(I) = 1$，由定理 1.1 有 $\rho(I) \leqslant \|I\|$，因此 $\|I\| \geqslant 1$.

(2) 设 x 是相应于 A 的特征值 λ 的特征向量，则 $Ax = \lambda x$. 由向量范数定义及矩阵范数与向量范数的相容性，

$$|\lambda|\,\|x\| = \|\lambda x\| = \|Ax\| \leqslant \|A\|\,\|x\|,$$

由于 $\|x\| > 0$(特征向量为非零向量)，于是 $|\lambda| \leqslant \|A\|$.

A 非奇异，故 A^{-1} 存在，$\lambda \neq 0$，由 $Ax = \lambda x$，有 $\dfrac{1}{\lambda}x = A^{-1}x$. 同理，$\dfrac{1}{|\lambda|} \leqslant \|A^{-1}\|$.

因此，$\dfrac{1}{\|A^{-1}\|} \leqslant |\lambda| \leqslant \|A\|$.

例 1.7 设 $\|\cdot\|$ 是从属的矩阵范数，A 是非奇异矩阵，证明：

$$\|A^{-1}\|^{-1} = \min_{\|x\|=1} \|Ax\|.$$

分析 直接利用从属的矩阵范数的定义即可证明，但有两种变换的技巧.

证法 1　$\|A^{-1}\| = \max\limits_{x\neq 0} \dfrac{\|A^{-1}x\|}{\|x\|}$，令 $A^{-1}x = y$，则

$$\|A^{-1}\| = \max_{y\neq 0} \frac{\|y\|}{\|Ay\|} = \frac{1}{\min\limits_{y\neq 0} \dfrac{\|Ay\|}{\|y\|}}.$$

因此

$$\|A^{-1}\|^{-1} = \min_{y\neq 0} \frac{\|Ay\|}{\|y\|} = \min_{y\neq 0} \left\|A \frac{y}{\|y\|}\right\| = \min_{\|x\|=1} \|Ax\|.$$

证法 2　$\|A^{-1}\|^{-1} = \dfrac{1}{\max\limits_{\|y\|=1} \|A^{-1}y\|} = \min\limits_{\|y\|=1} \dfrac{1}{\|A^{-1}y\|}$

$$= \min_{\|y\|=1} \frac{\|A \cdot A^{-1}y\|}{\|A^{-1}y\|} = \min_{\|y\|=1} \left\|A \frac{A^{-1}y}{\|A^{-1}y\|}\right\|.$$

令 $x = \dfrac{A^{-1}y}{\|A^{-1}y\|}$，则 $\|x\| = 1$，即 $\|A^{-1}\|^{-1} = \min_{\|x\|=1} \|Ax\|$.

例 1.8　证明：$\|A\|_2 \leqslant \|A\|_F \leqslant \sqrt{n}\|A\|_2$.

分析　2-范数涉及矩阵的特征值，因此要利用线性代数中与特征值有关的重要结论：任一矩阵 B 所有的特征值之和等于矩阵 B 的对角元之和，即 $\mathrm{tr}(B)$.

证　易知 $A^{\mathrm{T}}A$ 是半正定的，因此可设其 n 个特征值为 $\lambda_1 \geqslant \lambda_2 \geqslant \cdots \geqslant \lambda_n \geqslant 0$，此时

$$\sum_{i=1}^{n} \lambda_i = \mathrm{tr}(A^{\mathrm{T}}A) = \sum_{j=1}^{n} a_{1j}^2 + \sum_{j=1}^{n} a_{2j}^2 + \cdots + \sum_{j=1}^{n} a_{nj}^2 = \sum_{i,\,j=1}^{n} a_{ij}^2 = \|A\|_F^2.$$

由 $\|A\|_2 = \sqrt{\rho(A^{\mathrm{T}}A)}$，且 $\rho(A^{\mathrm{T}}A) = \lambda_1 \leqslant \mathrm{tr}(A^{\mathrm{T}}A)$，即

$$\|A\|_2 \leqslant \|A\|_F.$$

又由 $\mathrm{tr}(A^{\mathrm{T}}A) = \sum_{i=1}^{n} \lambda_i \leqslant n\lambda_1 = n\rho(A^{\mathrm{T}}A)$，即 $\|A\|_F \leqslant \sqrt{n}\|A\|_2$. 因此，

$$\|A\|_2 \leqslant \|A\|_F \leqslant \sqrt{n}\|A\|_2.$$

例 1.9　证明：$\|AB\|_F \leqslant \|A\|_2\|B\|_F$ 和 $\|AB\|_F \leqslant \|A\|_F\|B\|_2$.

分析　本题是矩阵范数 $\|\cdot\|_F$ 与 $\|\cdot\|_2$ 的相容性，直接利用矩阵范数 $\|\cdot\|_2$ 与向量范数 $\|\cdot\|_2$ 的相容性来证.

证　令 $B = (\beta_1, \beta_2, \cdots, \beta_n)$，其中 β_j 为 B 的列向量，则

$$AB = (A\beta_1, A\beta_2, \cdots, A\beta_n),$$

注意到矩阵范数 $\|\cdot\|_2$ 与向量范数 $\|\cdot\|_2$ 的相容性，有

$$\|AB\|_F^2 = \sum_{i=1}^{n} \|A\beta_i\|_2^2 \leqslant \sum_{i=1}^{n} \|A\|_2^2 \|\beta_i\|_2^2$$

$$= \|A\|_2^2 \sum_{i=1}^{n} \|\beta_i\|_2^2 = \|A\|_2^2 \|B\|_F^2.$$

因此，

$$\|AB\|_F \leqslant \|A\|_2\|B\|_F.$$

同理可证，

$$\|AB\|_F = \|B^{\mathrm{T}}A^{\mathrm{T}}\|_F \leqslant \|B^{\mathrm{T}}\|_2\|A^{\mathrm{T}}\|_F = \|A\|_F\|B\|_2.$$

例 1.10　设 $A \in \mathbf{R}^{n\times n}$，证明：对任意给定的 $\varepsilon > 0$，存在 A 的一种范数 $\|\cdot\|$，使 $\|A\| \leqslant \rho(A) + \varepsilon$.

分析　本题是对教材中一个定理的补充证明．利用 A 的 Jordan 标准形来构造非奇异 Q，使得

$$\|Q^{-1}AQ\|_\infty \leqslant \rho(A) + \varepsilon,$$

然后再定义 $\|A\| = \|Q^{-1}AQ\|_\infty$ 即可.

证　设 A 的 Jordan 标准形为 J，则存在非奇异阵 P，使得

$$P^{-1}AP = J = \begin{pmatrix} J_1 & & & \\ & J_2 & & \\ & & \ddots & \\ & & & J_t \end{pmatrix},$$

其中，$J_i(i=1, 2, \cdots, t, \quad 1 \leqslant t \leqslant n)$ 为 Jordan 块，J_i 的阶数为 n_i，且 $\sum_{i=1}^{t} n_i = n$.

对 $\varepsilon > 0$，令 $D = \mathrm{diag}(1, \varepsilon, \cdots, \varepsilon^{n-1})$，则 D 为非奇异矩阵，而且容易证明

$$D^{-1}JD = \begin{pmatrix} J_1' & & & \\ & J_2' & & \\ & & \ddots & \\ & & & J_t' \end{pmatrix}, \quad 1 \leqslant t \leqslant n,$$

其中

$$J_i' = \begin{pmatrix} \lambda_i & \varepsilon & & \\ & \lambda_i & \ddots & \\ & & \ddots & \varepsilon \\ & & & \lambda_i \end{pmatrix},$$

λ_i 为 A 的第 i 个互异特征值，$i=1, 2, \cdots, t$（注意这里 J_i' 与 Jordan 块 J_i 的阶数相同）.

令 $Q = PD$，则 Q 非奇异，且

$$Q^{-1}AQ = D^{-1}(P^{-1}AP)D = D^{-1}JD = \mathrm{diag}(J_1', J_2', \cdots, J_t'),$$

因此

$$\begin{aligned} \| Q^{-1}AQ \|_\infty &= \| \mathrm{diag}(J_1', J_2', \cdots, J_t') \|_\infty = \max_{1 \leqslant i \leqslant t} \{ |\lambda_i| \} + \varepsilon \\ &\leqslant \rho(A) + \varepsilon. \end{aligned}$$

令 $\| A \| = \| Q^{-1}AQ \|_\infty$，若 $\| A \|$ 是 $\mathbf{R}^{n\times n}$ 上的一种矩阵范数，则结论得证.

下面验证 $\| A \|$ 是 $\mathbf{R}^{n\times n}$ 上的一种矩阵范数.

(1) 显然，当 $A \neq O$ 时，$\| A \| = \| Q^{-1}AQ \|_\infty > 0$，当且仅当 $A = O$ 时，

$$\| A \| = \| Q^{-1}AQ \|_\infty = 0.$$

(2) $\forall \lambda \in K$,

$$\| \lambda A \| = \| Q^{-1}(\lambda A)Q \|_\infty = |\lambda| \cdot \| Q^{-1}AQ \|_\infty = |\lambda| \cdot \| A \|.$$

(3) $\forall A, B \in \mathbf{R}^{n\times n}$,

$$\begin{aligned} \| A + B \| &= \| Q^{-1}(A+B)Q \|_\infty = \| Q^{-1}AQ + Q^{-1}BQ \|_\infty \\ &\leqslant \| Q^{-1}AQ \|_\infty + \| Q^{-1}BQ \|_\infty = \| A \| + \| B \|. \end{aligned}$$

(4) $\forall A, B \in \mathbf{R}^{n\times n}$,

$$\begin{aligned} \| AB \| &= \| Q^{-1}(AB)Q \|_\infty = \| (Q^{-1}AQ)(Q^{-1}BQ) \|_\infty \\ &\leqslant \| (Q^{-1}AQ) \|_\infty \cdot \| (Q^{-1}BQ) \|_\infty = \| A \| \| B \|. \end{aligned}$$

这表明 $\| A \|$ 是 $\mathbf{R}^{n\times n}$ 上的一种相容的矩阵范数.

注 结论中存在的这种矩阵范数 $\| \cdot \|$ 依赖于 A 和 ε.

例 1.11　设 $\boldsymbol{A}$ 和 $\boldsymbol{B}$ 都是 n 阶实矩阵，且成立 $\|\boldsymbol{I}-\boldsymbol{AB}\|<1$，证明：$\boldsymbol{A}$，$\boldsymbol{B}$ 可逆，且

$$\boldsymbol{A}^{-1}=\boldsymbol{B}\sum_{k=0}^{\infty}(\boldsymbol{I}-\boldsymbol{AB})^{k},\quad \boldsymbol{B}^{-1}=\sum_{k=0}^{\infty}(\boldsymbol{I}-\boldsymbol{AB})^{k}\boldsymbol{A}.$$

分析　本题利用在知识要点中补充的逆算子定理(定理 1.5)就很容易证明.

证　已知条件 $\|\boldsymbol{I}-\boldsymbol{AB}\|<1$，由定理 1.2 知，$(\boldsymbol{AB})^{-1}=(\boldsymbol{I}-(\boldsymbol{I}-\boldsymbol{AB}))^{-1}$ 存在，且由定理 1.5，

$$\sum_{k=0}^{\infty}(\boldsymbol{I}-\boldsymbol{AB})^{k}=(\boldsymbol{AB})^{-1}.$$

由 $(\boldsymbol{AB})^{-1}$ 存在，显然 $\boldsymbol{A}$，$\boldsymbol{B}$ 可逆，且

$$\boldsymbol{A}^{-1}=\boldsymbol{BB}^{-1}\boldsymbol{A}^{-1}=\boldsymbol{B}(\boldsymbol{AB})^{-1}=\boldsymbol{B}\sum_{k=0}^{\infty}(\boldsymbol{I}-\boldsymbol{AB})^{k},$$

$$\boldsymbol{B}^{-1}=\boldsymbol{B}^{-1}\boldsymbol{A}^{-1}\boldsymbol{A}=(\boldsymbol{AB})^{-1}\boldsymbol{A}=\sum_{k=0}^{\infty}(\boldsymbol{I}-\boldsymbol{AB})^{k}\boldsymbol{A}.$$

1.3.3　方程组的性态与条件数

例 1.12　设 $\boldsymbol{A}$ 是 n 阶非奇异实矩阵，证明：

(1)若 $\boldsymbol{A}$ 为正交矩阵，则 $\mathrm{cond}_2(\boldsymbol{A})=1$；

(2)若 $\boldsymbol{U}$ 为正交矩阵，则 $\mathrm{cond}_2(\boldsymbol{A})=\mathrm{cond}_2(\boldsymbol{AU})=\mathrm{cond}_2(\boldsymbol{UA})$；

(3)若 $\boldsymbol{B}=\boldsymbol{A}^{\mathrm{T}}\boldsymbol{A}$，则 $\mathrm{cond}_2(\boldsymbol{B})=\mathrm{cond}_2^2(\boldsymbol{A})$.

分析　本题说明正交矩阵的条件数有一些特殊性质，直接利用 2-条件数的定义即可证明.

证　$\boldsymbol{A}$ 非奇异，$\boldsymbol{A}^{\mathrm{T}}\boldsymbol{A}$ 与 $\boldsymbol{A}\boldsymbol{A}^{\mathrm{T}}$ 相似，因而有相同特征值，因此

$$\begin{aligned}\mathrm{cond}_2(\boldsymbol{A})&=\|\boldsymbol{A}\|_2\|\boldsymbol{A}^{-1}\|_2=\sqrt{\rho(\boldsymbol{A}^{\mathrm{T}}\boldsymbol{A})}\cdot\sqrt{\rho((\boldsymbol{A}^{-1})^{\mathrm{T}}\boldsymbol{A}^{-1})}\\&=\sqrt{\rho(\boldsymbol{A}^{\mathrm{T}}\boldsymbol{A})}\cdot\sqrt{\rho((\boldsymbol{A}^{\mathrm{T}})^{-1}\boldsymbol{A}^{-1})}\\&=\sqrt{\rho(\boldsymbol{A}^{\mathrm{T}}\boldsymbol{A})}\cdot\sqrt{\rho((\boldsymbol{A}\boldsymbol{A}^{\mathrm{T}})^{-1})}\\&=\sqrt{\rho(\boldsymbol{A}\boldsymbol{A}^{\mathrm{T}})}\cdot\sqrt{\rho((\boldsymbol{A}\boldsymbol{A}^{\mathrm{T}})^{-1})}.\end{aligned}$$

设 $\boldsymbol{A}^{\mathrm{T}}\boldsymbol{A}$ 的特征值 $\lambda_1\geqslant\lambda_2\geqslant\cdots\geqslant\lambda_n>0$($\boldsymbol{A}^{\mathrm{T}}\boldsymbol{A}$ 正定)，注意到非奇异阵与其逆矩阵的特征值互为倒数，因此

$$\mathrm{cond}_2(\boldsymbol{A})=\sqrt{\frac{\lambda_1}{\lambda_n}}.$$

(1)$\boldsymbol{A}$ 为正交矩阵，$\boldsymbol{A}^{\mathrm{T}}\boldsymbol{A}=\boldsymbol{A}^{-1}\boldsymbol{A}=\boldsymbol{I}$，而单位矩阵 $\boldsymbol{I}$ 的特征值全为 1，因此 $\mathrm{cond}_2(\boldsymbol{A})=1$.

(2)$\boldsymbol{U}$ 为正交矩阵，因此，

$$(\boldsymbol{UA})^{\mathrm{T}}(\boldsymbol{UA})=\boldsymbol{A}^{\mathrm{T}}\boldsymbol{U}^{\mathrm{T}}\boldsymbol{UA}=\boldsymbol{A}^{\mathrm{T}}\boldsymbol{A}.$$

而 $(\boldsymbol{AU})^{\mathrm{T}}(\boldsymbol{AU})=\boldsymbol{U}^{\mathrm{T}}\boldsymbol{A}^{\mathrm{T}}\boldsymbol{AU}$ 与 $\boldsymbol{A}^{\mathrm{T}}\boldsymbol{A}$ 相似，因此，$(\boldsymbol{UA})^{\mathrm{T}}(\boldsymbol{UA})$，$(\boldsymbol{AU})^{\mathrm{T}}(\boldsymbol{AU})$ 均与 $\boldsymbol{A}^{\mathrm{T}}\boldsymbol{A}$ 有相同的特征值，故

$$\mathrm{cond}_2(\boldsymbol{A})=\mathrm{cond}_2(\boldsymbol{AU})=\mathrm{cond}_2(\boldsymbol{UA}).$$

(3)易知 $\boldsymbol{B}$ 为对称阵，因此 $\boldsymbol{B}^{\mathrm{T}}\boldsymbol{B}=(\boldsymbol{A}^{\mathrm{T}}\boldsymbol{A})^2$，故 $\boldsymbol{B}^{\mathrm{T}}\boldsymbol{B}$ 的特征值是 $\boldsymbol{A}^{\mathrm{T}}\boldsymbol{A}$ 特征值的平方，从而 $\mathrm{cond}_2(\boldsymbol{B})=\mathrm{cond}_2^2(\boldsymbol{A})$.

例 1.13 设方程组 $\boldsymbol{Ax}=b$ 系数矩阵 $\boldsymbol{A}\in M$ 为非奇异阵，其条件数为 $\mathrm{cond}(\boldsymbol{A})$，并有扰动 $\delta\boldsymbol{A}$，且 $\|\boldsymbol{A}^{-1}\|\|\delta\boldsymbol{A}\|<1$，记 $\boldsymbol{x}$ 的扰动为 $\delta\boldsymbol{x}$，证明：

(1) $$\frac{\|\delta\boldsymbol{x}\|}{\|\boldsymbol{x}\|}\leqslant\frac{\mathrm{cond}(\boldsymbol{A})\dfrac{\|\delta\boldsymbol{A}\|}{\|\boldsymbol{A}\|}}{1-\mathrm{cond}(\boldsymbol{A})\dfrac{\|\delta\boldsymbol{A}\|}{\|\boldsymbol{A}\|}};$$

(2) $$\frac{\|\boldsymbol{A}^{-1}-(\boldsymbol{A}+\delta\boldsymbol{A})^{-1}\|}{\|\boldsymbol{A}^{-1}\|}\leqslant\frac{\mathrm{cond}(\boldsymbol{A})\dfrac{\|\delta\boldsymbol{A}\|}{\|\boldsymbol{A}\|}}{1-\mathrm{cond}(\boldsymbol{A})\dfrac{\|\delta\boldsymbol{A}\|}{\|\boldsymbol{A}\|}}.$$

证 (1) 因 $\|\boldsymbol{A}^{-1}\|\|\delta\boldsymbol{A}\|<1$，由定理 1.3 知 $\boldsymbol{A}+\delta\boldsymbol{A}$ 非奇异，因此方程组 $(\boldsymbol{A}+\delta\boldsymbol{A})\boldsymbol{y}=\boldsymbol{b}$ 有唯一解 $\boldsymbol{y}$，依题意可设为 $\boldsymbol{y}=\boldsymbol{x}+\delta\boldsymbol{x}$，即有

$$(\boldsymbol{A}+\delta\boldsymbol{A})(\boldsymbol{x}+\delta\boldsymbol{x})=\boldsymbol{b},\quad(\boldsymbol{A}+\delta\boldsymbol{A})\boldsymbol{x}+(\boldsymbol{A}+\delta\boldsymbol{A})\delta\boldsymbol{x}=\boldsymbol{b}.$$

注意到 $\boldsymbol{Ax}=\boldsymbol{b}$，则有

$$\begin{aligned}\delta\boldsymbol{x}&=(\boldsymbol{A}+\delta\boldsymbol{A})^{-1}[\boldsymbol{b}-(\boldsymbol{A}+\delta\boldsymbol{A})\boldsymbol{x}]=-(\boldsymbol{A}+\delta\boldsymbol{A})^{-1}\delta\boldsymbol{A}\boldsymbol{x}\\&=-(\boldsymbol{I}+\boldsymbol{A}^{-1}\delta\boldsymbol{A})^{-1}\boldsymbol{A}^{-1}\delta\boldsymbol{A}\boldsymbol{x}.\end{aligned}$$

因此，

$$\begin{aligned}\|\delta\boldsymbol{x}\|&\leqslant\|(\boldsymbol{I}+\boldsymbol{A}^{-1}\delta\boldsymbol{A})^{-1}\boldsymbol{A}^{-1}\delta\boldsymbol{A}\|\|\boldsymbol{x}\|\\&\leqslant\|(\boldsymbol{I}+\boldsymbol{A}^{-1}\delta\boldsymbol{A})^{-1}\|\|\boldsymbol{A}^{-1}\delta\boldsymbol{A}\|\|\boldsymbol{x}\|.\end{aligned}$$

又由定理 1.2 知

$$\|(\boldsymbol{I}+\boldsymbol{A}^{-1}\delta\boldsymbol{A})^{-1}\|\leqslant\frac{1}{1-\|\boldsymbol{A}^{-1}\delta\boldsymbol{A}\|},$$

于是，

$$\begin{aligned}\frac{\|\delta\boldsymbol{x}\|}{\|\boldsymbol{x}\|}&\leqslant\frac{\|\boldsymbol{A}^{-1}\delta\boldsymbol{A}\|}{1-\|\boldsymbol{A}^{-1}\delta\boldsymbol{A}\|}\leqslant\frac{\|\boldsymbol{A}^{-1}\|\|\delta\boldsymbol{A}\|}{1-\|\boldsymbol{A}^{-1}\|\|\delta\boldsymbol{A}\|}\\&=\frac{\|\boldsymbol{A}^{-1}\|\|\boldsymbol{A}\|(\|\delta\boldsymbol{A}\|/\|\boldsymbol{A}\|)}{1-\|\boldsymbol{A}^{-1}\|\|\boldsymbol{A}\|(\|\delta\boldsymbol{A}\|/\|\boldsymbol{A}\|)}.\end{aligned}$$

即

$$\frac{\|\delta\boldsymbol{x}\|}{\|\boldsymbol{x}\|}\leqslant\frac{\mathrm{cond}(\boldsymbol{A})\dfrac{\|\delta\boldsymbol{A}\|}{\|\boldsymbol{A}\|}}{1-\mathrm{cond}(\boldsymbol{A})\dfrac{\|\delta\boldsymbol{A}\|}{\|\boldsymbol{A}\|}}.$$

(2) $$\begin{aligned}\frac{\|\boldsymbol{A}^{-1}-(\boldsymbol{A}+\delta\boldsymbol{A})^{-1}\|}{\|\boldsymbol{A}^{-1}\|}&=\frac{\|[\boldsymbol{A}^{-1}(\boldsymbol{A}+\delta\boldsymbol{A})-\boldsymbol{I}](\boldsymbol{A}+\delta\boldsymbol{A})^{-1}\|}{\|\boldsymbol{A}^{-1}\|}\\&=\frac{\|\boldsymbol{A}^{-1}\delta\boldsymbol{A}(\boldsymbol{A}+\delta\boldsymbol{A})^{-1}\|}{\|\boldsymbol{A}^{-1}\|}\leqslant\|\delta\boldsymbol{A}\|\|(\boldsymbol{A}+\delta\boldsymbol{A})^{-1}\|\\&=\|\delta\boldsymbol{A}\|\|(\boldsymbol{I}+\boldsymbol{A}^{-1}\delta\boldsymbol{A})^{-1}\boldsymbol{A}^{-1}\|\end{aligned}$$

$$\leq \|\delta A\| \, \|A^{-1}\| \, \|(I + A^{-1}\delta A)^{-1}\|$$
$$\leq \frac{\|A^{-1}\| \, \|\delta A\|}{1 - \|A^{-1}\delta A\|} \leq \frac{\|A^{-1}\| \, \|\delta A\|}{1 - \|A^{-1}\| \, \|\delta A\|}.$$

因此，

$$\frac{\|A^{-1} - (A + \delta A)^{-1}\|}{\|A^{-1}\|} \leq \frac{\operatorname{cond}(A)\dfrac{\|\delta A\|}{\|A\|}}{1 - \operatorname{cond}(A)\dfrac{\|\delta A\|}{\|A\|}}.$$

注　本题说明当系数矩阵有扰动时，在 $\|A^{-1}\| \, \|\delta A\| < 1$ 的条件下扰动方程组仍然可解，但解的误差和扰动后的逆矩阵的误差都与条件数有关.

例 1.14　设二阶方程组的系数矩阵和右端向量分别为 $A = \begin{pmatrix} 1 & 0.99 \\ 0.99 & 0.98 \end{pmatrix}$，$b = \begin{pmatrix} 1 \\ 1 \end{pmatrix}$，其精确解为 $x^* = \begin{pmatrix} 100 \\ -100 \end{pmatrix}$.

(1)分别取近似解 $\tilde{x}_1 = \begin{pmatrix} 1 \\ 0 \end{pmatrix}$，$\tilde{x}_2 = \begin{pmatrix} 100.5 \\ -99.5 \end{pmatrix}$，计算 $\dfrac{\|b - A\tilde{x}_i\|_\infty}{\|b\|_\infty}$，$\dfrac{\|\delta \tilde{x}_i\|_\infty}{\|x^*\|_\infty}$ $(i = 1, 2)$.

(2)计算 $\operatorname{cond}_\infty(A)$，并以此分析(1)所计算的结果.

分析　本题主要用具体例子说明扰动后解的相对误差与条件数的关系，直接利用范数和条件数的定义计算即可.

解　(1) $b - A\tilde{x}_1 = \begin{pmatrix} 1 \\ 1 \end{pmatrix} - \begin{pmatrix} 1 & 0.99 \\ 0.99 & 0.98 \end{pmatrix}\begin{pmatrix} 1 \\ 0 \end{pmatrix} = \begin{pmatrix} 0 \\ 0.01 \end{pmatrix}$，

$$b - A\tilde{x}_2 = \begin{pmatrix} 1 \\ 1 \end{pmatrix} - \begin{pmatrix} 1 & 0.99 \\ 0.99 & 0.98 \end{pmatrix}\begin{pmatrix} 100.5 \\ -99.5 \end{pmatrix} = \begin{pmatrix} -0.995 \\ -0.985 \end{pmatrix},$$

$$\frac{\|b - A\tilde{x}_1\|_\infty}{\|b\|_\infty} = 0.01, \quad \frac{\|b - A\tilde{x}_2\|_\infty}{\|b\|_\infty} = 0.995,$$

$$\frac{\|\delta \tilde{x}_1\|_\infty}{\|x^*\|_\infty} = 1 = 100\%, \quad \frac{\|\delta \tilde{x}_2\|_\infty}{\|x^*\|_\infty} = 0.005 = 0.5\%.$$

(2) $A^{-1} = \dfrac{1}{\det(A)}\begin{pmatrix} 0.98 & -0.99 \\ -0.99 & 1 \end{pmatrix}$，$\det(A) = 10^{-4}$，

$$\operatorname{cond}_\infty(A) = \|A\|_\infty \, \|A^{-1}\|_\infty = 1.99 \times 1.99 \times 10^4$$
$$= 39601 \approx 4 \times 10^4.$$

(1)的计算结果表明，即使当方程组的右端扰动的相对误差较小时引起解的扰动的相对误差也会很大，这主要是由于系数矩阵 A 的条件数很大，即 A 为病态矩阵造成的.

例 1.15(Gastinel 定理)　设 A 是一个非奇异阵，B 是任一奇异阵，$\operatorname{cond}(A)$ 是 A 的条件数，则有 $\dfrac{\|A\|}{\|A - B\|} \leq \operatorname{cond}(A)$.

分析 本题有两种证明方法：一种是利用奇异方程组有非零解的结论和向量范数与矩阵范数的相容性来直接证明；另一种是反证法，假定不等式不成立，利用重要定理1.2和矩阵的性质而导出 $\boldsymbol{B}$ 是非奇异的这样矛盾的结论.

证法1 因为 $\boldsymbol{B}$ 是奇异的，故存在非零向量 $\boldsymbol{x}_0$，使得 $\boldsymbol{Bx}_0=\boldsymbol{0}$. 从而

$$\|\boldsymbol{Ax}_0\|=\|\boldsymbol{Ax}_0-\boldsymbol{Bx}_0\|=\|(\boldsymbol{A}-\boldsymbol{B})\boldsymbol{x}_0\|. \tag{1.5}$$

由向量范数与矩阵范数的相容性，有

$$\|(\boldsymbol{A}-\boldsymbol{B})\boldsymbol{x}_0\|\leqslant\|\boldsymbol{A}-\boldsymbol{B}\|\ \|\boldsymbol{x}_0\| \tag{1.6}$$

和

$$\|\boldsymbol{x}_0\|=\|\boldsymbol{A}^{-1}\boldsymbol{Ax}_0\|\leqslant\|\boldsymbol{A}^{-1}\|\ \|\boldsymbol{Ax}_0\|. \tag{1.7}$$

将式(1.5)和式(1.6)代入式(1.7)，得

$$\|\boldsymbol{x}_0\|\leqslant\|\boldsymbol{A}^{-1}\|\ \|\boldsymbol{Ax}_0\|\leqslant\|\boldsymbol{A}^{-1}\|\ \|\boldsymbol{A}-\boldsymbol{B}\|\ \|\boldsymbol{x}_0\|.$$

由于 $\|\boldsymbol{x}_0\|\neq 0$，得到 $\|\boldsymbol{A}^{-1}\|\ \|\boldsymbol{A}-B\|\geqslant 1$，即 $\|\boldsymbol{A}^{-1}\|\geqslant\dfrac{1}{\|\boldsymbol{A}-\boldsymbol{B}\|}$. 因此，

$$\mathrm{cond}(\boldsymbol{A})=\|\boldsymbol{A}\|\cdot\|\boldsymbol{A}^{-1}\|\geqslant\frac{\|\boldsymbol{A}\|}{\|\boldsymbol{A}-\boldsymbol{B}\|},$$

即 $\dfrac{\|\boldsymbol{A}\|}{\|\boldsymbol{A}-\boldsymbol{B}\|}\leqslant\mathrm{cond}(\boldsymbol{A})$.

证法2 用反证法. 若 $\dfrac{\|\boldsymbol{A}\|}{\|\boldsymbol{A}-\boldsymbol{B}\|}>\mathrm{cond}(\boldsymbol{A})$，则 $\|\boldsymbol{A}^{-1}\|\ \|\boldsymbol{A}-\boldsymbol{B}\|<1$. 由矩阵范数的相容性，有

$$\|\boldsymbol{A}^{-1}(\boldsymbol{A}-\boldsymbol{B})\|\leqslant\|\boldsymbol{A}^{-1}\|\ \|\boldsymbol{A}-\boldsymbol{B}\|<1.$$

由重要定理1.2知，$\boldsymbol{I}-\boldsymbol{A}^{-1}(\boldsymbol{A}-\boldsymbol{B})$ 非奇异，即 $\boldsymbol{A}^{-1}\boldsymbol{B}$ 非奇异. 又由 $\boldsymbol{A}^{-1}$ 非奇异，故 $\boldsymbol{B}$ 也非奇异，这与已知 $\boldsymbol{B}$ 奇异矛盾，于是

$$\frac{\|\boldsymbol{A}\|}{\|\boldsymbol{A}-\boldsymbol{B}\|}\leqslant\mathrm{cond}(\boldsymbol{A}).$$

第 2 章　线性方程组的数值解法

2.1　主要内容

本章在直接法部分要求掌握求解线性方程组的 Gauss 消去法、列主元 Gauss 消去法、矩阵的 Doolittle 分解法、正定方程组的 Cholesky 方法和三对角方程组的追赶法；在迭代法部分要求掌握 Jacobi 迭代法、Gauss-Seidel 迭代法和 SOR 迭代法，以及这几种迭代法的收敛性条件．此外还要求掌握共轭斜量法的基本思想以及会用共轭斜量法求解正定方程组.

2.2　知识要点

2.2.1　直接法

1. Gauss 消去法与选主元的 Gauss 消去法

（1）Gauss 消去法的基本思想是通过 $n-1$ 步消元，将 n 阶方程组 $\boldsymbol{Ax}=\boldsymbol{b}$ 经初等变换化为一个等价的上三角方程组，再求出此上三角方程组的解.

（2）Gauss 消去法能顺序进行的充要条件：

定理 2.1　Gauss 消去法能顺序进行消元的充要条件是系数矩阵 $\boldsymbol{A}$ 的顺序主子阵 $\boldsymbol{A}_i$ $(i=1,\ 2,\ \cdots,\ n-1)$ 非奇异.

（3）选主元的 Gauss 消去法分为列主元 Gauss 消去法和全主元 Gauss 消去法，即在第 k 步消元之前先在系数矩阵第 k 列的对角线以下的元素或在右下角的 $n-k+1$ 阶主子阵中选绝对值最大的元素作为主元素.

2. 矩阵三角分解法

如果方程组的系数矩阵是三角型的（上三角或下三角），则方程组的解很容易得到．矩阵三角分解方法的基本思想是将方程组的系数矩阵 $\boldsymbol{A}$ 分解成一个下三角阵 $\boldsymbol{L}$ 与一个上三角阵 $\boldsymbol{U}$ 的乘积，然后分别求解下三角方程组 $\boldsymbol{Ly}=\boldsymbol{b}$ 和上三角方程组 $\boldsymbol{Ux}=\boldsymbol{y}$，从而得到原方程组 $\boldsymbol{Ax}=\boldsymbol{b}$ 的解.

1）几种常见的矩阵三角分解方法

（1）Doolittle 分解和 Crout 分解：在矩阵的三角分解 $\boldsymbol{A}=\boldsymbol{LU}$ 中，若 $\boldsymbol{L}$ 为单位下三角矩阵，则称三角分解 $\boldsymbol{A}=\boldsymbol{LU}$ 为 Doolittle 分解；若 $\boldsymbol{U}$ 为单位上三角矩阵，则称三角分解 $\boldsymbol{A}=$

$\boldsymbol{LU}$ 为 Crout 分解.

(2) Cholesky 分解：当 $\boldsymbol{A}$ 是对称正定矩阵时，$\boldsymbol{A}$ 分解为对角元全为正数的下三角阵 $\boldsymbol{G}$ 与 $\boldsymbol{G}^{\mathrm{T}}$ (上三角矩阵)的乘积. 但更重要的分解形式是 $\boldsymbol{A}=\boldsymbol{LDL}^{\mathrm{T}}$，其中，$\boldsymbol{L}$ 是单位下三角阵，$\boldsymbol{D}$ 是对角元全为正数的对角阵.

(3)追赶法：当 $\boldsymbol{A}$ 是三对角矩阵时对 $\boldsymbol{A}$ 作 Crout 分解，即分解为除主对角线外只有次对角线上有非零元素的两个矩阵的乘积.

2)矩阵三角分解的存在唯一性定理

定理 2.2 n 阶矩阵 $\boldsymbol{A}$ 存在唯一的 $\boldsymbol{LDR}$ 分解的充要条件是 $\boldsymbol{A}$ 的顺序主子阵 $\boldsymbol{A}_1$，$\boldsymbol{A}_2$，…，$\boldsymbol{A}_{n-1}$ 非奇异，其中，$\boldsymbol{L}$ 是单位下三角阵，$\boldsymbol{D}$ 是对角阵，$\boldsymbol{R}$ 是单位上三角阵.

特别地，当 $\boldsymbol{A}$ 是对称正定矩阵时，存在唯一的单位下三角矩阵 $\boldsymbol{L}$ 和对角元全为正数的对角阵 $\boldsymbol{D}$，使得 $\boldsymbol{A}=\boldsymbol{LDL}^{\mathrm{T}}$ (Cholesky 分解的重要形式). 若写成三角分解的标准形式就是：

(Cholesky 分解的存在唯一性)当 $\boldsymbol{A}$ 是对称正定矩阵时，存在唯一的对角元全为正数的下三角阵 $\boldsymbol{G}$，使得 $\boldsymbol{A}=\boldsymbol{GG}^{\mathrm{T}}$.

2.2.2 迭代法

构造迭代方法通常有三种不同的思路：一是对系数矩阵作加型分裂，由此还可导致不同的分裂技术，此方法发展下去就是后来的“多分裂技术”以及“并行分裂技术”；二是从误差校正的角度来构造迭代格式，不同的校正方法导致不同的迭代格式，此方法发展下去就是后来的“摄动理论”；三是从方向向量校正的角度来构造迭代格式，此方法发展下去就是后来的“变分方法”. 在教材的迭代法部分采用的是分裂方法，而在最速下降法与共轭斜量法部分采用的是方向向量校正的方法.

1. 逐次逼近法(迭代方法)

1)逐次逼近法相关的概念

设 n 阶线性方程组 $\boldsymbol{Ax}=\boldsymbol{b}$ 的系数矩阵 $\boldsymbol{A}$ 非奇异，对 $\boldsymbol{A}$ 作分裂 $\boldsymbol{A}=\boldsymbol{Q}-\boldsymbol{C}$，其中 $\boldsymbol{Q}$ 非奇异，令 $\boldsymbol{B}=\boldsymbol{Q}^{-1}\boldsymbol{C}$，$\boldsymbol{g}=\boldsymbol{Q}^{-1}\boldsymbol{b}$，则 $\boldsymbol{Ax}=\boldsymbol{b}$ 等价于方程组 $\boldsymbol{x}=\boldsymbol{Bx}+\boldsymbol{g}$. 设 $\boldsymbol{x}_0$ 是任意初始向量，则称产生向量序列 $\boldsymbol{x}_0$，$\boldsymbol{x}_1$，…，$\boldsymbol{x}_k$，… 的迭代过程 $\boldsymbol{x}_{k+1}=\boldsymbol{Bx}_k+\boldsymbol{g}$ 为逐次逼近法，$\boldsymbol{B}$ 称为迭代矩阵.

2)逐次逼近法的收敛性

定理 2.3 设线性方程组 $\boldsymbol{x}=\boldsymbol{Bx}+\boldsymbol{g}$ 有唯一解，则逐次逼近法 $\boldsymbol{x}_{k+1}=\boldsymbol{Bx}_k+\boldsymbol{g}$ 对任意初始向量收敛的充要条件是迭代矩阵 $\boldsymbol{B}$ 满足 $\rho(\boldsymbol{B})<1$.

定理 2.4 若逐次逼近法的迭代矩阵满足 $\|\boldsymbol{B}\|<1$，则逐次逼近法收敛.

3)逐次逼近法的误差估计

定理 2.5 设逐次逼近法 $\boldsymbol{x}_{k+1}=\boldsymbol{Bx}_k+\boldsymbol{g}$ 的迭代矩阵 $\boldsymbol{B}$ 满足 $\|\boldsymbol{B}\|<1$，则

$$\|\boldsymbol{x}_{k+1}-\boldsymbol{x}^*\|\leqslant\frac{\|\boldsymbol{B}\|^{k+1}}{1-\|\boldsymbol{B}\|}\|\boldsymbol{x}_1-\boldsymbol{x}_0\|,\tag{2.1}$$

$$\| \boldsymbol{x}_{k+1} - \boldsymbol{x}^* \| \leqslant \frac{\| \boldsymbol{B} \|}{1 - \| \boldsymbol{B} \|} \| \boldsymbol{x}_{k+1} - \boldsymbol{x}_k \|, \tag{2.2}$$

其中, x^* 是方程组 $x = Bx + g$ 的唯一解.

注　式(2.1)给出了第 $k+1$ 次迭代的值与精确解 x^* 之间的误差的估计以及收敛的速度; 式(2.2)给出了停止迭代的一个判别准则.

若事先给出误差精度 ε, 则由式(2.1)可得迭代次数的估计:

$$k > \log \frac{\varepsilon(1 - \| \boldsymbol{B} \|)}{\| \boldsymbol{x}_1 - \boldsymbol{x}_0 \|} \Big/ \log \| \boldsymbol{B} \|.$$

4)逐次逼近法的收敛速度

逐次逼近法在收敛的情形下可以用下列两种方式来估计收敛速度:

(1)平均收敛速度: $R_k(\boldsymbol{B}) = -\frac{1}{k}\log \| \boldsymbol{B}^k \|$;

(2)渐近收敛速度: $R_\infty(\boldsymbol{B}) = -\log\rho(\boldsymbol{B})$.

2. 三种常用的迭代格式

设 $\boldsymbol{A} = (a_{ij})$ 是 n 阶矩阵, 其主对角元全不为 0, $\boldsymbol{D} = \mathrm{diag}(a_{11}, a_{22}, \cdots, a_{nn})$, $\boldsymbol{L}$ 是严格下三角矩阵, 元素为 $-a_{ij}(i > j)$, $\boldsymbol{U}$ 是严格上三角矩阵, 元素为 $-a_{ij}\ (i < j)$, 即 $\boldsymbol{A} = \boldsymbol{D} - \boldsymbol{L} - \boldsymbol{U}$. 基于上述的矩阵分裂, 显然 $\boldsymbol{Q}$, $\boldsymbol{C}$ 有无穷多种不同的取法. 不同的分裂方法得到不同的迭代格式, 常用的有如下三种.

1) Jacobi 迭代法

取 $\boldsymbol{Q} = \boldsymbol{D}$, $\boldsymbol{C} = \boldsymbol{L} + \boldsymbol{U}$, 即分裂 $\boldsymbol{A} = \boldsymbol{D} - (\boldsymbol{L} + \boldsymbol{U})$, 得到 Jacobi 迭代格式为

$$\boldsymbol{x}_{k+1} = \boldsymbol{B}_J \boldsymbol{x}_k + \boldsymbol{g}_J,$$

其中, Jacobi 迭代矩阵为 $\boldsymbol{B}_J = \boldsymbol{D}^{-1}(\boldsymbol{L} + \boldsymbol{U})$, $\boldsymbol{g}_J = \boldsymbol{D}^{-1}\boldsymbol{b}$, 其分量形式为

$$\begin{aligned} x_i^{(k+1)} &= \frac{1}{a_{ii}}\Big[b_i - \Big(\sum_{j=1}^{i-1} a_{ij}x_j^{(k)} + \sum_{j=i+1}^{n} a_{ij}x_j^{(k)}\Big)\Big] \\ &= x_i^{(k)} + \frac{1}{a_{ii}}\Big(b_i - \sum_{j=1}^{n} a_{ij}x_j^{(k)}\Big), \quad i = 1, 2, \cdots, n. \end{aligned}$$

2) Gauss-Seidel 迭代法(简称为 G-S 迭代法)

取 $\boldsymbol{Q} = \boldsymbol{D} - \boldsymbol{L}$, $\boldsymbol{C} = \boldsymbol{U}$, 即分裂 $\boldsymbol{A} = (\boldsymbol{D} - \boldsymbol{L}) - \boldsymbol{U}$, 得到 Gauss-Seidel 迭代格式:

$$\boldsymbol{x}_{k+1} = \boldsymbol{B}_{\text{G-S}} \boldsymbol{x}_k + \boldsymbol{g}_{\text{G-S}},$$

其中, Gauss-Seidel 迭代矩阵 $\boldsymbol{B}_{\text{G-S}} = (\boldsymbol{D} - \boldsymbol{L})^{-1}\boldsymbol{U}$, $\boldsymbol{g}_{\text{G-S}} = (\boldsymbol{D} - \boldsymbol{L})^{-1}\boldsymbol{b}$, 其分量形式为

$$\begin{aligned} x_i^{(k+1)} &= \frac{1}{a_{ii}}\Big[b_i - \Big(\sum_{j=1}^{i-1} a_{ij}x_j^{(k+1)} + \sum_{j=i+1}^{n} a_{ij}x_j^{(k)}\Big)\Big] \\ &= x_i^{(k)} + \frac{1}{a_{ii}}\Big[b_i - \Big(\sum_{j=1}^{i-1} a_{ij}x_j^{(k+1)} + \sum_{j=i}^{n} a_{ij}x_j^{(k)}\Big)\Big], \quad i = 1, 2, \cdots, n. \end{aligned}$$

3)逐次超松弛(SOR)迭代法

如果考虑带实参数 ω 的分裂, 取

$$Q=\frac{1}{\omega}D-L,\ C=-\left[\left(1-\frac{1}{\omega}\right)D-U\right],$$

即分裂 $A=\left(\frac{1}{\omega}D-L\right)+\left[\left(1-\frac{1}{\omega}\right)D-U\right]$，得到 SOR 迭代格式：

$$x_{k+1}=B_{\omega}x_k+g_{\omega},$$

其中，SOR 迭代矩阵 $B_{\omega}=(D-\omega L)^{-1}[(1-\omega)D+\omega U]$，$g_{\omega}=\omega(D-\omega L)^{-1}b$，$\omega$ 称为松弛因子．其分量形式为

$$x_i^{(k+1)}=(1-\omega)x_i^{(k)}+\frac{\omega}{a_{ii}}\left(b_i-\sum_{j=1}^{i-1}a_{ij}x_j^{(k+1)}-\sum_{j=i+1}^{n}a_{ij}x_j^{(k)}\right),\ i=1,\ 2,\ \cdots,\ n.$$

SOR 方法被认为是一种“矫枉过正”的迭代方法，本质上是通过选取适当的松弛因子 ω 来进行组合加速.

3. 三种常用迭代格式的收敛性

除上述的定理 2.3 和定理 2.4 外，对不同的迭代格式，还有一些特殊的收敛性定理.

定理 2.6 若 Jacobi 迭代法的迭代矩阵满足 $\|B_J\|_1<1$ 或 $\|B_J\|_{\infty}<1$，则 Jacobi 迭代法与 Gauss-Seidel 迭代法都收敛.

下面的定理 2.7、定理 2.8、定理 2.9、定理 2.11 和定理 2.12 都是直接从系数矩阵出发来讨论收敛性.

定理 2.7 若系数矩阵 A 是按行(列)严格对角占优或不可约对角占优，则 Jacobi 迭代法与 Gauss-Seidel 迭代法都收敛.

定理 2.8 设系数矩阵 A 是主对角元全为正的实对称矩阵，则 Jacobi 迭代法收敛的充要条件是 A 和 $2D-A$ 同为正定矩阵.

定理 2.9 若系数矩阵 A 对称正定，则 Gauss-Seidel 迭代法收敛.

定理 2.10 SOR 迭代法收敛的必要条件是 $|1-\omega|<1$，当 ω 取实数时为 $0<\omega<2$.

定理 2.11 若系数矩阵 A 对称正定且松弛因子满足 $0<\omega<2$，则 SOR 迭代法收敛.

定理 2.12 若 A 是严格对角占优或不可约弱对角占优矩阵，则当 $0<\omega\leqslant 1$ 时，SOR 迭代收敛.

评注 1 求解线性方程组的直接法和迭代法这两大类方法的特点如下：

(1) 直接法是对系数矩阵作乘积型分裂，而构造迭代方法的思路之一是对系数矩阵作加型分裂，由此还可导致不同的分裂技术.

(2) 直接法适合求解中、小规模的问题，迭代法主要用来求解大规模的问题．若系数矩阵为稠密矩阵，则可用直接法求解；若系数矩阵为稀疏矩阵，则一般用迭代法求解；通常在实际问题中越是大规模的矩阵越是稀疏矩阵.

2.2.3 最速下降法与共轭斜量法

1. 线性方程组的极小化方法

给定 n 阶线性方程组 $Ax=b$，其中 A 对称正定，设 x^* 是正定方程组的解，作 n 元二

次函数(亦称二次泛函)

$$\Phi(\boldsymbol{x}) = \frac{1}{2}(\boldsymbol{A}\boldsymbol{x}, \boldsymbol{x}) - (\boldsymbol{b}, \boldsymbol{x}) = \frac{1}{2}\boldsymbol{x}^{\mathrm{T}}\boldsymbol{A}\boldsymbol{x} - \boldsymbol{b}^{\mathrm{T}}\boldsymbol{x},\ \boldsymbol{x} \in \mathbf{R}^n.$$

1)几何解释

$\Phi(\boldsymbol{x})$ 是 $n+1$ 维空间中一个开口向上的旋转抛物面，因而有唯一极小点 $\boldsymbol{x}^* \in \mathbf{R}^n$.

2)正定方程组 $\boldsymbol{A}\boldsymbol{x}=\boldsymbol{b}$ 的解与二次函数 $\Phi(\boldsymbol{x})$ 的极小点的等价性

定理 2.13　$\boldsymbol{x}^* \in \mathbf{R}^n$ 是正定方程组 $\boldsymbol{A}\boldsymbol{x}=\boldsymbol{b}$ 的解的充要条件是 $\boldsymbol{x}^*$ 是二次函数 $\Phi(\boldsymbol{x})$ 的极小点.

此定理告诉我们：求正定方程组 $\boldsymbol{A}\boldsymbol{x}=\boldsymbol{b}$ 的解的问题可转化为求二次函数 $\Phi(\boldsymbol{x}) = \frac{1}{2}(\boldsymbol{A}\boldsymbol{x}, \boldsymbol{x}) - (\boldsymbol{b}, \boldsymbol{x})$ 的极小点的问题.

3)求二次函数 $\Phi(\boldsymbol{x})$ 的极小点的一类方法

任意给定一个初始点 $\boldsymbol{x}_0$，迭代序列 $\{\boldsymbol{x}_{k+1}\}$ $(k \geqslant 0)$ 由

$$\Phi(\boldsymbol{x}_{k+1}) = \min_{\alpha \in \mathbf{R}} \Phi(\boldsymbol{x}_k + \alpha\, \boldsymbol{p}_k)$$

确定，其中，$\boldsymbol{p}_k$ 是给定的在 x_k 点的方向向量($\boldsymbol{p}_k$ 可看成是校正方向，α 是校正量，校正方向的不同将导致方法的不同，见评注 2(3)).

如果选定方向向量 $\boldsymbol{p}_k$ 后，当校正量 α_k 取为 $\alpha_k = \dfrac{(\boldsymbol{r}_k, \boldsymbol{p}_k)}{(\boldsymbol{A}\boldsymbol{p}_k, \boldsymbol{p}_k)}$ ($\boldsymbol{r}_k = \boldsymbol{b} - \boldsymbol{A}\boldsymbol{x}_k$ 为残差向量)时，$\Phi(\boldsymbol{x}_k + \alpha\boldsymbol{p}_k)$ 取到极小点，也就是说，此校正使 $\Phi(\boldsymbol{x}_k)$ 下降到 $\Phi(\boldsymbol{x}_{k+1})$ 最快！因此方向向量 $\boldsymbol{p}_k$ 也称为下降方向.

2. 最速下降法

1)最速下降法的基本思想

我们知道，使二次函数 $\Phi(\boldsymbol{x}_k + \alpha\boldsymbol{p}_k)$ 下降最快的方向 $\boldsymbol{p}_k$ 应是该点 $\boldsymbol{x}_k$ 的负梯度方向 $-\operatorname{grad}\Phi(\boldsymbol{x})\mid_{\boldsymbol{x}=\boldsymbol{x}_k}$，而又可以证明 $-\operatorname{grad}\Phi(\boldsymbol{x})\mid_{\boldsymbol{x}=\boldsymbol{x}_k} = \boldsymbol{r}_k$，故取 $\boldsymbol{p}_k = \boldsymbol{r}_k$，即取校正方向为残差向量，且取校正量 $\alpha_k = \dfrac{(\boldsymbol{r}_k, \boldsymbol{p}_k)}{(\boldsymbol{A}\boldsymbol{p}_k, \boldsymbol{p}_k)}$ 时 $\Phi(\boldsymbol{x}_k)$ 下降最快. 故该方法称为“最速下降法”.

2)最速下降法的计算步骤

任意取定初始近似向量 $\boldsymbol{x}_0$.

(1)计算残差：$\boldsymbol{r}_k = \boldsymbol{b} - \boldsymbol{A}\boldsymbol{x}_k$;

(2)计算校正方向向量：$\boldsymbol{p}_k = \boldsymbol{r}_k$;

(3)计算校正量：$\alpha_k = \dfrac{(\boldsymbol{r}_k, \boldsymbol{p}_k)}{(\boldsymbol{A}\boldsymbol{p}_k, \boldsymbol{p}_k)}$;

(4)校正近似：$\boldsymbol{x}_{k+1} = \boldsymbol{x}_k + \alpha_k \boldsymbol{p}_k$，$k = 0, 1, 2, \cdots$.

3. 共轭斜量法(Conjugate Gradient，简称 CG 算法)

1)共轭斜量法的基本思想

若取方向向量 $\boldsymbol{p}_k$ 为 $\boldsymbol{A}$ - 共轭方向，即满足

$$(\boldsymbol{Ap}_k, \boldsymbol{p}_{k-1}) = (\boldsymbol{Ap}_{k-1}, \boldsymbol{p}_k) = 0,$$

则 n 阶线性方程组理论上只需 n 步迭代校正便能达到精确解(在例 2.22 中给出了证明). 由于方向向量组 $\{\boldsymbol{p}_i\}$ 是由梯度(斜量)向量组 $\{r_i\}$ $\boldsymbol{A}$-共轭化得到的, 因此该方法得名"共轭斜量法".

注 如果 $\boldsymbol{A}$ 取为单位矩阵, 那么, $\boldsymbol{A}$-共轭向量就是相互正交的向量. 因此, 可以认为共轭的概念是正交概念的推广.

2)共轭斜量法的计算步骤

任意给定 x_0, 计算初始残差 $\boldsymbol{r}_0 = \boldsymbol{b} - \boldsymbol{Ax}_0$, 取初始方向向量 $\boldsymbol{p}_0 = \boldsymbol{r}_0$.

(1)计算校正量: $\alpha_k = \dfrac{(\boldsymbol{r}_k, \boldsymbol{r}_k)}{(\boldsymbol{Ap}_k, \boldsymbol{p}_k)}$;

(2)校正近似: $\boldsymbol{x}_{k+1} = \boldsymbol{x}_k + \alpha_k \boldsymbol{p}_k$;

(3)计算残差: $\boldsymbol{r}_{k+1} = \boldsymbol{r}_k - \alpha_k \boldsymbol{Ap}_k$;

(4)计算校正方向向量 $\boldsymbol{p}_{k+1}$: 先计算 $\beta_k = \dfrac{\boldsymbol{r}_{k+1}^{\mathrm{T}} \boldsymbol{r}_{k+1}}{\boldsymbol{r}_k^{\mathrm{T}} \boldsymbol{r}_k}$, 从而得到

$$\boldsymbol{p}_{k+1} = \boldsymbol{r}_{k+1} + \beta_k \boldsymbol{p}_k, \quad k = 0, 1, 2, \cdots$$

如果计算过程没有舍入误差, 则 n 阶线性方程组理论上只需 n 步迭代校正便能达到精确解(在例 2.22 中给出了证明).

但在实际计算中, 由于舍入误差的影响, 可以根据实际问题对解的精度要求, 给定一个小正数 ε, 每步迭代中判别 $\| r_k \| < \varepsilon$ 是否成立, 若成立就取 x_k 为满足精度要求的近似解.

评注 2 (1) 将线性方程组的求解等价于一个多元二次函数的极小化问题, 这种等价性开辟了设计算法的一个新途径. 定理 2.13 称为求解线性方程组的变分原理.

(2)二次函数 $\Phi(x)$ 的极小化过程转化为用方向向量 $\boldsymbol{p}_k$ 和校正量 α_k 校正 $\boldsymbol{x}_k$ 为 $\boldsymbol{x}_{k+1} = \boldsymbol{x}_k + \alpha_k \boldsymbol{p}_k$ 的过程.

(3)所取的方向向量 $\boldsymbol{p}_k$ 和校正量 α_k 不同就得到不同的迭代格式: 方向向量 $\boldsymbol{p}_k^{(i)}$ 取为 $\boldsymbol{e}_i = (0, \cdots, 0, 1^{(i)}, 0, \cdots, 0)^{\mathrm{T}} (i = 1, 2, \cdots, n)$, 将校正分成 n 个子步, 则为 Gauss-Seidel 迭代法(见例 2.23); 若令

$$\alpha_k = \omega \frac{(\boldsymbol{r}_k, \boldsymbol{p}_k)}{(\boldsymbol{Ap}_k, \boldsymbol{p}_k)},$$

则为 SOR 方法 (ω 为松弛因子); 若将方向向量 $\boldsymbol{p}_k$ 取为负梯度方向, 则为最速下降法; 若将方向向量 $\boldsymbol{p}_k$ 取为 $\boldsymbol{A}$ - 共轭方向, 则为共轭斜量法. 因此, 可将常见的迭代法置于统一的框架之下, 帮助我们贯通知识, 拓展思路.

(4)最速下降法中的"最速", 其几何意义就是某点邻近下降最快的方向, 因而是局部的, 且只考虑了一条直线上的极小; 而共轭斜量法是在包含负梯度方向的超平面上来考虑极小性, 它的下降方向上的极小便具有了整个平面极小的特性, 因而下降得更快.

2.3　典型例题详解

2.3.1　直接法

例 2.1　设 $\boldsymbol{A}$ 是 n 阶矩阵，且经过 Gauss 消元法一步消去后变为 $\begin{pmatrix} a_{11} & \boldsymbol{\alpha}_1^{\mathrm{T}} \\ \boldsymbol{0} & A_2 \end{pmatrix}$，证明：

(1) 如果 $\boldsymbol{A}$ 是实对称矩阵，那么 $\boldsymbol{A}_2$ 也是实对称矩阵；

(2) 如果 $\boldsymbol{A}$ 为(按行)严格对角占优矩阵，那么 $\boldsymbol{A}_2$ 也是严格对角占优矩阵；

(3) 由(1)，(2)推断：对于对称的严格对角占优矩阵来说，用 Gauss 消元法和列主元 Gauss 消去法可得到同样的结果.

分析　本题主要考查 Gauss 消元法消元过程的计算公式，将 Gauss 消去法一步消去后的元素用 $\boldsymbol{A}$ 的元素表示出来，再用相关的矩阵性质进行证明即可.

证　(1) **方法 1**　令 $\boldsymbol{A} = \begin{pmatrix} a_{11} & \boldsymbol{\alpha}_1^{\mathrm{T}} \\ \boldsymbol{\alpha}_1 & \boldsymbol{A}_1 \end{pmatrix}$，当 $\boldsymbol{A}$ 为实对称矩阵时，显然 $\boldsymbol{A}_1$ 也是实对称矩阵. Gauss 消去时第一个 Gauss 变换矩阵为

$$\boldsymbol{L}_1^{-1} = \begin{pmatrix} 1 & \boldsymbol{0} \\ -\dfrac{\boldsymbol{\alpha}_1}{a_{11}} & \boldsymbol{I}_1 \end{pmatrix},$$

消去后得到

$$\boldsymbol{L}_1^{-1}\boldsymbol{A} = \begin{pmatrix} 1 & \boldsymbol{0} \\ -\dfrac{\boldsymbol{\alpha}_1}{a_{11}} & \boldsymbol{I}_1 \end{pmatrix}\begin{pmatrix} a_{11} & \boldsymbol{\alpha}_1^{\mathrm{T}} \\ \boldsymbol{\alpha}_1 & \boldsymbol{A}_1 \end{pmatrix} = \begin{pmatrix} a_{11} & \boldsymbol{\alpha}_1^{\mathrm{T}} \\ \boldsymbol{0} & \boldsymbol{A}_1 - \dfrac{\boldsymbol{\alpha}_1\boldsymbol{\alpha}_1^{\mathrm{T}}}{a_{11}} \end{pmatrix}$$

$$= \begin{pmatrix} a_{11} & \boldsymbol{\alpha}_1^{\mathrm{T}} \\ \boldsymbol{0} & A_2 \end{pmatrix}.$$

因此，$\boldsymbol{A}_2 = \boldsymbol{A}_1 - \dfrac{\boldsymbol{\alpha}_1\boldsymbol{\alpha}_1^{\mathrm{T}}}{a_{11}}$ 也是对称的.

方法 2　由 Gauss 消元公式及 $\boldsymbol{A} = (a_{ij})$ 的对称性，设 $\boldsymbol{A}_2 = (a_{ij}^{(2)})$ $(2 \leqslant i, j \leqslant n)$，则

$$a_{ij}^{(2)} = a_{ij} - \frac{a_{i1}}{a_{11}}a_{1j} = a_{ji} - \frac{a_{j1}}{a_{11}}a_{1i} = a_{ji}^{(2)},$$

故 $\boldsymbol{A}_2$ 对称.

(2) $a_{ij}^{(2)} = a_{ij} - \dfrac{a_{i1}}{a_{11}}a_{1j}$，$2 \leqslant i, j \leqslant n$，则

$$|a_{ii}^{(2)}| - \sum_{j=2,\ j\neq i}^{n} |a_{ij}^{(2)}| = \left|a_{ii} - \frac{a_{i1}}{a_{11}}a_{1i}\right| - \sum_{j=2,\ j\neq i}^{n}\left|a_{ij} - \frac{a_{i1}}{a_{11}}a_{1j}\right|$$

$$\geqslant |a_{ii}| - \left|\frac{a_{1i}}{a_{11}}\right||a_{i1}| - \sum_{j=2,\ j\neq i}^{n}\left(|a_{ij}| + \left|\frac{a_{1j}}{a_{11}}\right||a_{i1}|\right)$$

$$= |a_{ii}| - \frac{\sum_{j=2}^{n}|a_{1j}|}{|a_{11}|}|a_{i1}| - \sum_{j=2,\ j\neq i}^{n}|a_{ij}|.$$

由条件 $|a_{ii}| > \sum_{j=1,\ j\neq i}^{n}|a_{ij}|\ (i=1,\ 2,\ \cdots,\ n)$ 知

$$0 \leqslant \frac{\sum_{j=2}^{n}|a_{1j}|}{|a_{11}|} < 1,$$

因此,

$$|a_{ii}^{(2)}| - \sum_{j=2,\ j\neq i}^{n}|a_{ij}^{(2)}| \geqslant |a_{ii}| - |a_{i1}| - \sum_{j=2,\ j\neq i}^{n}|a_{ij}|$$

$$= |a_{ii}| - \sum_{j=1,\ j\neq i}^{n}|a_{ij}| > 0,\quad 2 \leqslant i \leqslant n,$$

即 $\boldsymbol{A}_2$ 严格对角占优.

(3)因为 $\boldsymbol{A}$ 严格对角占优，所以 $\sum_{j=1,\ j\neq i}^{n}|a_{ij}| < |a_{ii}|$. 又因 $\boldsymbol{A}$ 对称，所以

$$\sum_{j=1,\ j\neq i}^{n}|a_{ji}| < |a_{ii}|\ (i=1,\ 2,\ \cdots,\ n),$$

即 $\boldsymbol{A}$ 为按列严格对角占优．所以第一次所选的主元就是 a_{11}，经过一步消元后，

$$\boldsymbol{A} \to \boldsymbol{A}^{(2)} = \begin{pmatrix} a_{11} & \boldsymbol{\alpha}^{\mathrm{T}} \\ \boldsymbol{0} & \boldsymbol{A}_2 \end{pmatrix}.$$

由(1)，(2)可知，$\boldsymbol{A}_2$ 也是对称的且严格对角占优，即 $\sum_{j=2,\ j\neq i}^{n}|a_{ij}^{(2)}| < |a_{ii}^{(2)}|$. 因此 $\boldsymbol{A}_2$ 也是列对角占优，即 $\sum_{i=2,\ i\neq j}^{n}|a_{ij}^{(2)}| < |a_{jj}^{(2)}|$. 所以第二次所选的主元就是 $a_{22}^{(2)}$. 依此类推，第 k 次所选的主元就是 $a_{kk}^{(k)}$. 故用 Gauss 消元法和列主元消去法得到同样的结果.

注　此题说明，如果方程组的系数矩阵是对称的严格对角占优矩阵，则可直接用 Gauss 消元法求解，不需要选主元.

例 2.2　用列主元 Gauss 消去法解下列方程组：

$$\begin{pmatrix} 3 & 2 & 1 \\ 1 & 0 & 1 \\ 12 & -3 & 3 \end{pmatrix}\begin{pmatrix} x_1 \\ x_2 \\ x_3 \end{pmatrix} = \begin{pmatrix} 4 \\ 2 \\ 15 \end{pmatrix}.$$

分析　这是一个基本的计算题，希望通过本题的练习理解列主元 Gauss 消元法的计算步骤．首先按列选主元，然后进行消元，经两步就得到上三角方程组，最后回代求解.

解
$$\begin{pmatrix} 3 & 2 & 1 & 4 \\ 1 & 0 & 1 & 2 \\ 12 & -3 & 3 & 15 \end{pmatrix} \xrightarrow{r_3 \leftrightarrow r_1} \begin{pmatrix} 12 & -3 & 3 & 15 \\ 1 & 0 & 1 & 2 \\ 3 & 2 & 1 & 4 \end{pmatrix}$$

$$\xrightarrow[r_3-\frac{1}{4}r_1]{r_2-\frac{1}{12}r_1}\begin{pmatrix}12 & -3 & 3 & 15\\ 0 & \frac{1}{4} & \frac{3}{4} & \frac{3}{4}\\ 0 & \frac{11}{4} & \frac{1}{4} & \frac{1}{4}\end{pmatrix}\xrightarrow{r_3\leftrightarrow r_2}\begin{pmatrix}12 & -3 & 3 & 15\\ 0 & \frac{11}{4} & \frac{1}{4} & \frac{1}{4}\\ 0 & \frac{1}{4} & \frac{3}{4} & \frac{3}{4}\end{pmatrix}\xrightarrow{r_3-\frac{1}{11}r_2}\begin{pmatrix}12 & -3 & 3 & 15\\ 0 & \frac{11}{4} & \frac{1}{4} & \frac{1}{4}\\ 0 & 0 & \frac{8}{11} & \frac{8}{11}\end{pmatrix}.$$

等价的上三角方程组为

$$\begin{cases}12x_1-3x_2+3x_3=15,\\ \frac{11}{4}x_2+\frac{1}{4}x_3=\frac{1}{4},\\ \frac{8}{11}x_3=\frac{8}{11}.\end{cases}$$

回代求解得 $x_3=1$，$x_2=0$，$x_1=1$.

例 2.3　设 $\boldsymbol{A}$ 是对称正定矩阵，又设经过 Gauss 消去法一步消去后，$\boldsymbol{A}$ 约化为 $\begin{pmatrix}a_{11} & \boldsymbol{\alpha}_1^{\mathrm{T}}\\ \boldsymbol{0} & \boldsymbol{A}_2\end{pmatrix}$，其中，$\boldsymbol{A}=(a_{ij})_{n\times n}$，$\boldsymbol{A}_2=(a_{ij}^{(2)})_{(n-1)\times(n-1)}$. 证明：

(1) $\boldsymbol{A}$ 的对角元素 $a_{ii}>0\ (i=1,2,\cdots,n)$；

(2) $\boldsymbol{A}_2$ 是对称正定矩阵；

(3) $a_{ii}^{(2)}\leqslant a_{ii}(i=2,3,\cdots,n)$；

(4) $\boldsymbol{A}$ 的绝对值最大的元素必在对角线上；

(5) $\max\limits_{2\leqslant i,j\leqslant n}|a_{ij}^{(2)}|\leqslant\max\limits_{2\leqslant i,j\leqslant n}|a_{ij}|$.

分析　本题与例 2.1 类似，找到 a_{ij} 与 $a_{ij}^{(2)}$ 的关系，然后利用对称正定矩阵的定义及性质证明即可.

证　(1) 因为 $\boldsymbol{A}$ 对称正定，所以

$$0<(Ae_i,e_i)=a_{ii}(i=1,2,\cdots,n),$$

其中，$e_i=(0,\cdots,0,1^{(i)},0,\cdots)^{\mathrm{T}}$（$^{(i)}$ 代表第 i 个元素，以下相同）.

(2) $\boldsymbol{A}_2$ 的对称性已由例题 2.1 给出，现证 $\boldsymbol{A}_2$ 正定.

先证：若 $\boldsymbol{A}$ 对称正定，且 $\boldsymbol{L}$ 为非奇异，则 $\boldsymbol{LAL}^{\mathrm{T}}$ 也对称正定.

事实上，对称性显然. 因为 $\forall\boldsymbol{x}\neq 0$，$\boldsymbol{L}^{\mathrm{T}}\boldsymbol{x}\neq 0$，$(\boldsymbol{x},\boldsymbol{LAL}^{\mathrm{T}}\boldsymbol{x})=(\boldsymbol{L}^{\mathrm{T}}\boldsymbol{x},\boldsymbol{AL}^{\mathrm{T}}\boldsymbol{x})>0$(因 $\boldsymbol{A}$ 正定)，所以 $\boldsymbol{LAL}^{\mathrm{T}}$ 也正定.

又 $\boldsymbol{A}^{(2)}=\begin{pmatrix}a_{11} & \boldsymbol{\alpha}_1^{\mathrm{T}}\\ \boldsymbol{0} & \boldsymbol{A}_2\end{pmatrix}=\boldsymbol{L}_1\boldsymbol{A}$，其中，

$$\boldsymbol{L}_1=\begin{pmatrix}1 & & & \\ -\frac{a_{21}}{a_{11}} & 1 & & \\ \vdots & & \ddots & \\ -\frac{a_{n1}}{a_{11}} & & & 1\end{pmatrix},$$

显然 $\boldsymbol{L}_1$ 非奇异．因为 $\boldsymbol{L}_1\boldsymbol{A}\boldsymbol{L}_1^{\mathrm{T}}=\begin{pmatrix} a_{11} & \boldsymbol{0} \\ \boldsymbol{0} & \boldsymbol{A}_2 \end{pmatrix}$，由上面事实，$\boldsymbol{L}_1\boldsymbol{A}\boldsymbol{L}_1^{\mathrm{T}}$ 正定．所以 $\boldsymbol{A}_2$ 也正定.

(3)因为 $\boldsymbol{A}$ 正定，所以 $a_{11}>0$，

$$a_{ii}^{(2)}=a_{ii}-\frac{a_{i1}}{a_{11}}a_{1i}=a_{ii}-\frac{a_{i1}^2}{a_{11}}\leqslant a_{ii}(i=2,\ 3,\ \cdots,\ n).$$

(4)用反证法．假设 $|a_{i_0j_0}|=\max\limits_{i,\ j}|a_{ij}|$，$i_0\neq j_0$，则取

$$x=(0,\ \cdots,\ 0,\ -1^{(i_0)},\ 0,\ \cdots,\ 0,\ \mathrm{sign}\,(a_{i_0j_0})^{(j_0)},\ 0,\ \cdots,\ 0)^{\mathrm{T}},$$

因此

$$\begin{aligned}\boldsymbol{x}^{\mathrm{T}}\boldsymbol{A}\boldsymbol{x}&=a_{i_0i_0}-\mathrm{sign}(a_{i_0j_0})a_{i_0j_0}-a_{i_0j_0}\mathrm{sign}(a_{i_0j_0})+a_{j_0j_0}\\&=a_{i_0i_0}-2|a_{i_0j_0}|+a_{j_0j_0}\leqslant 0,\end{aligned}$$

与 $\boldsymbol{A}$ 是正定矩阵相矛盾.

(5) $$\max_{2\leqslant i,\ j\leqslant n}|a_{ij}^{(2)}|\xlongequal{\text{由}(4)}\max_{2\leqslant i\leqslant n}|a_{ii}^{(2)}|\xlongequal{\text{由}(1)}\max_{2\leqslant i\leqslant n}a_{ii}^{(2)}\overset{\text{由}(3)}{\leqslant}\max_{2\leqslant i\leqslant n}a_{ii}$$
$$\xlongequal{\text{由}(1)}\max_{2\leqslant i\leqslant n}|a_{ii}|\xlongequal{\text{由}(4)}\max_{2\leqslant i\leqslant n}|a_{ij}|.$$

例 2.4 若 $\boldsymbol{A}=\boldsymbol{L}\boldsymbol{U}$ 是 n 阶矩阵 $\boldsymbol{A}$ 的三角分解，其中 $\boldsymbol{L}=(l_{ij})$ 是元素的绝对值不大于 1 的单位下三角矩阵．用 $\boldsymbol{a}_i^{\mathrm{T}}$ 和 $\boldsymbol{u}_i^{\mathrm{T}}$ 分别表示 $\boldsymbol{A}$ 和 $\boldsymbol{U}$ 的第 i 行，证明：

(1) $\boldsymbol{u}_i^{\mathrm{T}}=\boldsymbol{a}_i^{\mathrm{T}}-\sum\limits_{j=1}^{i-1}l_{ij}\boldsymbol{u}_j^{\mathrm{T}}$；

(2) $\|\boldsymbol{U}\|_\infty\leqslant 2^{n-1}\|\boldsymbol{A}\|_\infty$.

分析 本题第一个等式可直接利用矩阵的乘法证明．第二个不等式有两种证明方法，一是利用 Gauss 消去法的变换矩阵与矩阵三角分解之间的关系来证明；二是用数学归纳法和矩阵范数的性质证明.

证 (1)依题意有

$$\begin{pmatrix}\boldsymbol{a}_1^{\mathrm{T}}\\\boldsymbol{a}_2^{\mathrm{T}}\\\vdots\\\boldsymbol{a}_i^{\mathrm{T}}\\\vdots\\\boldsymbol{a}_n^{\mathrm{T}}\end{pmatrix}=\begin{pmatrix}1&&&&&\\l_{21}&1&&&&\\\vdots&\ddots&\ddots&&&\\l_{i1}&\cdots&l_{i,\ i-1}&1&&\\\vdots&&\vdots&\ddots&\ddots&\\l_{n1}&\cdots&l_{n,\ i-1}&\cdots&l_{n,\ n-1}&1\end{pmatrix}\begin{pmatrix}\boldsymbol{u}_1^{\mathrm{T}}\\\boldsymbol{u}_2^{\mathrm{T}}\\\vdots\\\boldsymbol{u}_i^{\mathrm{T}}\\\vdots\\\boldsymbol{u}_n^{\mathrm{T}}\end{pmatrix},$$

$$\boldsymbol{a}_i^{\mathrm{T}}=l_{i1}\boldsymbol{u}_1^{\mathrm{T}}+l_{i2}\boldsymbol{u}_2^{\mathrm{T}}+\cdots+l_{i,\ i-1}\boldsymbol{u}_{i-1}^{\mathrm{T}}+\boldsymbol{u}_i^{\mathrm{T}}.$$

因此，

$$\boldsymbol{u}_i^{\mathrm{T}}=\boldsymbol{a}_i^{\mathrm{T}}-\sum_{j=1}^{i-1}l_{ij}\boldsymbol{u}_j^{\mathrm{T}}.$$

(2)**方法 1** 从 Gauss 消去法的矩阵表示知，单位下三角矩阵 $\boldsymbol{L}$ 可分解为 $n-1$ 个 Gauss 变换矩阵的乘积，即

$$L=\begin{pmatrix}1&&&\\l_{21}&1&&\\\vdots&\ddots&\ddots&\\l_{n1}&\cdots&l_{n,n-1}&1\end{pmatrix}=L_1L_2\cdots L_{n-1},$$

其中,

$$L_k=\begin{pmatrix}1&&&&\\&\ddots&&&\\&&1&&\\&&l_{k+1,k}&1&\\&&\vdots&&\ddots&\\&&l_{nk}&&&1\end{pmatrix}$$

为 Gauss 变换矩阵,

$$L_k^{-1}=\begin{pmatrix}1&&&&\\&\ddots&&&\\&&1&&\\&&-l_{k+1,k}&1&\\&&\vdots&&\ddots&\\&&-l_{nk}&&&1\end{pmatrix},$$

因此, $U=L^{-1}A=L_{n-1}^{-1}\cdots L_2^{-1}L_1^{-1}A$. 由 $|l_{ij}|\leqslant 1(i>j)$ 知, $\|L_k^{-1}\|_\infty\leqslant 2$, $k=1,2,\cdots,n-1$, 于是,

$$\|U\|_\infty\leqslant\|L_{n-1}^{-1}\|_\infty\cdots\|L_2^{-1}\|_\infty\|L_1^{-1}\|_\infty\|A\|_\infty\leqslant 2^{n-1}\|A\|_\infty.$$

方法 2　用数学归纳法证明. 由 $\|A\|_\infty=\max\limits_{1\leqslant i\leqslant n}\|a_i^{\mathrm T}\|_1$, 易知

$$\|a_i^{\mathrm T}\|_1\leqslant\|A\|_\infty\quad(i=1,2,\cdots,n).$$

由(1), $\|u_1^{\mathrm T}\|_1=\|a_1^{\mathrm T}\|_1\leqslant\|A\|_\infty$, 因 $|l_{ij}|\leqslant 1(i>j)$, 因此

$$\|u_2^{\mathrm T}\|_1=\|a_2^{\mathrm T}-l_{21}u_1^{\mathrm T}\|_1\leqslant\|a_2^{\mathrm T}\|_1+|l_{21}|\|u_1^{\mathrm T}\|_1\leqslant 2\|A\|_\infty.$$

假定 $\|u_j^{\mathrm T}\|_1\leqslant 2^{j-1}\|A\|_\infty$ 对 $1\leqslant j\leqslant k$ 的所有正整数 j 成立, 则

$$\begin{aligned}\|u_{k+1}^{\mathrm T}\|_1&=\left\|a_{k+1}^{\mathrm T}-\sum_{j=1}^{k}l_{kj}u_j^{\mathrm T}\right\|_1\leqslant\|a_{k+1}^{\mathrm T}\|_1+\sum_{j=1}^{k}|l_{kj}|\|u_j^{\mathrm T}\|_1\\&\leqslant\|A\|_\infty+\left(\sum_{j=1}^{k}2^{j-1}\right)\|A\|_\infty=2^k\|A\|_\infty.\end{aligned}$$

因此, $\|u_t^{\mathrm T}\|_1\leqslant 2^{t-1}\|A\|_\infty$ 对 $1\leqslant t\leqslant n$ 的所有正整数 t 成立, 故

$$\|U\|_\infty=\max_{1\leqslant t\leqslant n}\|u_t^{\mathrm T}\|_1\leqslant\max_{1\leqslant t\leqslant n}2^{t-1}\|A\|_\infty=2^{n-1}\|A\|_\infty.$$

例2.5　设 A 是 n 阶矩阵, 其第 i 阶主子阵 $(i=1,2,\cdots,n-1)$ 均非奇异. 证明: A 有唯一的分解式 $A=LDR$, 其中, L 为单位下三角矩阵, D 为对角阵, R 为单位上三角矩阵.

分析　这个题目实际上就是定理 2.2, 为了帮助大家理解这个定理, 我们给出了它的证明过程.

证 (1) 我们首先证明 $\boldsymbol{A}$ 存在分解式 $\boldsymbol{A}=\boldsymbol{LDR}$.

$\boldsymbol{A}$ 的顺序主子阵 $\boldsymbol{A}_i\ (i=1,2,\cdots,n-1)$ 非奇异，由定理 2.1，Gauss 消去法能顺利进行，即有

$$\boldsymbol{A}^{(n)}=\boldsymbol{L}_{n-1}^{-1}\boldsymbol{L}_{n-2}^{-1}\cdots\boldsymbol{L}_1^{-1}\boldsymbol{A}=\begin{pmatrix} a_{11}^{(1)} & \cdots & a_{1,n-1}^{(1)} & a_{1n}^{(1)} \\ & \ddots & \vdots & \vdots \\ & & a_{n-1,n-1}^{(n-1)} & a_{n-1,n}^{(n-1)} \\ & & & a_{nn}^{(n)} \end{pmatrix},$$

$a_{ii}^{(i)}\neq 0(i=1,2,\cdots,n-1)$.

令 $\boldsymbol{L}=\boldsymbol{L}_1\boldsymbol{L}_2\cdots\boldsymbol{L}_{n-1}$，则

$$\boldsymbol{A}=\boldsymbol{LA}^{(n)}.$$

令 $\boldsymbol{D}_1=\mathrm{diag}(a_{11}^{(1)},a_{22}^{(2)},\cdots,a_{n-1,n-1}^{(n-1)})$，$\boldsymbol{D}=(\boldsymbol{D}_1,a_{nn}^{(n)})$，若 $a_{nn}^{(n)}\neq 0$，则

$$\boldsymbol{A}=\boldsymbol{LDD}^{-1}\boldsymbol{A}^{(n)}.$$

令 $\boldsymbol{R}=\boldsymbol{D}^{-1}\boldsymbol{A}^{(n)}$，则 $\boldsymbol{A}$ 有分解式 $\boldsymbol{A}=\boldsymbol{LDR}$.

若 $a_{nn}^{(n)}=0$，则令 $\boldsymbol{R}_1=\begin{pmatrix} a_{11}^{(1)} & \cdots & a_{1,n-1}^{(1)} \\ & \ddots & \vdots \\ & & a_{n-1,n-1}^{(n-1)} \end{pmatrix}$,

$$\boldsymbol{A}^{(n)}=\begin{pmatrix} \boldsymbol{R}_1 & C \\ \boldsymbol{0}^{\mathrm{T}} & 0 \end{pmatrix}=\begin{pmatrix} \boldsymbol{D}_1 & 0 \\ \boldsymbol{0}^{\mathrm{T}} & 0 \end{pmatrix}\cdot\begin{pmatrix} \boldsymbol{D}_1^{-1}\boldsymbol{R}_1 & \boldsymbol{D}_1^{-1}C \\ \boldsymbol{0}^{\mathrm{T}} & 1 \end{pmatrix}=\boldsymbol{D}\cdot\boldsymbol{R}.$$

因此 $\boldsymbol{A}$ 同样有分解式 $\boldsymbol{A}=\boldsymbol{LDR}$.

(2)我们证明 $\boldsymbol{A}$ 的分解式 $\boldsymbol{A}=\boldsymbol{LDR}$ 是唯一的.

设 $\boldsymbol{A}$ 有分解式 $\boldsymbol{A}=\boldsymbol{L}_1\boldsymbol{D}_1\boldsymbol{R}_1=\boldsymbol{L}_2\boldsymbol{D}_2\boldsymbol{R}_2$，其中，$\boldsymbol{L}_1$，$\boldsymbol{L}_2$ 为单位下三角矩阵，$\boldsymbol{D}_1$，$\boldsymbol{D}_2$ 为对角阵，$\boldsymbol{R}_1$，$\boldsymbol{R}_2$ 为单位上三角矩阵.

若 $a_{nn}^{(n)}\neq 0$，则有 $\boldsymbol{L}_2^{-1}\boldsymbol{L}_1=\boldsymbol{D}_2\boldsymbol{R}_2\boldsymbol{R}_1^{-1}\boldsymbol{D}_1^{-1}$，等式左边 $\boldsymbol{L}_2^{-1}\boldsymbol{L}_1$ 是单位下三角矩阵，等式右边是一个上三角矩阵，故

$$\boldsymbol{L}_2^{-1}\boldsymbol{L}_1=\boldsymbol{I},$$

从而 $\boldsymbol{L}_1=\boldsymbol{L}_2$. 同理可证 $\boldsymbol{R}_1=\boldsymbol{R}_2$，于是 $\boldsymbol{A}$ 有唯一的分解式 $\boldsymbol{A}=\boldsymbol{LDR}$.

若 $a_{nn}^{(n)}=0$，则利用上面的分块矩阵的形式，同样可以证明 $\boldsymbol{L}_1=\boldsymbol{L}_2$，$\boldsymbol{R}_1=\boldsymbol{R}_2$，$\boldsymbol{D}_1=\boldsymbol{D}_2$，从而 $\boldsymbol{A}$ 有唯一的分解式 $\boldsymbol{A}=\boldsymbol{LDR}$.

例 2.6 证明矩阵 $\boldsymbol{A}=\begin{pmatrix} 0 & 1 \\ 1 & -1 \end{pmatrix}$ 不存在三角分解.

证 显然，矩阵 $\boldsymbol{A}=\begin{pmatrix} 0 & 1 \\ 1 & -1 \end{pmatrix}$ 非奇异，若 $\boldsymbol{A}$ 有三角分解，则有

$$\boldsymbol{A}=\begin{pmatrix} 0 & 1 \\ 1 & -1 \end{pmatrix}=\begin{pmatrix} a & 0 \\ b & c \end{pmatrix}\begin{pmatrix} d & e \\ 0 & f \end{pmatrix}=\begin{pmatrix} ad & ae \\ bd & be+cf \end{pmatrix}.$$

于是 $ad=0$，$ae=bd=1$，显然这是矛盾的．故矩阵 $\boldsymbol{A}=\begin{pmatrix} 0 & 1 \\ 1 & -1 \end{pmatrix}$ 不存在三角分解.

注　本题主要说明一个非奇异矩阵不一定存在三角分解.

例 2.7　用 Cholesky 方法求解下列方程组:

$$\begin{pmatrix} 4 & -2 & -4 \\ -2 & 17 & 10 \\ -4 & 10 & 9 \end{pmatrix}\begin{pmatrix} x_1 \\ x_2 \\ x_3 \end{pmatrix}=\begin{pmatrix} 10 \\ 3 \\ -5 \end{pmatrix}.$$

分析　系数矩阵对称正定, 故可用 Cholesky 分解 $\boldsymbol{A}=\boldsymbol{G}\boldsymbol{G}^{\mathrm{T}}$, 直接利用 Cholesky 分解的计算公式, 求出 $\boldsymbol{G}$ 的元素, 再求解两个三角方程组即可.

解　由 Cholesky 分解的计算公式

$$\begin{cases} g_{kk}=\sqrt{a_{kk}-\sum\limits_{j=1}^{k-1} g_{kj}^2}, \\ g_{ik}=\left(a_{ik}-\sum\limits_{j=1}^{k-1} g_{ij} g_{kj}\right) \Big/ g_{kk}, \quad i=k+1, k+2, \cdots, n, \end{cases}$$

得 $g_{11}=2$, $g_{21}=-1$, $g_{31}=-2$, $g_{22}=4$, $g_{32}=2$, $g_{33}=1$. 由

$$\begin{cases} y_1=b_1/g_{11}, \\ y_i=\left(b_i-\sum\limits_{j=1}^{i-1} g_{ij} y_j\right) \Big/ g_{ii}, \quad i=2, 3, \cdots, n, \end{cases}$$

得 $y_1=5$, $y_2=2$, $y_3=1$. 再利用

$$\begin{cases} x_n=y_n/g_{nn}, \\ x_i=\left(y_i-\sum\limits_{j=i+1}^{n} g_{ij} x_j\right) \Big/ g_{ii}, \quad i=n-1, n-2, \cdots, 1, \end{cases}$$

得 $x_3=1$, $x_2=0$, $x_1=\dfrac{7}{2}$.

注　Cholesky 分解在大型稀疏矩阵理论、偏微分方程数值解中有极其重要的地位, 但在实际应用时通常采用的形式是 $\boldsymbol{A}=\boldsymbol{L}\boldsymbol{D}\boldsymbol{L}^{\mathrm{T}}$, 因为它避免了上述形式分解中元素需要开方的情形, 其中,

$$\boldsymbol{L}=\begin{pmatrix} 1 & 0 & 0 \\ -0.5 & 1 & 0 \\ -1 & 0.5 & 1 \end{pmatrix}, \quad \boldsymbol{D}=\begin{pmatrix} 4 & 0 & 0 \\ 0 & 16 & 0 \\ 0 & 0 & 1 \end{pmatrix}.$$

例 2.8　用追赶法求解三对角方程组:

$$\begin{pmatrix} 2 & 1 & & \\ 1 & 3 & 1 & \\ & 1 & 1 & 1 \\ & & 2 & 1 \end{pmatrix}\begin{pmatrix} x_1 \\ x_2 \\ x_3 \\ x_4 \end{pmatrix}=\begin{pmatrix} 2 \\ 6 \\ 5 \\ 3 \end{pmatrix}.$$

解　追赶法是求解三对角方程组的较实用的计算方法. 设有三角分解:

$$\begin{pmatrix} b_1 & c_1 & & & \\ a_2 & b_2 & c_2 & & \\ & \ddots & \ddots & \ddots & \\ & & a_{n-1} & b_{n-1} & c_{n-1} \\ & & & a_n & b_n \end{pmatrix} = \begin{pmatrix} \beta_1 & & & & \\ \alpha_2 & \beta_2 & & & \\ & \ddots & \ddots & & \\ & & \alpha_{n-1} & \beta_{n-1} & \\ & & & \alpha_n & \beta_n \end{pmatrix} \cdot \begin{pmatrix} 1 & \gamma_1 & & & \\ & 1 & \gamma_2 & & \\ & & \ddots & \ddots & \\ & & & 1 & \gamma_{n-1} \\ & & & & 1 \end{pmatrix}.$$

由计算公式

$$\begin{cases} \beta_1 = b_1, \quad \gamma_1 = \dfrac{c_1}{\beta_1}, \\ \alpha_i = a_i, \quad \beta_i = b_i - \alpha_i\gamma_{i-1}, \quad \gamma_i = \dfrac{c_i}{\beta_i}, \\ \alpha_n = a_n, \quad \beta_n = b_n - \alpha_n\gamma_{n-1} \end{cases}$$

得 $\beta_1 = 2$，$\beta_2 = \dfrac{5}{2}$，$\beta_3 = \dfrac{3}{5}$，$\beta_4 = -\dfrac{7}{3}$，$\gamma_1 = \dfrac{1}{2}$，$\gamma_2 = \dfrac{2}{5}$，$\gamma_3 = \dfrac{5}{3}$，$\alpha_2 = 1$，$\alpha_3 = 1$，$\alpha_4 = 2$. 解方程组

$$\begin{pmatrix} \beta_1 & 0 & & \\ 1 & \beta_2 & 0 & \\ & 1 & \beta_3 & 0 \\ & & 2 & \beta_4 \end{pmatrix} \begin{pmatrix} y_1 \\ y_2 \\ y_3 \\ y_4 \end{pmatrix} = \begin{pmatrix} 2 \\ 6 \\ 5 \\ 3 \end{pmatrix},$$

得 $y_1 = 1$，$y_2 = 2$，$y_3 = 5$，$y_4 = 3$. 再解

$$\begin{pmatrix} 1 & \gamma_1 & & \\ & 1 & \gamma_2 & \\ & & 1 & \gamma_3 \\ & & & 1 \end{pmatrix} \begin{pmatrix} x_1 \\ x_2 \\ x_3 \\ x_4 \end{pmatrix} = \begin{pmatrix} y_1 \\ y_2 \\ y_3 \\ y_4 \end{pmatrix},$$

得 $x_4 = 3$，$x_3 = 0$，$x_2 = 2$，$x_1 = 0$.

2.3.2 迭代法

例 2.9 设方程组 $\begin{cases} a_{11}x_1 + a_{12}x_2 = b_1, \\ a_{21}x_1 + a_{22}x_2 = b_2 \end{cases}$ 的迭代公式为

$$\begin{cases} x_1^{(k)} = \dfrac{1}{a_{11}}(b_1 - a_{12}x_2^{(k-1)}), \\ x_2^{(k)} = \dfrac{1}{a_{22}}(b_2 - a_{21}x_1^{(k-1)}), \end{cases} \quad k = 1, 2, \cdots$$

求证：由上述迭代公式产生的向量序列 $\{x^k\}$ 收敛的充要条件是

$$r = \left|\frac{a_{12}a_{21}}{a_{11}a_{22}}\right| < 1.$$

分析　将迭代公式改写成矩阵形式，利用逐次逼近法收敛性定理 2.3，验证迭代矩阵满足谱半径小于 1 即可.

证　将迭代公式

$$\begin{cases} x_1^{(k)} = \dfrac{1}{a_{11}}(b_1 - a_{12}x_2^{(k-1)}), \\ x_2^{(k)} = \dfrac{1}{a_{22}}(b_2 - a_{21}x_1^{(k-1)}) \end{cases}$$

写成矩阵形式：

$$\begin{pmatrix} x_1^{(k)} \\ x_2^{(k)} \end{pmatrix} = \begin{pmatrix} 0 & \dfrac{-a_{12}}{a_{11}} \\ \dfrac{-a_{21}}{a_{22}} & 0 \end{pmatrix} \begin{pmatrix} x_1^{(k-1)} \\ x_2^{(k-1)} \end{pmatrix} + \begin{pmatrix} \dfrac{b_1}{a_{11}} \\ \dfrac{b_2}{a_{22}} \end{pmatrix},$$

或者 $\boldsymbol{x}^k = \boldsymbol{B}_0 \boldsymbol{x}^{k-1} + \boldsymbol{g}$，其中，$\boldsymbol{B}_0 = \begin{pmatrix} 0 & \dfrac{-a_{12}}{a_{11}} \\ \dfrac{-a_{21}}{a_{22}} & 0 \end{pmatrix}$.

$$|\lambda \boldsymbol{I} - \boldsymbol{B}_0| = \begin{vmatrix} \lambda & \dfrac{a_{12}}{a_{11}} \\ \dfrac{a_{21}}{a_{22}} & \lambda \end{vmatrix} = \lambda^2 - \frac{a_{12}a_{21}}{a_{11}a_{22}} = 0,$$

所以 $|\lambda_1| = |\lambda_2| = \sqrt{\left|\dfrac{a_{12}a_{21}}{a_{11}a_{22}}\right|}$，即 $\rho(B_0) = \sqrt{\left|\dfrac{a_{12}a_{21}}{a_{11}a_{22}}\right|}$. 由定理 2.3，迭代法收敛的充要条件是 $\rho(\boldsymbol{B}_0) < 1$，因此给定的迭代公式收敛的充要条件是 $\left|\dfrac{a_{12}a_{21}}{a_{11}a_{22}}\right| < 1$.

例 2.10　设逐次逼近法 $\boldsymbol{x}_{k+1} = \boldsymbol{B}\boldsymbol{x}_k + \boldsymbol{g}$，$k = 0, 1, 2, \cdots$ 的迭代矩阵 $\boldsymbol{B}$ 有 $\rho(\boldsymbol{B}) = 0$. 证明：对任意初始向量 $\boldsymbol{x}_0$，至多迭代 n 次就可以得到方程组 $\boldsymbol{x} = \boldsymbol{B}\boldsymbol{x} + \boldsymbol{g}$ 的精确解 . 设

$$\boldsymbol{B}=\begin{pmatrix} 0 & \frac{1}{2} & \frac{1}{\sqrt{2}} \\ \frac{1}{2} & 0 & \frac{1}{2} \\ -\frac{1}{\sqrt{2}} & \frac{1}{2} & 0 \end{pmatrix},\quad \boldsymbol{g}=\begin{pmatrix} -\frac{1}{2} \\ 1 \\ -\frac{1}{2} \end{pmatrix},$$

验证$\rho(\boldsymbol{B})=0$，并以$\boldsymbol{x}_0=\boldsymbol{0}$验证上述结果.

分析 只要证明第n次迭代得到的向量$\boldsymbol{x}_n$与精确解向量x^*误差为零即可，有两种证明思路，一种是利用线性代数中的Hamilton-Cayley定理，另一种是利用Jordan标准形.

证 （1）**方法1** $\rho(\boldsymbol{B})=0$，即$\boldsymbol{B}$的特征值全部为零，特征多项式为

$$|\lambda\boldsymbol{I}-\boldsymbol{B}|=\lambda^n,$$

由线性代数中的Hamilton-Cayley定理，$\boldsymbol{B}^n=\boldsymbol{O}$.

设$\boldsymbol{x}^*$是$\boldsymbol{x}=\boldsymbol{B}\boldsymbol{x}+\boldsymbol{g}$的精确解，因$\boldsymbol{I}-\boldsymbol{B}$的特征值全为1，故$\boldsymbol{I}-\boldsymbol{B}$非奇异，因此，$\boldsymbol{x}^*$是$\boldsymbol{x}=\boldsymbol{B}\boldsymbol{x}+\boldsymbol{g}$的唯一解．于是，对任意初始向量$\boldsymbol{x}_0$，

$$\boldsymbol{x}_n-\boldsymbol{x}^*=\boldsymbol{B}(\boldsymbol{x}_{n-1}-\boldsymbol{x}^*)=\cdots=\boldsymbol{B}^n(\boldsymbol{x}_0-\boldsymbol{x}^*)=\boldsymbol{0}.$$

方法2 由线性代数理论，$\boldsymbol{B}$一定相似于它的Jordan标准形$\boldsymbol{J}$，即有非奇异阵$\boldsymbol{P}$，使得

$$\boldsymbol{P}^{-1}\boldsymbol{B}\boldsymbol{P}=\boldsymbol{J}=\begin{pmatrix} \boldsymbol{J}_1 & & & \\ & \boldsymbol{J}_2 & & \\ & & \ddots & \\ & & & \boldsymbol{J}_t \end{pmatrix},$$

其中，$\boldsymbol{J}_i\ (i=1,2,\cdots,t,\ 1\leqslant t\leqslant n)$为Jordan块．$\rho(\boldsymbol{B})=0$，$\boldsymbol{B}$的特征值全部为零，故

$$\boldsymbol{J}_i=\begin{pmatrix} 0 & 1 & & \\ & 0 & \ddots & \\ & & \ddots & 1 \\ & & & 0 \end{pmatrix}_{n_i\times n_i},$$

其中，$\sum_{i=1}^{t} n_i=n$，且

$$\operatorname{rank}(\boldsymbol{J}_i)=n_i-1\leqslant\operatorname{rank}(\boldsymbol{J})=\operatorname{rank}(\boldsymbol{B})\triangleq r\quad(0\leqslant r\leqslant n-1),$$

因此$\boldsymbol{J}_i^{r+1}=\boldsymbol{O}(i=1,2,\cdots,t)$．故

$$\boldsymbol{B}^{r+1}=\boldsymbol{P}\boldsymbol{J}^{r+1}\boldsymbol{P}^{-1}=\boldsymbol{P}\begin{pmatrix} \boldsymbol{J}_1^{r+1} & & & \\ & \boldsymbol{J}_2^{r+1} & & \\ & & \ddots & \\ & & & \boldsymbol{J}_t^{r+1} \end{pmatrix}\boldsymbol{P}^{-1}=\boldsymbol{O}.$$

其余的证明与方法1相同.

(2) $|\lambda \boldsymbol{I}-\boldsymbol{B}|=\begin{vmatrix}\lambda & -\frac{1}{2} & -\frac{1}{\sqrt{2}} \\ -\frac{1}{2} & \lambda & -\frac{1}{2} \\ \frac{1}{\sqrt{2}} & -\frac{1}{2} & \lambda\end{vmatrix}=\lambda^{3}$，故 $\rho(\boldsymbol{B})=0$.

由 Cramer 法则解三阶线性方程组 $(\boldsymbol{I}-\boldsymbol{B})\boldsymbol{x}=\boldsymbol{g}$，即

$$\begin{cases}x_1-\frac{1}{2}x_2-\frac{1}{\sqrt{2}}x_3=-\frac{1}{2}, \\ -\frac{1}{2}x_1+x_2-\frac{1}{2}x_3=1, \\ \frac{1}{\sqrt{2}}x_1-\frac{1}{2}x_2+x_3=-\frac{1}{2},\end{cases}$$

得精确解 $\boldsymbol{x}^{*}=\begin{pmatrix}0 \\ 1 \\ 0\end{pmatrix}$.

取 $\boldsymbol{x}_0=\boldsymbol{0}$，因此，

$$\boldsymbol{x}_1=\boldsymbol{B}\boldsymbol{x}_0+\boldsymbol{g}=\boldsymbol{g}=\begin{pmatrix}-\frac{1}{2} \\ 1 \\ -\frac{1}{2}\end{pmatrix},$$

$$\boldsymbol{x}_2=\boldsymbol{B}\boldsymbol{x}_1+\boldsymbol{g}=\begin{pmatrix}0 & \frac{1}{2} & \frac{1}{\sqrt{2}} \\ \frac{1}{2} & 0 & \frac{1}{2} \\ -\frac{1}{\sqrt{2}} & \frac{1}{2} & 0\end{pmatrix}\begin{pmatrix}-\frac{1}{2} \\ 1 \\ -\frac{1}{2}\end{pmatrix}+\begin{pmatrix}-\frac{1}{2} \\ 1 \\ -\frac{1}{2}\end{pmatrix}=\begin{pmatrix}-\frac{1}{2\sqrt{2}} \\ \frac{1}{2} \\ \frac{1}{2\sqrt{2}}\end{pmatrix},$$

$$\boldsymbol{x}_3=\boldsymbol{B}\boldsymbol{x}_2+\boldsymbol{g}=\begin{pmatrix}0 & \frac{1}{2} & \frac{1}{\sqrt{2}} \\ \frac{1}{2} & 0 & \frac{1}{2} \\ -\frac{1}{\sqrt{2}} & \frac{1}{2} & 0\end{pmatrix}\begin{pmatrix}-\frac{1}{2\sqrt{2}} \\ \frac{1}{2} \\ \frac{1}{2\sqrt{2}}\end{pmatrix}+\begin{pmatrix}-\frac{1}{2} \\ 1 \\ -\frac{1}{2}\end{pmatrix}=\begin{pmatrix}0 \\ 1 \\ 0\end{pmatrix}=\boldsymbol{x}^{*}.$$

即迭代三次就得到方程组的精确解.

例 2.11　设求解给定方程组的 Jacobi 迭代矩阵 $\boldsymbol{B}_J$ 为

(1) $\begin{pmatrix} 0 & -2 & 2 \\ -1 & 0 & -1 \\ -2 & -2 & 0 \end{pmatrix}$; (2) $\frac{1}{2}\begin{pmatrix} 0 & 1 & -1 \\ -2 & 0 & -2 \\ 1 & 1 & 0 \end{pmatrix}$.

试证明：

(1) Jacobi 迭代收敛而 Gauss-Seidel 迭代发散；

(2) Jacobi 迭代发散而 Gauss-Seidel 迭代收敛.

分析 本题要学会利用 Jacobi 迭代矩阵计算出 Gauss-Seidel 迭代矩阵，然后利用收敛性定理证明即可.

证 记 $\boldsymbol{B}_J=\boldsymbol{L}_J+\boldsymbol{U}_J$，其中，$\boldsymbol{L}_J$，$\boldsymbol{U}_J$ 分别为严格下、上三角阵，则 Gauss-Seidel 迭代矩阵可表示为 $\boldsymbol{B}_{\text{G-S}}=(\boldsymbol{I}-\boldsymbol{L}_J)^{-1}\boldsymbol{U}_J$.

(1) $\det(\lambda\boldsymbol{I}-\boldsymbol{B}_J)=\begin{vmatrix} \lambda & 2 & -2 \\ 1 & \lambda & 1 \\ 2 & 2 & \lambda \end{vmatrix}=\lambda^3$，$\rho(\boldsymbol{B}_J)=0<1$，

$$\boldsymbol{B}_{\text{G-S}}=\begin{pmatrix} 1 & 0 & 0 \\ 1 & 1 & 0 \\ 2 & 2 & 1 \end{pmatrix}^{-1}\begin{pmatrix} 0 & -2 & 2 \\ 0 & 0 & -1 \\ 0 & 0 & 0 \end{pmatrix}=\begin{pmatrix} 1 & 0 & 0 \\ -1 & 1 & 0 \\ 0 & -2 & 1 \end{pmatrix}\begin{pmatrix} 0 & -2 & 2 \\ 0 & 0 & -1 \\ 0 & 0 & 0 \end{pmatrix}$$

$$=\begin{pmatrix} 0 & -2 & 2 \\ 0 & 2 & -3 \\ 0 & 0 & 2 \end{pmatrix},$$

$$\det(\lambda\boldsymbol{I}-\boldsymbol{B}_{\text{G-S}})=\begin{vmatrix} \lambda & 2 & -2 \\ 0 & \lambda-2 & 3 \\ 0 & 0 & \lambda-2 \end{vmatrix}=\lambda(\lambda-2)^2,\quad \rho(\boldsymbol{B}_{\text{G-S}})=2>1.$$

因此，由定理 2.3，Jacobi 迭代收敛而 Gauss-Seidel 迭代发散.

(2) $\det(\lambda\boldsymbol{I}-\boldsymbol{B}_J)=\frac{1}{8}\begin{vmatrix} 2\lambda & -1 & 1 \\ 2 & 2\lambda & 2 \\ -1 & -1 & 2\lambda \end{vmatrix}=\lambda\left(\lambda^2+\frac{5}{4}\right)$，$\rho(\boldsymbol{B}_J)=\frac{\sqrt{5}}{2}>1$，

$$\boldsymbol{B}_{\text{G-S}}=\begin{pmatrix} 1 & 0 & 0 \\ 1 & 1 & 0 \\ -\frac{1}{2} & -\frac{1}{2} & 1 \end{pmatrix}^{-1}\begin{pmatrix} 0 & \frac{1}{2} & -\frac{1}{2} \\ 0 & 0 & -1 \\ 0 & 0 & 0 \end{pmatrix}$$

$$=\begin{pmatrix} 1 & 0 & 0 \\ -1 & 1 & 0 \\ 0 & \frac{1}{2} & 1 \end{pmatrix}\begin{pmatrix} 0 & \frac{1}{2} & -\frac{1}{2} \\ 0 & 0 & -1 \\ 0 & 0 & 0 \end{pmatrix}=-\frac{1}{2}\begin{pmatrix} 0 & -1 & 1 \\ 0 & 1 & 1 \\ 0 & 0 & 1 \end{pmatrix},$$

$$\det(\lambda\boldsymbol{I}-\boldsymbol{B}_{\text{G-S}})=\frac{1}{8}\begin{vmatrix} 2\lambda & -1 & 1 \\ 0 & 2\lambda+1 & 1 \\ 0 & 0 & 2\lambda+1 \end{vmatrix}=\lambda\left(\lambda+\frac{1}{2}\right)^2,\quad \rho(\boldsymbol{B}_{\text{G-S}})=\frac{1}{2}<1.$$

因此，Jacobi 迭代发散而 Gauss-Seidel 迭代收敛.

注　本题说明 Jacobi 迭代与 Gauss-Seidel 迭代的收敛性没有一定的相互关系.

例 2.12　(1) 设 $\boldsymbol{x}_0$ 是 $\boldsymbol{B}\boldsymbol{x}=\boldsymbol{0}$ 的非零解，其中，$\boldsymbol{B}=(b_{ij})_{n\times n}$，$|(\boldsymbol{x}_0)_i|=\max\limits_{1\leqslant j\leqslant n}|(\boldsymbol{x}_0)_j|$ ($(x_0)_i$ 为 x_0 的第 i 个分量)，求证：$|b_{ii}|\leqslant\sum\limits_{k=1,\ k\neq i}^{n}|b_{ik}|$.

(2)用(1)的结果证明：

$$|\lambda|\leqslant\max_i\sum_{k=1}^{n}|a_{ik}|,\quad |\lambda|\geqslant\min_i\left\{|a_{ii}|-\sum_{k=1,\ k\neq i}^{n}|a_{ik}|\right\},$$

其中，λ 为 $\boldsymbol{A}=(a_{ij})_{n\times n}$ 的任一特征值.

(3)如果 $\sum\limits_{k=1,\ k\neq i}^{n}|a_{ik}|<1(i=1,\ 2,\ \cdots,\ n)$，求证以对角元素等于 1 的矩阵 $\boldsymbol{A}$ 为系数矩阵的 Jacobi 迭代法收敛.

分析　本题直接利用矩阵与特征值的相关性质即可证明，主要涉及矩阵的特征值与矩阵元素的关系，以及用迭代法收敛性提供另外的一种证明思路. 实际上，(3) 中满足条件的矩阵 $\boldsymbol{A}$ 是严格对角占优的，可直接由定理 2.7 推出 Jacobi 迭代法收敛，但本题利用(2)的结论也不难导出收敛性.

证　(1) 考虑 $\boldsymbol{B}\boldsymbol{x}=\boldsymbol{0}$ 的第 i 个方程，有 $\sum\limits_{k=1}^{n}b_{ik}(x_0)_k=0$，所以

$$b_{ii}=-\sum_{k=1,\ k\neq i}^{n}b_{ik}\frac{(x_0)_k}{(x_0)_i}.$$

于是，

$$|b_{ii}|=\left|\sum_{k=1,\ k\neq i}^{n}b_{ik}\frac{(x_0)_k}{(x_0)_i}\right|\leqslant\sum_{k=1,\ k\neq i}^{n}|b_{ik}|\left|\frac{(x_0)_k}{(x_0)_i}\right|\leqslant\sum_{k=1,\ k\neq i}^{n}|b_{ik}|.$$

(2)设 λ 是 $\boldsymbol{A}$ 的任意一个特征值，则 $|\lambda\boldsymbol{I}-\boldsymbol{A}|=0$，所以 $(\lambda\boldsymbol{I}-\boldsymbol{A})\boldsymbol{x}=\boldsymbol{0}$ 有非零解，记为 $\boldsymbol{y}_0$. 又设 $|(\boldsymbol{y}_0)_i|=\max\limits_{1\leqslant j\leqslant n}|(\boldsymbol{y}_0)_j|$，由(1)，

$$|\lambda-a_{ii}|\leqslant\sum_{k=1,\ k\neq i}^{n}|a_{ik}|,\tag{2.3}$$

所以 $|\lambda|-|a_{ii}|\leqslant\sum\limits_{k=1,\ k\neq i}^{n}|a_{ik}|$，于是

$$|\lambda|\leqslant\sum_{k=1}^{n}|a_{ik}|\leqslant\max_i\sum_{k=1}^{n}|a_{ik}|.$$

由式(2.3)，$|a_{ii}|-|\lambda|\leqslant\sum\limits_{k=1,\ k\neq i}^{n}|a_{ik}|$，所以

$$|\lambda|\geqslant|a_{ii}|-\sum_{k=1,\ k\neq i}^{n}|a_{ik}|\geqslant\min_i\left\{|a_{ii}|-\sum_{k=1,\ k\neq i}^{n}|a_{ik}|\right\}.$$

(3) Jacobi 迭代的迭代矩阵 $\boldsymbol{B}_0=-\boldsymbol{D}^{-1}(\boldsymbol{L}+\boldsymbol{U})$，由题设 $\boldsymbol{D}=\boldsymbol{I}$，所以

$$\boldsymbol{B}_0=-(\boldsymbol{L}+\boldsymbol{U})=-\begin{pmatrix} 0 & a_{12} & a_{13} & \cdots & a_{1n} \\ a_{21} & 0 & a_{23} & \cdots & a_{2n} \\ a_{31} & a_{32} & 0 & \ddots & \vdots \\ \vdots & \vdots & \ddots & \ddots & a_{n-1,n} \\ a_{n1} & a_{n2} & \cdots & a_{n,n-1} & 0 \end{pmatrix}.$$

由(2)，得

$$|\lambda(\boldsymbol{B}_0)|\leqslant \max_i \sum_{k=1,\ k\neq i}^{n} |a_{ik}|<1.$$

所以$\rho(\boldsymbol{B}_0)<1$，因此以此矩阵$\boldsymbol{A}$为系数矩阵的Jacobi迭代法收敛.

例 2.13 设求解方程组$\boldsymbol{Ax}=\boldsymbol{b}$的逐次逼近法为

$$\boldsymbol{x}_{k+1}=(\boldsymbol{I}-\boldsymbol{B}^{-1}\boldsymbol{A})\boldsymbol{x}_k+\boldsymbol{B}^{-1}\boldsymbol{b},$$

其中$\boldsymbol{B}$是非奇异矩阵．证明：当$(\boldsymbol{A}-\boldsymbol{B})(\boldsymbol{A}-\boldsymbol{B})^{\mathrm{T}}$的最大特征值小于$\boldsymbol{BB}^{\mathrm{T}}$的最小特征值时逐次逼近法收敛.

分析 将矩阵$\boldsymbol{A}$分裂为$\boldsymbol{A}=\boldsymbol{B}-(\boldsymbol{B}-\boldsymbol{A})$，$\boldsymbol{B}$是非奇异矩阵，即可得到迭代公式$\boldsymbol{x}_{k+1}=(\boldsymbol{I}-\boldsymbol{B}^{-1}\boldsymbol{A})\boldsymbol{x}_k+\boldsymbol{B}^{-1}\boldsymbol{b}$. 只要能证明迭代矩阵$\boldsymbol{I}-\boldsymbol{B}^{-1}\boldsymbol{A}$的谱半径或某一种范数小于1就能证明逐次逼近法收敛．由于本题给定的条件与特征值有关，因此一般很容易想到用2-范数来证明.

证
$$\|\boldsymbol{I}-\boldsymbol{B}^{-1}\boldsymbol{A}\|_2=\|\boldsymbol{B}^{-1}(\boldsymbol{B}-\boldsymbol{A})\|_2=\|\boldsymbol{B}^{-1}(\boldsymbol{A}-\boldsymbol{B})\|_2$$
$$\leqslant\|\boldsymbol{B}^{-1}\|_2\|\boldsymbol{A}-\boldsymbol{B}\|_2, \tag{2.4}$$

$$\|\boldsymbol{A}-\boldsymbol{B}\|_2=\sqrt{\lambda_{\max}[(\boldsymbol{A}-\boldsymbol{B})^{\mathrm{T}}(\boldsymbol{A}-\boldsymbol{B})]}$$
$$=\sqrt{\lambda_{\max}[(\boldsymbol{A}-\boldsymbol{B})(\boldsymbol{A}-\boldsymbol{B})^{\mathrm{T}}]}, \tag{2.5}$$

$\boldsymbol{B}$非奇异，因此$\boldsymbol{B}^{\mathrm{T}}\boldsymbol{B}$显然是正定，且$\lambda_{\min}(\boldsymbol{B}^{\mathrm{T}}\boldsymbol{B})>0$,

$$\|\boldsymbol{B}^{-1}\|_2=\sqrt{\lambda_{\max}[(\boldsymbol{B}^{-1})^{\mathrm{T}}\boldsymbol{B}^{-1}]}=\frac{1}{\sqrt{\lambda_{\min}(\boldsymbol{B}^{\mathrm{T}}\boldsymbol{B})}}$$
$$=\frac{1}{\sqrt{\lambda_{\min}(\boldsymbol{BB}^{\mathrm{T}})}}. \tag{2.6}$$

将式(2.5)和式(2.6)代入式(2.4)，得到

$$\|\boldsymbol{I}-\boldsymbol{B}^{-1}\boldsymbol{A}\|_2\leqslant\|\boldsymbol{B}^{-1}\|_2\|\boldsymbol{A}-\boldsymbol{B}\|_2=\frac{\sqrt{\lambda_{\max}[(\boldsymbol{A}-\boldsymbol{B})(\boldsymbol{A}-\boldsymbol{B})^{\mathrm{T}}]}}{\sqrt{\lambda_{\min}(\boldsymbol{BB}^{\mathrm{T}})}}.$$

又由已知条件，

$$\lambda_{\max}[(\boldsymbol{A}-\boldsymbol{B})(\boldsymbol{A}-\boldsymbol{B})^{\mathrm{T}}]<\lambda_{\min}(\boldsymbol{BB}^{\mathrm{T}}),$$

因此，$\|\boldsymbol{I}-\boldsymbol{B}^{-1}\boldsymbol{A}\|_2<1$，由定理2.4知该逐次逼近法收敛.

例 2.14 设逐次逼近法$\boldsymbol{x}_{k+1}=\boldsymbol{Hx}_k+\boldsymbol{b}$，证明：如果存在对称正定矩阵$\boldsymbol{P}$，使$\boldsymbol{B}=\boldsymbol{P}-\boldsymbol{H}^{\mathrm{T}}\boldsymbol{PH}$为对称正定矩阵，那么逐次逼近法收敛.

分析 本题关键是利用条件证明$\rho(\boldsymbol{H})<1$，有两种证明思路：一是证明$\boldsymbol{H}$的所有特征值$|\lambda|<1$；二是利用Cholesky分解和矩阵的相似性来证明．第一种方法很容易想到，

第二种方法需要一定的技巧性.

证法 1　设 λ 是 $\boldsymbol{H}$ 的任一特征值，$\boldsymbol{x}$ 是相应的特征向量，则 $\boldsymbol{x} \neq \boldsymbol{0}$，$\boldsymbol{Hx} = \lambda\boldsymbol{x}$，

$$\begin{aligned}\boldsymbol{x}^{\mathrm{T}}\boldsymbol{Bx} &= \boldsymbol{x}^{\mathrm{T}}(\boldsymbol{P} - \boldsymbol{H}^{\mathrm{T}}\boldsymbol{PH})\boldsymbol{x} = \boldsymbol{x}^{\mathrm{T}}\boldsymbol{Px} - (\boldsymbol{Hx})^{\mathrm{T}}\boldsymbol{P}(\boldsymbol{Hx}) \\ &= \boldsymbol{x}^{\mathrm{T}}\boldsymbol{Px} - (\lambda\boldsymbol{x})^{\mathrm{T}}\boldsymbol{P}(\lambda\boldsymbol{x}) = (1 - \lambda^2)\,\boldsymbol{x}^{\mathrm{T}}\boldsymbol{Px},\end{aligned}$$

因 $\boldsymbol{P}$，$\boldsymbol{B}$ 正定，所以

$$\begin{cases}(1 - \lambda^2)\,\boldsymbol{x}^{\mathrm{T}}\boldsymbol{Px} > 0, \\ \boldsymbol{x}^{\mathrm{T}}\boldsymbol{Px} > 0.\end{cases}$$

因此 $1 - \lambda^2 > 0$，$|\lambda| < 1$. 于是 $\rho(\boldsymbol{H}) < 1$，逐次逼近法收敛.

证法 2　$\boldsymbol{P}$ 正定，由 Cholesky 分解的存在唯一性定理，存在主对角元全为正数的下三角阵 $\boldsymbol{G}$，使得 $\boldsymbol{P} = \boldsymbol{GG}^{\mathrm{T}}$，于是

$$\begin{aligned}\boldsymbol{B} &= \boldsymbol{P} - \boldsymbol{H}^{\mathrm{T}}\boldsymbol{PH} = \boldsymbol{GG}^{\mathrm{T}} - \boldsymbol{H}^{\mathrm{T}}\boldsymbol{GG}^{\mathrm{T}}\boldsymbol{H} \\ &= \boldsymbol{G}[\boldsymbol{I} - \boldsymbol{G}^{-1}\boldsymbol{H}^{\mathrm{T}}\boldsymbol{GG}^{\mathrm{T}}\boldsymbol{H}(\boldsymbol{G}^{\mathrm{T}})^{-1}]\boldsymbol{G}^{\mathrm{T}}.\end{aligned}$$

令 $\boldsymbol{A}^{\mathrm{T}} = \boldsymbol{G}^{-1}\boldsymbol{H}^{\mathrm{T}}\boldsymbol{G}$，则

$$\boldsymbol{B} = \boldsymbol{G}(\boldsymbol{I} - \boldsymbol{A}^{\mathrm{T}}\boldsymbol{A})\boldsymbol{G}^{\mathrm{T}}.$$

而 $\boldsymbol{B}$ 正定，因此 $\boldsymbol{I} - \boldsymbol{A}^{\mathrm{T}}\boldsymbol{A}$ 也正定，故 $\rho(\boldsymbol{A}^{\mathrm{T}}\boldsymbol{A}) < 1$，

$$\rho(\boldsymbol{A}) \leqslant \|\boldsymbol{A}\|_2 = \sqrt{\rho(\boldsymbol{A}^{\mathrm{T}}\boldsymbol{A})} < 1.$$

又 $\boldsymbol{A} = \boldsymbol{G}^{\mathrm{T}}\boldsymbol{H}(\boldsymbol{G}^{\mathrm{T}})^{-1}$，即 $\boldsymbol{A}$ 与 $\boldsymbol{H}$ 相似，因此 $\rho(\boldsymbol{H}) < 1$.

例 2.15　设 $\boldsymbol{A} = \begin{pmatrix}1 & a & a \\ a & 1 & a \\ a & a & 1\end{pmatrix}$，其中，$\boldsymbol{a} \in R$.

(1) 对 a 的哪些值，Jacobi 迭代法收敛？

(2) 对 a 的哪些值，G-S 迭代法收敛？

分析　本题很容易想到用迭代法收敛的一些充分性条件来求 a 的值，这是不全面的，应该用迭代法收敛的充要条件来讨论，即用迭代矩阵的谱半径小于 1 来求 a 的范围. 这里要用到一个补充定理：实系数二次方程 $x^2 - bx + c = 0$ 两根的模都小于 1 的充要条件是 $|c| < 1$，$|b| < 1 + c$.

解　(1) Jacobi 迭代是对 $\boldsymbol{A}$ 作分裂 $\boldsymbol{A} = \boldsymbol{D} - (\boldsymbol{L} + \boldsymbol{U})$，其中，$\boldsymbol{D}$ 是主对角元与 $\boldsymbol{A}$ 相同的对角阵，因此，$\boldsymbol{D} = \boldsymbol{I}$，则

$$\boldsymbol{B}_J = \boldsymbol{D}^{-1}(\boldsymbol{L} + \boldsymbol{U}) = -\begin{pmatrix}0 & a & a \\ a & 0 & a \\ a & a & 0\end{pmatrix},$$

$$|\lambda\boldsymbol{I} - \boldsymbol{B}_J| = \begin{vmatrix}\lambda & a & a \\ a & \lambda & a \\ a & a & \lambda\end{vmatrix} = (\lambda - a)(\lambda - a)(\lambda + 2a),$$

故 $\rho(\boldsymbol{B}_J) = 2|a|$，因此当 $2|a| < 1$，即 $-\dfrac{1}{2} < a < \dfrac{1}{2}$ 时 Jacobi 迭代法收敛.

(2) G-S 迭代法是对 $\boldsymbol{A}$ 作分裂 $\boldsymbol{A} = (\boldsymbol{D} - \boldsymbol{L}) - \boldsymbol{U}$，则

$$B_{G\text{-}S}=(D-L)^{-1}U=-\begin{pmatrix}1&0&0\\a&1&0\\a&a&1\end{pmatrix}^{-1}\begin{pmatrix}0&a&a\\0&0&a\\0&0&0\end{pmatrix}$$

$$=-\begin{pmatrix}1&0&0\\-a&1&0\\a(a-1)&-a&1\end{pmatrix}\begin{pmatrix}0&a&a\\0&0&a\\0&0&0\end{pmatrix}$$

$$=\begin{pmatrix}0&-a&-a\\0&a^2&a^2-a\\0&a^2-a^3&2a^2-a^3\end{pmatrix},$$

$$|\lambda I-B_{G\text{-}S}|=\lambda[\lambda^2+(a^3-3a^2)\lambda+a^3],$$

而$\lambda^2+(a^3-3a^2)\lambda+a^3=0$的两根的模都小于1，等价于

$$\begin{cases}|a^3|<1,\\|a^3-3a^2|<1+a^3.\end{cases}$$

解此不等式组，得$-\dfrac{1}{2}<a<1$. 因此，当$-\dfrac{1}{2}<a<1$时$\rho(B_{G\text{-}S})<1$，G-S迭代法收敛.

例2.16 设有方程组$Ax=b$，其中A为n阶对称正定矩阵，且有迭代公式:

$$x^{(k+1)}=x^{(k)}+\omega(b-Ax^{(k)})\ (k=0,1,2,\cdots).$$

试证明：当$0<\omega<\dfrac{2}{\beta}$时上述迭代法收敛(其中$0<\alpha\leqslant\lambda_i(A)\leqslant\beta$，$i=1,2,\cdots,n$).

分析 将迭代公式整理成标准的逐次逼近法的形式，然后验证迭代矩阵的谱半径小于1即可.

证 由迭代公式$x^{(k+1)}=x^{(k)}+\omega(b-Ax^{(k)})$，即

$$x^{(k+1)}=(I-\omega A)x^{(k)}+\omega b=B_\omega x^{(k)}+f,$$

其中，$B_\omega=I-\omega A$，$f=\omega b$. 因为A对称正定，且$0<\alpha\leqslant\lambda_i(A)\leqslant\beta$，因此当$0<\omega<\dfrac{2}{\beta}$时，

$$0<\omega\alpha\leqslant\omega\lambda(A)\leqslant\omega\beta<2,$$

即$|1-\omega\lambda_i(A)|<1$，也就是$\rho(B_\omega)<1$，所以上述迭代法收敛.

注 本题的迭代公式实际上就是在本章知识要点中提到的迭代法的思路之二——误差校正的方法. 关于β的选取，由于$\rho(A)\leqslant\|A\|$，因此在实际应用中可取$\beta=\|A\|$.

例2.17 试证明：若A是严格对角占优矩阵，则当$0<\omega\leqslant1$时，SOR迭代收敛.

分析 本题作为对教材的一个补充定理，因为在教材中没有对SOR方法的收敛性进行详细的讨论.

证 令n阶矩阵$A=D-L-U$，其中，D是非奇异对角阵，L，U分别为严格下、上三角阵，则SOR迭代矩阵

$$B_\omega=(D-\omega L)^{-1}[(1-\omega)D+\omega U].$$

用反证法来证明$\rho(B_\omega)<1$.

设 λ 为 $\boldsymbol{B}_{\omega}$ 的任一特征值，现假定 $|\lambda| \geqslant 1$，由于 $0 < \omega \leqslant 1$，则 $\lambda + \omega - 1 \neq 0$，

$$
\begin{aligned}
|\boldsymbol{D} - \omega\boldsymbol{L}||\lambda\boldsymbol{I} - \boldsymbol{B}_{\omega}| &= |\lambda(\boldsymbol{D} - \omega\boldsymbol{L}) - [(1-\omega)\boldsymbol{D} + \omega\boldsymbol{U}]| \\
&= |(\lambda + \omega - 1)\boldsymbol{D} - \lambda\omega\boldsymbol{L} - \omega\boldsymbol{U}| \\
&= (\lambda + \omega - 1)^{n}\left|\boldsymbol{D} - \frac{\lambda\omega}{\lambda + \omega - 1}\boldsymbol{L} - \frac{\omega}{\lambda + \omega - 1}\boldsymbol{U}\right|,
\end{aligned}
$$

令 $\boldsymbol{G} = \boldsymbol{D} - \dfrac{\lambda\omega}{\lambda + \omega - 1}\boldsymbol{L} - \dfrac{\omega}{\lambda + \omega - 1}\boldsymbol{U}$，若 $\boldsymbol{A}$ 严格对角占优，则 $\boldsymbol{D}$ 非奇异，$|\boldsymbol{D} - \omega\boldsymbol{L}| = |\boldsymbol{D}| \neq 0$，因此 $|\lambda\boldsymbol{I} - \boldsymbol{B}_{\omega}| = (\lambda + \omega - 1)^{n}|\boldsymbol{D} - \omega\boldsymbol{L}|^{-1}|\boldsymbol{G}|$.

由于

$$
\left|\frac{\omega}{\lambda + \omega - 1}\right| \leqslant \left|\frac{\lambda\omega}{\lambda + \omega - 1}\right| = \left|\frac{\lambda\omega}{\lambda\omega + (\lambda - 1)(1 - \omega)}\right| \leqslant 1,
$$

因此当 $\boldsymbol{A}$ 是严格对角占优矩阵时，$\boldsymbol{G}$ 仍为严格对角占优矩阵，即 $|\boldsymbol{G}| \neq 0$，于是推出

$$
|\lambda\boldsymbol{I} - \boldsymbol{B}_{\omega}| \neq 0.
$$

这与 λ 为 $\boldsymbol{B}_{\omega}$ 的特征值相矛盾．因此 $|\lambda| < 1$，则有 $\rho(\boldsymbol{B}_{\omega}) < 1$. 即若 $\boldsymbol{A}$ 是严格对角占优矩阵，则当 $0 < \omega \leqslant 1$ 时，SOR 迭代收敛.

例 2.18　设 $\boldsymbol{A}$ 与 $\boldsymbol{B}$ 为 n 阶矩阵，且 $\boldsymbol{A}$ 为非奇异阵，考虑解方程组：

$$
\boldsymbol{A}\boldsymbol{z}_1 + \boldsymbol{B}\boldsymbol{z}_2 = \boldsymbol{b}_1,\quad \boldsymbol{B}\boldsymbol{z}_1 + \boldsymbol{A}\boldsymbol{z}_2 = \boldsymbol{b}_2,
$$

其中，$\boldsymbol{z}_1, \boldsymbol{z}_2, \boldsymbol{b}_1, \boldsymbol{b}_2 \in \mathbf{R}^{n}$.

(1) 找出下述迭代方法收敛的充要条件：

$$
\boldsymbol{A}\boldsymbol{z}_1^{(m+1)} = \boldsymbol{b}_1 - \boldsymbol{B}\boldsymbol{z}_2^{(m)},\quad \boldsymbol{A}\boldsymbol{z}_2^{(m+1)} = \boldsymbol{b}_2 - \boldsymbol{B}\boldsymbol{z}_1^{(m)}\,(m \geqslant 0).
$$

(2) 找出下述迭代方法收敛的充要条件：

$$
\boldsymbol{A}\boldsymbol{z}_1^{(m+1)} = \boldsymbol{b}_1 - \boldsymbol{B}\boldsymbol{z}_2^{(m)},\quad \boldsymbol{A}\boldsymbol{z}_2^{(m+1)} = \boldsymbol{b}_2 - \boldsymbol{B}\boldsymbol{z}_1^{(m+1)}\,(m \geqslant 0),
$$

并比较两种方法的收敛速度.

分析　将迭代公式用分块矩阵合成一个方程组，再讨论其收敛性.

解　(1) 此迭代法写成矩阵形式是

$$
\begin{pmatrix} \boldsymbol{A} & \boldsymbol{O} \\ \boldsymbol{O} & \boldsymbol{A} \end{pmatrix}\begin{pmatrix} \boldsymbol{z}_1^{(m+1)} \\ \boldsymbol{z}_2^{(m+1)} \end{pmatrix} = -\begin{pmatrix} \boldsymbol{O} & \boldsymbol{B} \\ \boldsymbol{B} & \boldsymbol{O} \end{pmatrix}\begin{pmatrix} \boldsymbol{z}_1^{(m)} \\ \boldsymbol{z}_2^{(m)} \end{pmatrix} + \begin{pmatrix} \boldsymbol{b}_1 \\ \boldsymbol{b}_2 \end{pmatrix},
$$

所以迭代矩阵为

$$
\begin{aligned}
\boldsymbol{C}_1 &= -\begin{pmatrix} \boldsymbol{A} & \boldsymbol{O} \\ \boldsymbol{O} & \boldsymbol{A} \end{pmatrix}^{-1}\begin{pmatrix} \boldsymbol{O} & \boldsymbol{B} \\ \boldsymbol{B} & \boldsymbol{O} \end{pmatrix} = -\begin{pmatrix} \boldsymbol{A}^{-1} & \boldsymbol{O} \\ \boldsymbol{O} & \boldsymbol{A}^{-1} \end{pmatrix}\begin{pmatrix} \boldsymbol{O} & \boldsymbol{B} \\ \boldsymbol{B} & \boldsymbol{O} \end{pmatrix} \\
&= -\begin{pmatrix} \boldsymbol{O} & \boldsymbol{A}^{-1}\boldsymbol{B} \\ \boldsymbol{A}^{-1}\boldsymbol{B} & \boldsymbol{O} \end{pmatrix}.
\end{aligned}
$$

而

$$
|\lambda\boldsymbol{I} - \boldsymbol{C}_1| = \begin{vmatrix} \boldsymbol{I}_n\lambda & \boldsymbol{A}^{-1}\boldsymbol{B} \\ \boldsymbol{A}^{-1}\boldsymbol{B} & \boldsymbol{I}_n\lambda \end{vmatrix} = |\lambda^2\boldsymbol{I} - (\boldsymbol{A}^{-1}\boldsymbol{B})^2| = |\mu\boldsymbol{I} - (\boldsymbol{A}^{-1}\boldsymbol{B})^2|,
$$

其中$\mu=\lambda^2$. 所以此迭代法收敛的充要条件是

$$\rho(\boldsymbol{C}_1)=(\rho(\boldsymbol{A}^{-1}\boldsymbol{B})^2)^{\frac{1}{2}}=\rho(\boldsymbol{A}^{-1}\boldsymbol{B})<1.$$

(2)此迭代法写成矩阵形式是

$$\begin{pmatrix}\boldsymbol{A} & \boldsymbol{O}\\ \boldsymbol{O} & \boldsymbol{A}\end{pmatrix}\begin{pmatrix}\boldsymbol{z}_1^{(m+1)}\\ \boldsymbol{z}_2^{(m+1)}\end{pmatrix}=\begin{pmatrix}\boldsymbol{O} & \boldsymbol{O}\\ -\boldsymbol{B} & \boldsymbol{O}\end{pmatrix}\begin{pmatrix}\boldsymbol{z}_1^{(m+1)}\\ \boldsymbol{z}_2^{(m+1)}\end{pmatrix}-\begin{pmatrix}\boldsymbol{O} & \boldsymbol{B}\\ \boldsymbol{O} & \boldsymbol{O}\end{pmatrix}\begin{pmatrix}\boldsymbol{z}_1^{(m)}\\ \boldsymbol{z}_2^{(m)}\end{pmatrix}+\begin{pmatrix}\boldsymbol{b}_1\\ \boldsymbol{b}_2\end{pmatrix},$$

即

$$\begin{pmatrix}\boldsymbol{A} & \boldsymbol{O}\\ \boldsymbol{B} & \boldsymbol{A}\end{pmatrix}\begin{pmatrix}\boldsymbol{z}_1^{(m+1)}\\ \boldsymbol{z}_2^{(m+1)}\end{pmatrix}=-\begin{pmatrix}\boldsymbol{O} & \boldsymbol{B}\\ \boldsymbol{O} & \boldsymbol{O}\end{pmatrix}\begin{pmatrix}\boldsymbol{z}_1^{(m)}\\ \boldsymbol{z}_2^{(m)}\end{pmatrix}+\begin{pmatrix}\boldsymbol{b}_1\\ \boldsymbol{b}_2\end{pmatrix}.$$

所以迭代矩阵为

$$\begin{aligned}\boldsymbol{C}_2&=-\begin{pmatrix}\boldsymbol{A} & \boldsymbol{O}\\ \boldsymbol{B} & \boldsymbol{A}\end{pmatrix}^{-1}\begin{pmatrix}\boldsymbol{O} & \boldsymbol{B}\\ \boldsymbol{O} & \boldsymbol{O}\end{pmatrix}=-\begin{pmatrix}\boldsymbol{A}^{-1} & \boldsymbol{O}\\ -\boldsymbol{A}^{-1}\boldsymbol{B}\boldsymbol{A}^{-1} & \boldsymbol{A}^{-1}\end{pmatrix}\begin{pmatrix}\boldsymbol{O} & \boldsymbol{B}\\ \boldsymbol{O} & \boldsymbol{O}\end{pmatrix}\\ &=-\begin{pmatrix}\boldsymbol{O} & \boldsymbol{A}^{-1}\boldsymbol{B}\\ \boldsymbol{O} & -(\boldsymbol{A}^{-1}\boldsymbol{B})^2\end{pmatrix}.\end{aligned}$$

而

$$|\lambda\boldsymbol{I}-\boldsymbol{C}_2|=\begin{vmatrix}\lambda\boldsymbol{I} & \boldsymbol{A}^{-1}\boldsymbol{B}\\ 0 & \lambda\boldsymbol{I}-(\boldsymbol{A}^{-1}\boldsymbol{B})^2\end{vmatrix}=\lambda^n|\lambda\boldsymbol{I}-(\boldsymbol{A}^{-1}\boldsymbol{B})^2|,$$

所以此迭代法收敛的充要条件是$\rho(\boldsymbol{C}_2)=\rho((\boldsymbol{A}^{-1}\boldsymbol{B})^2)<1$.

对于(1)的迭代公式，由于迭代矩阵$\boldsymbol{C}_1$的谱半径$\rho(\boldsymbol{C}_1)=\rho(\boldsymbol{A}^{-1}\boldsymbol{B})$，因此(渐近)收敛速度为$-\log\rho(\boldsymbol{C}_1)=-\log\rho(\boldsymbol{A}^{-1}\boldsymbol{B})$.

对于(2)的迭代公式，由于迭代矩阵$\boldsymbol{C}_2$的谱半径$\rho(\boldsymbol{C}_2)=(\rho(\boldsymbol{A}^{-1}\boldsymbol{B}))^2$，因此(渐近)收敛速度为$-\log\rho(\boldsymbol{C}_2)=-2\log\rho(\boldsymbol{A}^{-1}\boldsymbol{B})$，故迭代法(2)的收敛速度是迭代法(1)的收敛速度的两倍.

2.3.3 最速下降法与共轭斜量法

例 2.19 设二阶方程组为$\begin{pmatrix}6 & 3\\ 3 & 2\end{pmatrix}\begin{pmatrix}x_1\\ x_2\end{pmatrix}=\begin{pmatrix}0\\ -1\end{pmatrix}$，取$\boldsymbol{x}_0=(0,0)^{\mathrm{T}}$.

(1)用最速下降法迭代 2 次，求其近似解.

(2)用共轭斜量算法迭代 2 次，求解方程组.

(3)与精确解进行比较，判断哪一个解好.

分析 本题主要练习求解对称正定方程组的最速下降法和共轭斜量法这两种方法基本的迭代过程，通过实例来了解收敛速度的不同.

解 易知$\boldsymbol{A}=\begin{pmatrix}6 & 3\\ 3 & 2\end{pmatrix}$是正定的.

(1)利用最速下降法的迭代格式：

$$\begin{cases} \boldsymbol{p}_k = \boldsymbol{r}_k = \boldsymbol{b} - \boldsymbol{A}\boldsymbol{x}_k, \\ \alpha_k = \dfrac{(\boldsymbol{r}_k,\ \boldsymbol{p}_k)}{(\boldsymbol{A}\boldsymbol{p}_k,\ \boldsymbol{p}_k)}, \\ \boldsymbol{x}_{k+1} = \boldsymbol{x}_k + \alpha_k \boldsymbol{p}_k, \end{cases}$$

将 $\boldsymbol{x}_0 = (0,\ 0)^{\mathrm{T}}$ 代入，得

第一次迭代

$$\boldsymbol{p}_0 = \boldsymbol{r}_0 = \boldsymbol{b} - \boldsymbol{A}\boldsymbol{x}_0 = \begin{pmatrix} 0 \\ -1 \end{pmatrix},\quad \alpha_0 = \frac{\|\boldsymbol{r}_0\|_2^2}{(\boldsymbol{A}\boldsymbol{p}_0,\ \boldsymbol{p}_0)} = \frac{1}{2},$$

$$\boldsymbol{x}_1 = \boldsymbol{x}_0 + \alpha_0 \boldsymbol{p}_0 = \begin{pmatrix} 0 \\ -\dfrac{1}{2} \end{pmatrix},$$

第二次迭代

$$\boldsymbol{p}_1 = \boldsymbol{r}_1 = \boldsymbol{b} - \boldsymbol{A}\boldsymbol{x}_1 = \begin{pmatrix} \dfrac{3}{2} \\ 0 \end{pmatrix},\quad \alpha_1 = \frac{\|\boldsymbol{r}_1\|_2^2}{(\boldsymbol{A}\boldsymbol{p}_1,\ \boldsymbol{p}_1)} = \frac{1}{6},$$

$$\boldsymbol{x}_2 = \boldsymbol{x}_1 + \alpha_1 \boldsymbol{p}_1 = \begin{pmatrix} \dfrac{1}{4} \\ -\dfrac{1}{2} \end{pmatrix}.$$

(2)利用共轭斜量法的迭代格式：

$$\boldsymbol{p}_0 = \boldsymbol{r}_0 = \boldsymbol{b} - \boldsymbol{A}\boldsymbol{x}_0 = \begin{pmatrix} 0 \\ -1 \end{pmatrix},$$

第一次迭代

$$\alpha_0 = \frac{\|\boldsymbol{r}_0\|_2^2}{(\boldsymbol{A}\boldsymbol{p}_0,\ \boldsymbol{p}_0)} = \frac{1}{2},\qquad \boldsymbol{x}_1 = \boldsymbol{x}_0 + \alpha_0 \boldsymbol{p}_0 = \begin{pmatrix} 0 \\ -\dfrac{1}{2} \end{pmatrix},$$

$$\boldsymbol{r}_1 = \boldsymbol{r}_0 - \alpha_0 \boldsymbol{A}\boldsymbol{p}_0 = \begin{pmatrix} \dfrac{3}{2} \\ 0 \end{pmatrix},\quad \beta_0 = \frac{\|\boldsymbol{r}_1\|_2^2}{\|\boldsymbol{r}_0\|_2^2} = \frac{9}{4},\quad \boldsymbol{p}_1 = \boldsymbol{r}_1 + \beta_0 \boldsymbol{p}_0 = \begin{pmatrix} \dfrac{3}{2} \\ -\dfrac{9}{4} \end{pmatrix},$$

第二次迭代

$$\alpha_1 = \frac{\|\boldsymbol{r}_1\|_2^2}{(\boldsymbol{A}\boldsymbol{p}_1,\ \boldsymbol{p}_1)} = \frac{2}{3},\quad \boldsymbol{x}_2 = \boldsymbol{x}_1 + \alpha_1 \boldsymbol{p}_1 = \begin{pmatrix} 1 \\ -2 \end{pmatrix}.$$

(3)问题的精确解为 $\boldsymbol{x}^* = \begin{pmatrix} 1 \\ -2 \end{pmatrix}$. 上述计算表明：用共轭斜量法求解迭代两次就可得到该方程组的解．这一结果不是偶然的，正好验证了用共轭斜量法求解 n 阶正定方程组，在计算过程中无舍入误差的情形下，至多迭代 n 次就可得到精确解(参看例 2.22).

例 2.20　试证明：对于最速下降法，相邻两次迭代的方向向量是正交的，即 $(\boldsymbol{r}_{k+1},$

$\boldsymbol{r}_k) = 0$.

分析 本题主要是为了帮助理解最速下降法的特点，直接利用最速下降法的计算公式就可证明.

证 $\boldsymbol{r}_{k+1} = \boldsymbol{b} - \boldsymbol{A}\boldsymbol{x}_{k+1} = \boldsymbol{b} - \boldsymbol{A}(\boldsymbol{x}_k + \alpha_k \boldsymbol{r}_k) = \boldsymbol{b} - \boldsymbol{A}\boldsymbol{x}_k - \alpha_k \boldsymbol{A}\boldsymbol{r}_k$
$= \boldsymbol{r}_k - \alpha_k \boldsymbol{A}\boldsymbol{r}_k$.

因为在最速下降法中，$\alpha_k = \dfrac{(\boldsymbol{r}_k, \boldsymbol{p}_k)}{(\boldsymbol{A}\boldsymbol{p}_k, \boldsymbol{p}_k)}$，$\boldsymbol{p}_k = \boldsymbol{r}_k$，所以

$$(\boldsymbol{r}_{k+1}, \boldsymbol{r}_k) = (\boldsymbol{r}_k, \boldsymbol{r}_k) - \alpha_k(\boldsymbol{A}\boldsymbol{r}_k, \boldsymbol{r}_k) = (\boldsymbol{r}_k, \boldsymbol{p}_k) - \alpha_k(\boldsymbol{A}\boldsymbol{p}_k, \boldsymbol{p}_k) = 0.$$

例 2.21 证明：共轭斜量法中 $\{\boldsymbol{r}_k\}$ 为正交向量组，$\{\boldsymbol{p}_k\}$ 为 $\boldsymbol{A}$–共轭向量组，即 $(\boldsymbol{r}_i, \boldsymbol{r}_j) = 0$，$(\boldsymbol{A}\boldsymbol{p}_i, \boldsymbol{p}_j) = (\boldsymbol{A}\boldsymbol{p}_j, \boldsymbol{p}_i) = 0$ $(i \neq j)$.

分析 本题是共轭斜量法中两个重要的向量组 $\{r_k\}$ 和 $\{p_k\}$ 的不同性质，可用数学归纳法直接证明.

证 用数学归纳法证明．当 $k = 0$ 时，利用 $\boldsymbol{r}_0 = \boldsymbol{p}_0$ 得

$$(\boldsymbol{r}_0, \boldsymbol{r}_1) = (\boldsymbol{r}_0, \boldsymbol{r}_0 - \alpha_0 \boldsymbol{A}\boldsymbol{p}_0) = \|\boldsymbol{r}_0\|_2^2 - \|\boldsymbol{r}_0\|_2^2 = 0,$$

$$\begin{aligned}(\boldsymbol{p}_0, \boldsymbol{A}\boldsymbol{p}_1) &= (\boldsymbol{p}_1, \boldsymbol{A}\boldsymbol{p}_0) = (\boldsymbol{r}_1 + \beta_0 \boldsymbol{p}_0, \boldsymbol{A}\boldsymbol{p}_0) \\ &= (\boldsymbol{r}_1, \boldsymbol{A}\boldsymbol{p}_0) + \beta_0(\boldsymbol{p}_0, \boldsymbol{A}\boldsymbol{p}_0) = 0.\end{aligned}$$

设非零向量组 $\{\boldsymbol{r}_0, \boldsymbol{r}_1, \cdots, \boldsymbol{r}_k\}$ 正交，非零向量组 $\{\boldsymbol{p}_0, \boldsymbol{p}_1, \cdots, \boldsymbol{p}_k\}$ $\boldsymbol{A}$–共轭．即要证明：

$$(\boldsymbol{r}_{k+1}, \boldsymbol{r}_i) = 0,\ (\boldsymbol{A}\boldsymbol{p}_{k+1}, \boldsymbol{p}_i) = (\boldsymbol{A}\boldsymbol{p}_i, \boldsymbol{p}_{k+1}) = 0,\quad i = 0, 1, 2, \cdots, k.$$

(1) 证明 $(\boldsymbol{r}_{k+1}, \boldsymbol{r}_i) = 0$，$i = 0, 1, 2, \cdots, k$.

当 $i = 0, 1, 2, \cdots, k-1$ 时，

$$\begin{aligned}(\boldsymbol{r}_{k+1}, \boldsymbol{r}_i) &= (\boldsymbol{r}_k - \alpha_k \boldsymbol{A}\boldsymbol{p}_k, \boldsymbol{r}_i) = (\boldsymbol{r}_k, \boldsymbol{r}_i) - \alpha_k(\boldsymbol{A}\boldsymbol{p}_k, \boldsymbol{r}_i) \\ &= -\alpha_k(\boldsymbol{A}\boldsymbol{p}_k, \boldsymbol{p}_i - \beta_{i-1}\boldsymbol{p}_{i-1}) \\ &= -\alpha_k(\boldsymbol{A}\boldsymbol{p}_k, \boldsymbol{p}_i) + \alpha_k\beta_{i-1}(\boldsymbol{A}\boldsymbol{p}_k, \boldsymbol{p}_{i-1}) = 0.\end{aligned}$$

当 $i = k$ 时，

$$\begin{aligned}(\boldsymbol{r}_{k+1}, \boldsymbol{r}_k) &= (\boldsymbol{r}_k - \alpha_k \boldsymbol{A}\boldsymbol{p}_k, \boldsymbol{r}_k) = (\boldsymbol{r}_k, \boldsymbol{r}_k) - \alpha_k(\boldsymbol{A}\boldsymbol{p}_k, \boldsymbol{r}_k) \\ &= \|\boldsymbol{r}_k\|_2^2 - \|\boldsymbol{r}_k\|_2^2 = 0.\end{aligned}$$

(2) 证明 $(\boldsymbol{A}\boldsymbol{p}_{k+1}, \boldsymbol{p}_i) = (\boldsymbol{A}\boldsymbol{p}_i, \boldsymbol{p}_{k+1}) = 0$，$i = 0, 1, 2, \cdots, k$.

当 $i = k$ 时，

$$(\boldsymbol{p}_{k+1}, \boldsymbol{A}\boldsymbol{p}_k) = (\boldsymbol{r}_{k+1} + \beta_k \boldsymbol{p}_k, \boldsymbol{A}\boldsymbol{p}_k) = (\boldsymbol{r}_{k+1}, \boldsymbol{A}\boldsymbol{p}_k) + \beta_k(\boldsymbol{p}_k, \boldsymbol{A}\boldsymbol{p}_k) = 0.$$

当 $i = 0, 1, 2, \cdots, k-1$ 时，利用 $\{\boldsymbol{r}_k\}$ 的正交性和 $\boldsymbol{p}_k$，$\boldsymbol{p}_i$ 为 $\boldsymbol{A}$-共轭，得

$$(\boldsymbol{r}_{k+1}, \boldsymbol{A}\boldsymbol{p}_i) = \left(\boldsymbol{r}_{k+1}, \frac{\boldsymbol{r}_i - \boldsymbol{r}_{i+1}}{\alpha_i}\right) = 0.$$

因此

$$(\boldsymbol{p}_{k+1}, \boldsymbol{A}\boldsymbol{p}_i) = (\boldsymbol{r}_{k+1} + \beta_k \boldsymbol{p}_k, \boldsymbol{A}\boldsymbol{p}_i) = (\boldsymbol{r}_{k+1}, \boldsymbol{A}\boldsymbol{p}_i) + \beta_k(\boldsymbol{p}_k, \boldsymbol{A}\boldsymbol{p}_i) = 0.$$

综上所述，结论得证.

例 2.22 设 $\boldsymbol{A}$ 为 n 阶正定矩阵，证明：在不计舍入误差的情形下，用共轭斜量法至多迭代 n 次就可得到方程组 $\boldsymbol{A}\boldsymbol{x} = \boldsymbol{b}$ 的精确解.

分析 这是共轭斜量法的一个重要的结论，表明它是既不同于直接法又不同于迭代法

的一类有效的算法.

证　用共轭斜量法求解方程组 $\boldsymbol{Ax}=\boldsymbol{b}$ 的 k 次近似记作 x_k，则第 k 次迭代的误差 $\boldsymbol{r}_k=\boldsymbol{b}-\boldsymbol{Ax}_k$ 为 n 维向量，其线性无关组中向量的最多个数为 n. 由例题 2.21 知 $\{r_k\}_{k=0}^{n-1}$ 为正交向量组，若 $\{\boldsymbol{r}_0,\ \boldsymbol{r}_1,\ \cdots,\ \boldsymbol{r}_{n-1}\}$ 都为非零向量，从而必为线性无关组．又 $(\boldsymbol{r}_n,\ \boldsymbol{r}_k)=0$，$k=0,\ 1,\ \cdots,\ n-1$，因此必有 $r_n=0$. 即在不考虑舍入误差的情形下，用共轭斜量法至多迭代 n 次就可得到正定方程组的解.

例 2.23　设 $\boldsymbol{A}$ 是对称正定矩阵，从方程组 $\boldsymbol{Ax}=\boldsymbol{b}$ 的近似解 $\boldsymbol{x}_k$ 出发，依次沿直线 $\boldsymbol{x}=\boldsymbol{x}_k+t\boldsymbol{e}_i$，$i=1,\ 2,\ \cdots,\ n$，求二次函数 $H(\boldsymbol{x})=\boldsymbol{x}^{\mathrm{T}}\boldsymbol{Ax}-2\boldsymbol{b}^{\mathrm{T}}\boldsymbol{x}$ 的极小点，验证这样的迭代过程就是 G-S 迭代法.

分析　本题的结论说明 G-S 迭代法也可从方向向量校正的角度推出，在这种思路之下可以将 Jacobi 迭代、G-S 迭代法、SOR 迭代和最速下降法、共轭斜量法统一于同一框架之中.

证　将 $\boldsymbol{x}=\boldsymbol{x}_k+t\boldsymbol{e}_i$ 代入 $H(\boldsymbol{x})=\boldsymbol{x}^{\mathrm{T}}\boldsymbol{Ax}-2\boldsymbol{b}^{\mathrm{T}}\boldsymbol{x}$，注意到 $\boldsymbol{A}$ 的对称正定性，得

$$\begin{aligned}\varphi(t)=H(\boldsymbol{x}_k+t\boldsymbol{e}_i)&=(\boldsymbol{x}_k+t\boldsymbol{e}_i)^{\mathrm{T}}\boldsymbol{A}(\boldsymbol{x}_k+t\boldsymbol{e}_i)-2\boldsymbol{b}^{\mathrm{T}}(\boldsymbol{x}_k+t\boldsymbol{e}_i)\\&=\boldsymbol{e}_i^{\mathrm{T}}\boldsymbol{Ae}_it^2+2(\boldsymbol{e}_i^{\mathrm{T}}\boldsymbol{Ax}_k-\boldsymbol{b}^{\mathrm{T}}\boldsymbol{e}_i)t+\boldsymbol{x}_k^{\mathrm{T}}\boldsymbol{Ax}_k-2\boldsymbol{b}^{\mathrm{T}}\boldsymbol{x}_k,\\\varphi'(t)&=2\boldsymbol{e}_i^{\mathrm{T}}\boldsymbol{Ae}_it+2(\boldsymbol{e}_i^{\mathrm{T}}\boldsymbol{Ax}_k-\boldsymbol{b}^{\mathrm{T}}\boldsymbol{e}_i).\end{aligned}$$

令 $\varphi'(t)=0$，则

$$t=\frac{\boldsymbol{b}^{\mathrm{T}}\boldsymbol{e}_i-\boldsymbol{e}_i^{\mathrm{T}}\boldsymbol{Ax}_k}{\boldsymbol{e}_i^{\mathrm{T}}\boldsymbol{Ae}_i}\triangleq t_i,\quad \varphi''(t_i)=2\boldsymbol{e}_i^{\mathrm{T}}\boldsymbol{Ae}_i>0,$$

因此 $\boldsymbol{x}=\boldsymbol{x}_k+t_i\boldsymbol{e}_i$ 是二次函数 $H(\boldsymbol{x})$ 在直线 $\boldsymbol{x}=\boldsymbol{x}_k+t\boldsymbol{e}_i$ 上的极小点.

从 $\boldsymbol{x}_k=(x_1^{(k)},\ x_2^{(k)},\ \cdots,\ x_n^{(k)})^{\mathrm{T}}$ 出发，取 $i=1$，则

$$t_1=\frac{1}{a_{11}}\Big(b_1-\sum_{j=1}^{n}a_{1j}x_j^{(k)}\Big),\quad \boldsymbol{x}_k+t_1\boldsymbol{e}_1=(x_1^{(k+1)},\ x_2^{(k)},\ \cdots,\ x_n^{(k)})^{\mathrm{T}},$$

其中，

$$x_1^{(k+1)}=\frac{1}{a_{11}}\Big(b_1-\sum_{j=1}^{n}a_{1j}x_j^{(k)}\Big)+x_1^{(k)}.$$

用 $\boldsymbol{x}_k+t_1\boldsymbol{e}_1$ 代替 $\boldsymbol{x}_k$，即 $\boldsymbol{x}_k=(x_1^{(k+1)},\ x_2^{(k)},\ \cdots,\ x_n^{(k)})^{\mathrm{T}}$.

取 $i=2$，则

$$t_2=\frac{\boldsymbol{b}^{\mathrm{T}}\boldsymbol{e}_2-\boldsymbol{e}_2^{\mathrm{T}}\boldsymbol{Ax}_k}{\boldsymbol{e}_2^{\mathrm{T}}\boldsymbol{Ae}_2}=\frac{b_2-a_{21}x_1^{(k+1)}-\sum\limits_{j=2}^{n}a_{2j}x_j^{(k)}}{a_{22}},$$

$$x_k+t_2e_2=(x_1^{(k+1)},\ x_2^{(k+1)},\ x_3^{(k)},\ \cdots,\ x_n^{(k)})^{\mathrm{T}},$$

其中，

$$x_2^{(k+1)}=\frac{1}{a_{22}}\Big(b_2-a_{21}x_1^{(k+1)}-\sum_{j=2}^{n}a_{2j}x_j^{(k)}\Big)+x_2^{(k)}.$$

用 $\boldsymbol{x}_k+t_2\boldsymbol{e}_2$ 代替 $\boldsymbol{x}_k$，即 $\boldsymbol{x}_k=(x_1^{(k+1)},\ x_2^{(k+1)},\ x_3^{(k)},\ \cdots,\ x_n^{(k)})^{\mathrm{T}}$.

假设对 $i-1$ 时 $x_k=(x_1^{(k+1)},\ \cdots,\ x_{i-1}^{(k+1)},\ x_i^{(k)},\ \cdots,\ x_n^{(k)})^{\mathrm{T}}$，则对 i 时，

$$t_i = \frac{\boldsymbol{b}^{\mathrm{T}}\boldsymbol{e}_i - \boldsymbol{e}_i^{\mathrm{T}}\boldsymbol{A}\boldsymbol{x}_k}{\boldsymbol{e}_i^{\mathrm{T}}\boldsymbol{A}\boldsymbol{e}_i} = \frac{b_i - \sum_{j=1}^{i-1} a_{ij}x_j^{(k+1)} - \sum_{j=i}^{n} a_{ij}x_j^{(k)}}{a_{ii}},$$

$$\boldsymbol{x}_k + t_i\boldsymbol{e}_i = (x_1^{(k+1)}, \cdots, x_{i-1}^{(k+1)}, x_i^{(k)}, \cdots, x_n^{(k)})^{\mathrm{T}},$$

其中,

$$x_i^{(k+1)} = \frac{1}{a_{ii}}\left(b_i - \sum_{j=1}^{i-1} a_{ij}x_j^{(k+1)} - \sum_{j=i}^{n} a_{ij}x_j^{(k)}\right) + x_i^{(k)}.$$

因此, 成立

$$x_i^{(k+1)} = \frac{1}{a_{ii}}\left(b_i - \sum_{j=1}^{i-1} a_{ij}x_j^{(k+1)} - \sum_{j=i}^{n} a_{ij}x_j^{(k)}\right) + x_i^{(k)}, \quad i = 1, 2, \cdots, n.$$

可见, 这样的迭代过程就是 G-S 迭代法.

例 2.24 设 $\boldsymbol{A}$ 是 n 阶对称正定矩阵, $\{\boldsymbol{p}_i\}$ $(i = 1, 2, \cdots, n)$ 是一组 $\boldsymbol{A}$-共轭向量组 . 证明:

(1) $\boldsymbol{p}_1, \boldsymbol{p}_2, \cdots, \boldsymbol{p}_n$ 线性无关;　　(2) $\boldsymbol{A}^{-1} = \sum_{i=1}^{n} \frac{\boldsymbol{p}_i\boldsymbol{p}_i^{\mathrm{T}}}{\boldsymbol{p}_i^{\mathrm{T}}\boldsymbol{A}\boldsymbol{p}_i}$.

分析 本题直接利用 $\boldsymbol{A}$-共轭向量组的定义即可证明.

证 (1) 由 $\boldsymbol{A}$ 为正定阵, $\{\boldsymbol{p}_i\}$ $(i = 1, 2, \cdots, n)$ 是 $\boldsymbol{A}$-共轭向量组知, $\boldsymbol{p}_i (i = 1, 2, \cdots, n)$ 是非零向量, 且

$$(\boldsymbol{A}\boldsymbol{p}_i, \boldsymbol{p}_j) = (\boldsymbol{A}\boldsymbol{p}_j, \boldsymbol{p}_i) = 0, \quad i \neq j, \ \boldsymbol{p}_i^{\mathrm{T}}\boldsymbol{A}\boldsymbol{p}_i > 0 \ (i = 1, 2, \cdots, n).$$

考察等式 $k_1\boldsymbol{p}_1 + k_2\boldsymbol{p}_2 + \cdots + k_n\boldsymbol{p}_n = \boldsymbol{0}$, 其中, $k_1, k_2, \cdots, k_n$ 是 $\{p_i\}$ 所在向量空间的系数域上的 n 个常数, 则 $k_1\boldsymbol{A}\boldsymbol{p}_1 + k_2\boldsymbol{A}\boldsymbol{p}_2 + \cdots + k_n\boldsymbol{A}\boldsymbol{p}_n = 0$. 因此,

$$\left(\sum_{i=1}^{n} k_i\boldsymbol{A}\boldsymbol{p}_i, \boldsymbol{p}_j\right) = (k_j\boldsymbol{A}\boldsymbol{p}_j, \boldsymbol{p}_j) = k_j\boldsymbol{p}_j^{\mathrm{T}}\boldsymbol{A}\boldsymbol{p}_j = 0,$$

故 $k_j = 0 (j = 1, 2, \cdots, n)$. 从而, $\boldsymbol{p}_1, \boldsymbol{p}_2, \cdots, \boldsymbol{p}_n$ 线性无关.

(2)由于 $\boldsymbol{p}_1, \boldsymbol{p}_2, \cdots, \boldsymbol{p}_n$ 线性无关, 因此 $\boldsymbol{B} = (\boldsymbol{p}_1, \boldsymbol{p}_2, \cdots, \boldsymbol{p}_n)$ 非奇异 . 根据 $\boldsymbol{A}$-共轭向量组的定义,

$$\left(\sum_{i=1}^{n} \frac{\boldsymbol{p}_i\boldsymbol{p}_i^{\mathrm{T}}}{\boldsymbol{p}_i^{\mathrm{T}}\boldsymbol{A}\boldsymbol{p}_i}\right)\boldsymbol{A}\boldsymbol{p}_j = \sum_{i=1}^{n} \frac{\boldsymbol{p}_i(\boldsymbol{A}\boldsymbol{p}_j, \boldsymbol{p}_i)}{\boldsymbol{p}_i^{\mathrm{T}}\boldsymbol{A}\boldsymbol{p}_i} = \frac{\boldsymbol{p}_j(\boldsymbol{A}\boldsymbol{p}_j, \boldsymbol{p}_j)}{\boldsymbol{p}_j^{\mathrm{T}}\boldsymbol{A}\boldsymbol{p}_j} = \boldsymbol{p}_j, \ j = 1, 2, \cdots, n.$$

因此,

$$\left(\sum_{i=1}^{n} \frac{\boldsymbol{p}_i\boldsymbol{p}_i^{\mathrm{T}}}{\boldsymbol{p}_i^{\mathrm{T}}\boldsymbol{A}\boldsymbol{p}_i}\right)\boldsymbol{A}\boldsymbol{B} = \boldsymbol{B}, \quad \left(\sum_{i=1}^{n} \frac{\boldsymbol{p}_i\boldsymbol{p}_i^{\mathrm{T}}}{\boldsymbol{p}_i^{\mathrm{T}}\boldsymbol{A}\boldsymbol{p}_i}\right)\boldsymbol{A} = \boldsymbol{B}\boldsymbol{B}^{-1} = I,$$

故 $\boldsymbol{A}^{-1} = \sum_{i=1}^{n} \frac{\boldsymbol{p}_i\boldsymbol{p}_i^{\mathrm{T}}}{\boldsymbol{p}_i^{\mathrm{T}}\boldsymbol{A}\boldsymbol{p}_i}$.

例 2.25 设 $\boldsymbol{A}\boldsymbol{x} = \boldsymbol{b}$, 其中 $\boldsymbol{A}$ 为非奇异矩阵.

(1)求证: $\boldsymbol{A}^{\mathrm{T}}\boldsymbol{A}$ 为对称正定阵.

(2)求证: $\mathrm{cond}\,(\boldsymbol{A}^{\mathrm{T}}\boldsymbol{A})_2 = (\mathrm{cond}\,(\boldsymbol{A})_2)^2$.

(3)试写出用共轭斜量法(CG 算法)解 $\boldsymbol{A}^{\mathrm{T}}\boldsymbol{A}\boldsymbol{x} = \boldsymbol{A}^{\mathrm{T}}\boldsymbol{b}$ 的计算公式.

解 (1) $\boldsymbol{A}^{\mathrm{T}}\boldsymbol{A}$ 对称性显然 . 下面证明 $\boldsymbol{A}^{\mathrm{T}}\boldsymbol{A}$ 为正定阵.

由于 $(\boldsymbol{A}^{\mathrm{T}}\boldsymbol{A}\boldsymbol{x},\ \boldsymbol{x})=(\boldsymbol{A}\boldsymbol{x},\ \boldsymbol{A}\boldsymbol{x})=\|\boldsymbol{A}\boldsymbol{x}\|_2^2\geqslant 0$，且当 $\boldsymbol{x}\neq\boldsymbol{0}$ 时 $\boldsymbol{A}\boldsymbol{x}\neq\boldsymbol{0}$，故

$$(\boldsymbol{A}^{\mathrm{T}}\boldsymbol{A}\boldsymbol{x},\ \boldsymbol{x})>0.$$

(2) $$\begin{aligned}\operatorname{cond}(\boldsymbol{A}^{\mathrm{T}}\boldsymbol{A})_2&=\|\boldsymbol{A}^{\mathrm{T}}\boldsymbol{A}\|_2\cdot\|(\boldsymbol{A}^{\mathrm{T}}\boldsymbol{A})^{-1}\|_2=\|\boldsymbol{A}\|_2^2\cdot\|(\boldsymbol{A}^{-1})^{\mathrm{T}}\|_2^2\\&=\|\boldsymbol{A}\|_2^2\cdot\|\boldsymbol{A}^{-1}\|_2^2=(\operatorname{cond}(\boldsymbol{A})_2)^2.\end{aligned}$$

(3)解 $\boldsymbol{A}^{\mathrm{T}}\boldsymbol{A}\boldsymbol{x}=\boldsymbol{A}^{\mathrm{T}}\boldsymbol{b}$ 的计算公式为：任意给定 $\boldsymbol{x}_0$，取 $\boldsymbol{p}_0=\boldsymbol{r}_0=\boldsymbol{b}-\boldsymbol{A}\boldsymbol{x}_0$，$\tilde{\boldsymbol{r}}_0=\boldsymbol{A}^{\mathrm{T}}\boldsymbol{r}_0$，

$$\begin{cases}\tilde{\alpha}_k=\dfrac{(\tilde{\boldsymbol{r}}_k,\ \tilde{\boldsymbol{r}}_k)}{(\boldsymbol{A}\boldsymbol{p}_k,\ \boldsymbol{A}\boldsymbol{p}_k)},\quad \boldsymbol{x}_{k+1}=\boldsymbol{x}_k+\tilde{\alpha}_k\boldsymbol{p}_k,\\ \boldsymbol{r}_{k+1}=\boldsymbol{r}_k-\tilde{\alpha}_k\boldsymbol{A}\boldsymbol{p}_k,\quad \tilde{\boldsymbol{r}}_{k+1}=\boldsymbol{A}^{\mathrm{T}}\boldsymbol{r}_{k+1},\qquad k=0,1,2,\cdots\\ \tilde{\beta}_k=\dfrac{\tilde{\boldsymbol{r}}_{k+1}^{\mathrm{T}}\tilde{\boldsymbol{r}}_{k+1}}{\tilde{\boldsymbol{r}}_k^{\mathrm{T}}\tilde{\boldsymbol{r}}_k},\quad \boldsymbol{p}_{k+1}=\tilde{\boldsymbol{r}}_{k+1}+\tilde{\beta}_k\boldsymbol{p}_k,\end{cases}$$

注　本题主要说明以下几点：

(1)共轭斜量法(CG 算法)也可推广到求解系数矩阵为非奇异矩阵的方程组 $\boldsymbol{A}\boldsymbol{x}=\boldsymbol{b}$，方法是等价变形为一个正定方程组 $\boldsymbol{A}^{\mathrm{T}}\boldsymbol{A}\boldsymbol{x}=\boldsymbol{A}^{\mathrm{T}}\boldsymbol{b}$.

(2)由于 $\boldsymbol{A}^{\mathrm{T}}\boldsymbol{A}$ 的条件数是 $\boldsymbol{A}$ 的条件数的平方，因此当 $\boldsymbol{A}$ 的条件数较大时一般要避免直接求解 $\boldsymbol{A}^{\mathrm{T}}\boldsymbol{A}\boldsymbol{x}=\boldsymbol{A}^{\mathrm{T}}\boldsymbol{b}$.

第3章　非线性方程(组)的数值解法

3.1　主要内容

本章主要讲解非线性方程求根的对分法、简单迭代法、Newton 法及其变形；需要掌握判定迭代法的收敛性和收敛的阶的方法．了解简单迭代法和求解非线性方程组的 Newton 迭代法及其变形.

3.2　知识要点

3.2.1　对分法

1. 对分法的理论基础

连续函数的介值定理　设 $f(x)$ 在 $[a, b]$ 上连续，$f(a)f(b) < 0$，则在区间 (a, b) 内至少存在一点 x^*，使得 $f(x^*) = 0$.

2. 使用对分法的步骤

(1) $w := \dfrac{a+b}{2}$；

(2)若 $|b-w| \leqslant \varepsilon$，则接受 w，停止；否则继续第(3)步；

(3)若 $f(b)f(w) \leqslant 0$，则 $a := w$；若 $f(b)f(w) > 0$，则 $b := w$，转第(1)步.

3. 对分法的特点

(1) 对分法对函数 f 没有特殊的要求，只要连续就行；

(2)不能保证误差单调减小，只是每次迭代搜索区间减半；

(3)没有考虑函数 f 的具体特性，即使 f 为线性函数，也不能保证一次迭代收敛.

3.2.2　简单迭代法

1. 几个相关的定义

定义 3.1　求解非线性方程

$$f(x)=0,\tag{3.1}$$

将其改为如下的等价方程：

$$x=g(x).\tag{3.2}$$

若有某个 x^* 满足式(3.2)，即 $x^*=g(x^*)$，则 x^* 是 $f(x)=0$ 的解，称 x^* 是 g 的不动点.

$$x_{k+1}=g(x_k),\quad k=0,1,2,\cdots\tag{3.3}$$

称为求解映射 g 的不动点迭代格式，$g(x)$ 是迭代函数.

若得到的序列 $\{x_k\}$ 收敛，即 $\lim\limits_{k\to\infty}x_k=x^*$，则称迭代格式(3.3)是收敛的；否则称式(3.3)是发散的.

定义 3.2　若存在常数 α $(0\leqslant\alpha<1)$，使得对一切 $x_1,x_2\in[a,b]$ 成立不等式

$$|g(x_1)-g(x_2)|\leqslant\alpha|x_1-x_2|,$$

则称 $g(x)$ 是 $[a,b]$ 上的一个压缩映射，α 为压缩系数.

定义 3.3　第 k 次迭代误差 $\rho_k=|x_k-x^*|$，其中 x^* 是序列 $\{x_k\}$ 的收敛点. 若存在 $p\geqslant1$ 及正数 c，使 $\lim\limits_{k\to\infty}\dfrac{\rho_{k+1}}{\rho_k^p}=c$，则称序列 $\{x_k\}$ 为 p 阶收敛.

2. 简单迭代法的收敛性

1)全局收敛性定理

定理 3.1(压缩映射原理)　设 $g(x)$ 满足

(1) g: $[a,b]\to[a,b]$；

(2) g 是 $[a,b]$ 上的压缩映射.

则

(i) g 在 $[a,b]$ 上有唯一的不动点 x^*；

(ii) $\forall x_0\in[a,b]$，由迭代格式 $x_{k+1}=g(x_k)$ 产生的序列 $\{x_k\}\subset[a,b]$，且

$$\lim_{k\to\infty}x_k=x^*;$$

(iii) k 次迭代所得近似解 x_k 与精确不动点 x^* 有如下误差估计：

$$|x_k-x^*|\leqslant\frac{\alpha}{1-\alpha}|x_k-x_{k-1}|,$$

$$|x_k-x^*|\leqslant\frac{\alpha^k}{1-\alpha}|x_1-x_0|.$$

2)局部收敛性定理

定理 3.2(局部收敛性定理)　设 x^* 为 g 的不动点，$g(x)$ 与 $g'(x)$ 在包含 x^* 的某邻域 $U(x^*)$ 内连续，且 $|g'(x^*)|<1$，则存在 $\delta>0$，当 $x_0\in[x^*-\delta,x^*+\delta]$ $(x_0\neq x^*)$ 时，由迭代法式(3.3)产生的序列 $\{x_k\}$ 收敛于 x^*.

3)简单迭代法的收敛速度

定理 3.3 (收敛阶定理)　设 x^* 为 g 的不动点，g 在 x^* 的某邻域内 p $(\geqslant2)$阶连续可微，且 $g'(x^*)=g''(x^*)=\cdots=g^{(p-1)}(x^*)=0$，而 $g^{(p)}(x^*)\neq0$，则存在 $\delta>0$，当 $x_0\in[x^*-\delta,x^*+\delta]$ $(x_0\neq x^*)$时，由迭代法式(3.3)产生的序列 $\{x_k\}$ 以 p 阶收敛速度收敛

于 x^*.

3. 简单迭代法的加速

1) Aitken 加速

对线性收敛序列 $\{x_k\}$，构造一个新的序列 $\{\tilde{x}_k\}$：

$$\tilde{x}_{k+1} = x_k - \frac{(x_{k+1} - x_k)^2}{x_{k+2} - 2x_{k+1} + x_k} = x_{k+2} - \frac{(x_{k+2} - x_{k+1})^2}{x_{k+2} - 2x_{k+1} + x_k}.$$

则序列 $\{\tilde{x}_k\}$ 比 $\{x_k\}$ 更快地收敛于 x^*，这种方法称为 Aitken 加速收敛方法.

2) Steffenson 加速

将迭代法与 Aitken 方法结合得 Steffenson 迭代方法：

$$y_k = g(x_k), \quad z_k = g(y_k),$$

$$x_{k+1} = x_k - \frac{(y_k - x_k)^2}{z_k - 2y_k + x_k}, \quad k = 0, 1, 2, \cdots$$

注 在例 3.14 中给出了 Steffenson 方法二阶收敛性的证明.

3.2.3 Newton 法

(1) 求方程 $f(x) = 0$ 的根的 Newton 迭代公式：

$$x_{k+1} = x_k - \frac{f(x_k)}{f'(x_k)}.$$

(2) 若 $f(x)$ 在 x^* 附近二阶连续可微，则 Newton 法在单根 x^* 附近至少具有二阶收敛速度.

注 Newton 法的二阶收敛速度是具有条件的，若 $f(x)$ 在 x^* 附近不是二阶连续可微的，则此结论不一定成立. 在模拟试题 2 的第三题就说明这个问题.

(3) 有关重根的处理.

重根情形的 Newton 法是线性收敛的，即

$$\lim_{k\to\infty} \frac{\rho_{k+1}}{\rho_k} = \frac{m-1}{m} < 1,$$

其中, m 是根的重数.

若已知重数，用修改的 Newton 迭代格式：

$$x_{k+1} = x_k - m\frac{f(x_k)}{f'(x_k)}, \quad k = 0, 1, 2, \cdots.$$

若未知重数，定义 $\mu(x) = \dfrac{f(x)}{f'(x)}$，修改的 Newton 迭代格式：

$$x_{k+1} = x_k - \frac{\mu(x_k)}{\mu'(x_k)}.$$

但此公式可能产生严重的舍入误差.

这两个修正的 Newton 公式均有二阶收敛性.

(4) Newton 法的变形.

简化 Newton 法 $x_{k+1}=x_k-\dfrac{f(x_k)}{f'(x_0)},\quad k=0,1,2,\cdots$

Newton 下山法 $x_{k+1}=x_k-\omega_k\dfrac{f(x_k)}{f'(x_k)},\quad k=0,1,2,\cdots$

这是为了扩大收敛范围而提出的一种策略，即在迭代过程中不断调整因子 ω_k，使 $|f(x_{k+1})|<|f(x_k)|$.

割线法 $x_{k+1}=x_k-\dfrac{f(x_k)(x_k-x_{k-1})}{f(x_k)-f(x_{k-1})},\quad k=1,2,\cdots.$

3.2.4 非线性方程组的求解

1. 简单迭代法

对非线性方程组 $\boldsymbol{F}(\boldsymbol{x})=\boldsymbol{0}$，通过某种方法建立起迭代格式

$$\boldsymbol{x}^{k+1}=\boldsymbol{G}(\boldsymbol{x}^k),\quad k=0,1,2,\cdots, \tag{3.4}$$

转化为求 $\boldsymbol{G}(\boldsymbol{x})$ 的不动点，即 $\boldsymbol{x}^*=\boldsymbol{G}(\boldsymbol{x}^*)$，这里 $\boldsymbol{x}=(x_1,x_2,\cdots,x_n)^{\mathrm{T}}$，$\boldsymbol{F}(\boldsymbol{x})=(f_1(\boldsymbol{x}),f_2(\boldsymbol{x}),\cdots,f_n(\boldsymbol{x}))^{\mathrm{T}}$，$\boldsymbol{G}(\boldsymbol{x})=(g_1(\boldsymbol{x}),g_2(\boldsymbol{x}),\cdots,g_n(\boldsymbol{x}))^{\mathrm{T}}$.

定义 3.4 对于映射 $\boldsymbol{G}(\boldsymbol{x}):D\subset\mathbf{R}^n\to\mathbf{R}^n$，如果存在常数 $0<L<1$，使得所有 $\boldsymbol{x},\boldsymbol{y}\in D$ 都成立 $\|\boldsymbol{G}(\boldsymbol{x})-\boldsymbol{G}(\boldsymbol{y})\|\leqslant L\|\boldsymbol{x}-\boldsymbol{y}\|$，则称映射 $\boldsymbol{G}(\boldsymbol{x})$ 在 D 上是压缩的，其中 $\|\cdot\|$ 是 $\mathbf{R}^n$ 中的某种范数.

定理 3.4(压缩映射原理) 对于迭代法式(3.4)，如果

(1) $\boldsymbol{G}(D)\subset D$,

(2) $\boldsymbol{G}(D)$ 在闭集 D 上是压缩的;

则有

(i)在 D 内迭代法式(3.4)产生的序列$\{\boldsymbol{x}^k\}$ 收敛于唯一不动点 $\boldsymbol{x}^*=\boldsymbol{G}(\boldsymbol{x}^*)$;

(ii) $\|\boldsymbol{x}^*-\boldsymbol{x}^k\|\leqslant\dfrac{L}{1-L}\|\boldsymbol{x}^k-\boldsymbol{x}^{k-1}\|$.

定理 3.5(Ostrowsky 定理) 对于迭代法式(3.4)，如果在其不动点处有 $\rho(\boldsymbol{G}'(\boldsymbol{x}^*))<1$，则迭代法是局部收敛的，其中 $\boldsymbol{G}'(x)$ 是映射 $\boldsymbol{G}(\boldsymbol{x})$ 的雅可比(Jacobi)矩阵，$\rho(\cdot)$ 表示矩阵的谱半径.

推论 (1) 若 $\|\boldsymbol{G}'(\boldsymbol{x}^*)\|_\infty<1$，则迭代法是局部收敛的;

(2) 若存在常数 $L<1$，满足

$$\left|\frac{\partial g_i(\boldsymbol{x})}{\partial x_j}\right|\leqslant\frac{L}{n},\quad\forall\boldsymbol{x}\in D;\ i=1,2,\cdots,n;\ j=1,2,\cdots,n, \tag{3.5}$$

这里 $g_i(\boldsymbol{x})$ 为 $\boldsymbol{G}(\boldsymbol{x})$ 的第 i 个分量函数，则对任意初始近似 $\boldsymbol{x}_0\in D$，迭代法收敛.

由条件式(3.5)可以推出 $\boldsymbol{G}$ 是压缩映射，从而在 D 中有唯一不动点 $\boldsymbol{x}^*$.

2. 求解非线性方程组 $\boldsymbol{F}(\boldsymbol{x})=\boldsymbol{0}$ 的 Newton 法

$$\boldsymbol{x}^{k+1}=\boldsymbol{x}^k-(\boldsymbol{F}'(\boldsymbol{x}^k))^{-1}\boldsymbol{F}(\boldsymbol{x}^k),\ k=0,1,2,\cdots.$$

3.3 典型例题详解

3.3.1 对分法

例 3.1 用对分法求方程 $x^4-2x^3-4x^2+4x+4=0$ 在区间 [0, 2] 内的根，使误差不超过 10^{-2}.

解 令 $f(x)=x^4-2x^3-4x^2+4x+4$，对方程 $f(x)=0$ 的根进行搜索，如下表：

x	$-\infty$	-1	0	1	2	$+\infty$
sgn $f(x)$	+	−	+	+	−	+

由此可知，$f(x)$ 在区间 [0, 2] 内有且仅有一个根. 下面用对分法计算，列表如下：

k	a_k	b_k	$x_k=\dfrac{a_k+b_k}{2}$	$f(x_k)$
0	0	2	1	3
1	1	2	1.5	−0.6875
2	1	1.5	1.25	1.28515625
3	1.25	1.5	1.375	0.312 74414
4	1.375	1.5	1.4375	−0.18650818
5	1.375	1.437 5	1.40625	0.06367588
6	1.40625	1.4375	1.421875	−0.06131834
7	1.40625	1.421875	1.4140625	0.00120849

设 x^* 为 $f(x)=0$ 在 [0, 2] 内的精确解，则

$$|x_7-x^*|<\frac{1}{2}(b_7-a_7)=0.0078125<0.01,$$

因此 $x^*\approx x_7=1.4140625$.

注 本题考查对分法的基本实现步骤. 注意其中一个精确解为 $\sqrt{2}$.

3.3.2 简单迭代法

例 3.2 试证：对任意初值 x_0，由迭代公式 $x_{n+1}=\cos x_n$，$n=0, 1, 2, \cdots$ 所生成的序列 $\{x_n\}$ 都收敛于方程 $x=\cos x$ 的解.

分析 用压缩映射原理判断收敛性，关键需要验证两个条件.

证　对任意初值 x_0，做一步迭代 $x_1=\cos x_0$，则 $x_1\in[-1,1]$. 这之后的迭代满足 $x_i\in[0,1]$ $(i=2,3,\cdots)$.

令 $D=[0,1]$，$\varphi(x)=\cos x$，则 $\varphi(D)\subset D$，这是一个到自身的映射. 而且

$$|\cos x_i-\cos x_j|=\left|-2\sin\frac{x_i+x_j}{2}\sin\frac{x_i-x_j}{2}\right|\leqslant\sin 1\cdot|x_i-x_j|,$$

这里用到 $|\sin x|\leqslant|x|$，$\forall x\in[-1,1]$. 按定义 3.2，取 $\alpha=\sin 1$，故 $\varphi(x)=\cos x$ 是 $[0,1]$ 上的压缩映射，由定理 3.1 知迭代收敛.

例 3.3　若将方程 $x^3-x^2-1=0$ 写成下列几种迭代函数求不动点的形式：

(1) $x=\varphi_1(x)=\sqrt[3]{1+x^2}$；　　　　(2) $x=\varphi_2(x)=1+\dfrac{1}{x^2}$；

(3) $x=\varphi_3(x)=\sqrt{\dfrac{1}{x-1}}$.

试判断由它们构成的迭代法在 $x_0=1.5$ 附近的收敛性. 选择一种收敛的迭代法，求在 1.5 附近的根，并用 Aitken 方法加速，使

$$|x_{k+1}-x_k|\leqslant\frac{1}{2}\times10^{-4}.$$

解　(1) $\varphi_1'(x)=\dfrac{2}{3}x(1+x^2)^{-\frac{2}{3}}$，

$$|\varphi_1'(x)|\leqslant\frac{2\times1.6}{3\sqrt[3]{(1+1.4^2)^2}}<0.517<1,\quad x\in[1.4,1.6].$$

迭代收敛.

(2) $\varphi_2'(x)=-\dfrac{2}{x^3}$，

$$|\varphi_2'(x)|=\frac{2}{x^3}\leqslant\frac{2}{1.4^3}=0.729<1,\quad x\in[1.4,1.6].$$

迭代收敛.

(3) $\varphi_3'(x)=-\dfrac{1}{2\sqrt{(x-1)^3}}$，$|\varphi_3'(x)|>1$，$x\in[1.4,1.6]$. 迭代发散.

计算时取第一种迭代格式：$x_{n+1}=\sqrt[3]{1+x_n^2}$.

i	x_i	i	x_i
0	1.5	5	1.46624301
1	1.48124803	6	1.46587682
2	1.47270573	7	1.46571024
3	1.468 81731	8	1.46563447
4	1.46704797	9	1.46560000

因为 $|x_9 - x_8| \leqslant \frac{1}{2} \times 10^{-4}$，故取 $x = 1.4656$. 做 Aitken 迭代，$g(x) = \sqrt[3]{1 + x^2}$，$x_0 = 1.5$，$x_1 = g(x_0) = 1.4812$，$x_2 = g(x_1) = 1.4727$，$\tilde{x}_0 = x_0 - (x_1 - x_0)^2/(x_2 - 2x_1 + x_0) = 1.4656$.

注 (1)需要判断是否满足条件 $|\varphi'(x^*)| < 1$. 当 $0 < \varphi'(x^*) < 1$ 时，迭代序列单调收敛；当 $-1 < \varphi'(x^*) < 0$ 时，迭代序列非单调收敛；当 $\varphi'(x^*) = 0$ 且二阶可导时，迭代序列二次收敛.

(2)试对等比序列 $1, q, q^2, \cdots$ 做 Aitken 加速，可很明显地看到其加速的效果.

例 3.4 试用 Aitken 迭代法和 Steffensen 迭代法解方程 $x = e^{-x}$ 的根，取初值 $x_0 = 0.5$ $x_0 = 0.5$.

解 若用简单迭代格式 $x_{k+1} = e^{-x_k}$ $(k = 0, 1, 2, \cdots)$ 求根，计算到 18 步可得 $x_{18} = 0.56714$.

由 Aitken 迭代式，$x_0 = 0.5$，$x_1 = e^{-0.5} = 0.60653$，$x_2 = e^{-x_1} = 0.54524$，因此 $\tilde{x}_0 = 0.56762$；再由 $x_1 = \tilde{x}_0 = 0.56762$ 得 $x_2 = 0.56687$，$x_3 = 0.56730$，从而有 $\tilde{x}_1 = 0.56714$. 这里只迭代两步就达到简单迭代法 18 步的精度.

由 Steffensen 迭代式的计算结果见下表：

k	x_k	y_k	z_k
0	0.5	0.60653	0.54524
1	0.56762	0.56687	0.56731
2	0.56714		

显然也只需两步就得 $x^* = 0.56714$.

3.3.3 Newton 法

例 3.5 用 Newton 法求方程 $x^3 - 3x - 1 = 0$ 在 $x_0 = 2$ 附近的实根.

解 用 Newton 迭代公式计算，

$$x_{k+1} = x_k + \Delta x_k, \quad \Delta x_k = -\frac{f(x_k)}{f'(x_k)}, \quad k = 0, 1, 2, \cdots$$

为了观察 Newton 法的二次收敛性，我们保留了 x_i 的 32 位有效数字，计算结果见下表：

i	x_i	$f(x_i)$	Δx_i
0	2	1	-0.11111
1	1.8888888888888888888888888888889	0.072702	-0.0094373
2	1.8794515669515669515669515669516	5.0385×10^{-4}	-6.6322×10^{-5}

续表

i	x_i	$f(x_i)$	Δx_i
3	1.879385244836671145978544904 5646	-3.2649×10^{-9}	-3.2649×10^{-9}
4	1.8793852415718167760198216902061	6.0099×10^{-17}	-7.9116×10^{-18}
5	1.8793852415718167681082185546495	3.5291×10^{-34}	-4.6459×10^{-35}

注　(1) Newton 法只有局部收敛性，初值 x_0 需要足够接近真解. 可先用二分法迭代几次，将其结果作为 Newton 法的迭代初值.

(2) 对线性函数 $f(x)=a_1x+a_0$，可一步收敛：

$$x_1=x_0-\frac{a_1x_0+a_0}{a_1}=-\frac{a_0}{a_1}=x^*.$$

(3) 需要一个适当的误差估计作为停机准则. 因为

$$f(x_n)=f(x_n)-f(x^*)=f'(\xi_n)(x_n-x^*),$$

ξ_n 在 x^* 与 x_n 之间，从而有估计

$$x^*-x_n=-\frac{f(x_n)}{f'(\xi_n)}\approx-\frac{f(x_n)}{f'(x_n)}=x_{n+1}-x_n,$$

可用 $|x_n-x_{n-1}|<\varepsilon$ 作为停机准则.

(4) 可以用 MATLAB 中的 roots 和 fzero 函数求解，其中 roots 是针对多项式方程. 也可以用 Mathematica 的 Root，Solve 函数或

```
FindRoot[x^3-3x-1==0, {x, 2}],
```

也可直接用下面的代码作 5 次迭代：

```
f[x_]: = x^3-3x-1; g[x_]:= x - f[x]/f'[x]; x=2;
Do[x=g[x]; Print[k, "    ", x], {k, 1, 5}]
```

用 Mathematica 保留 33 位有效数字得

$$x^*=1.879\ 385\ 241\ 571\ 816\ 768\ 108\ 218\ 554\ 649\ 46.$$

例 3.6　应用 Newton 法于方程：$f(x)=x^n-A=0$ 和 $f(x)=1-\dfrac{A}{x^n}=0$. 导出求 $x=\sqrt[n]{A}$ 的迭代公式，并求极限 $\lim\limits_{k\to\infty}\dfrac{\varepsilon_{k+1}}{\varepsilon_k^2}$，其中 $\varepsilon_k=x_k-x^*$.

解　(1) $f(x)=x^n-A$，$f'(x)=nx^{n-1}$. 求解 $x^n-A=0$ 的 Newton 迭代公式为

$$x_{k+1}=x_k-\frac{f(x_k)}{f'(x_k)}=x_k-\frac{x_k^n-A}{nx_k^{n-1}}=\frac{1}{n}\left[(n-1)x_k+\frac{A}{x_k^{n-1}}\right].$$

另外，$f''(x)=n(n-1)x^{n-2}$，

$$\lim_{k\to\infty}\frac{\varepsilon_{k+1}}{\varepsilon_k^2}=\frac{f''(x^*)}{2f'(x^*)}=\frac{n-1}{2\sqrt[n]{A}}.$$

(2) $f(x)=1-\dfrac{A}{x^n}$，$f'(x)=\dfrac{nA}{x^{n+1}}$，$f''(x)=-\dfrac{n(n+1)A}{x^{n+2}}$，对应的 Newton 迭代公式为

$$x_{k+1}=x_k-\frac{f(x_k)}{f'(x_k)}=x_k-\frac{1-\dfrac{A}{x_k^n}}{\dfrac{nA}{x_k^{n+1}}}=\frac{1}{n}\left[(n+1)x_k-\frac{x_k^{n+1}}{A}\right],$$

$$\lim_{k\to\infty}\frac{\varepsilon_{k+1}}{\varepsilon_k^2}=\frac{f''(x^*)}{2f'(x^*)}=-\frac{n+1}{2\sqrt[n]{A}}.$$

注 对 $n=1$，第二个方程对应于求倒数．相应地可建立求倒数的 Newton 迭代公式．

对正实数 a，$f(x)=\dfrac{1}{x}-a=0$ 有根 $x^*=a^{-1}$．求根的 Newton 迭代法：

$$x_{k+1}=2x_k-ax_k^2.$$

早期一些机器上用 Newton 迭代来求倒数，迭代过程无须作除法．比如，取 $a=3$，初值 $x_0=0.3$，容易计算出

$$x_1=0.33,\quad x_2=0.3333,\quad x_3=0.333\,33333,$$

可以明显看出二次收敛性．每迭代一次，准确的有效数字增加一倍．另外，这个格式可推广至矩阵情形，用于计算矩阵(广义)逆．

例 3.7 在相距 100 米的河两岸设立等高的塔杆并悬挂一根电缆，仅允许电缆最多下垂 1 米，试计算所需电缆的长度．

解 将曲线最低点取为坐标原点，空中电缆的曲线(悬链线)方程为

$$y=a\left(\cosh\frac{x}{a}-1\right)=\frac{a}{2}(e^{\frac{x}{a}}+e^{-\frac{x}{a}})-a,\quad x\in[-50,50].$$

下面(通过求解非线性方程)确定参数 a 的值．曲线最低点 $(0,y(0))$ 与最高点 $(50,y(50))$ 之间的高度差为 1 米，由此建立如下方程：

$$f(a)=\frac{a}{2}(e^{\frac{50}{a}}+e^{-\frac{50}{a}})-(a+1)=0.$$

用 Newton 迭代格式，

$$\Delta a_i=-\frac{f(a_i)}{f'(a_i)}=-\frac{\dfrac{a_i}{2}(e^{50/a_i}+e^{-50/a_i})-(a_i+1)}{\left(\dfrac{1}{2}-\dfrac{25}{a_i}\right)e^{50/a_i}+\left(\dfrac{1}{2}+\dfrac{25}{a_i}\right)e^{-50/a_i}-1},$$

$$a_{i+1}=a_i+\Delta a_i.$$

以 1000 为初值，迭代 5 次可以获得近似解 1250.1666，运行结果如下表：

i	a_i	$f(a_i)$	Δa_i
0	1.000000000000000e+03	2.502604383690823e−01	2.000832812750565e+02
1	1.200083281275057e+03	4.174506034564729e−02	4.807611929963951e+01
2	1.248159400574696e+03	1.608582161679806e−03	2.004006510753463e+00
3	1.250163407085450e+03	2.579582087491872e−06	3.224031318450760e−03

续表

i	a_i	$f(a_i)$	Δa_i
4	1.250166631116768e+03	6.593836587853730e-12	8.241197464829436e-09
5	1.250166631125009e+03	0	0

求解上面的非线性方程后，电缆线长度可按下式计算

$$L=\int_{-50}^{50}\sqrt{1+y'^2}\,\mathrm{d}x=\int_{0}^{50}(\mathrm{e}^{x/a}+\mathrm{e}^{-x/a})\,\mathrm{d}x=a(\mathrm{e}^{50/a}-\mathrm{e}^{-50/a}).$$

可求出其长度为 $L=100.03$(米). 根据参数 a 不难绘制如下悬链线图形.

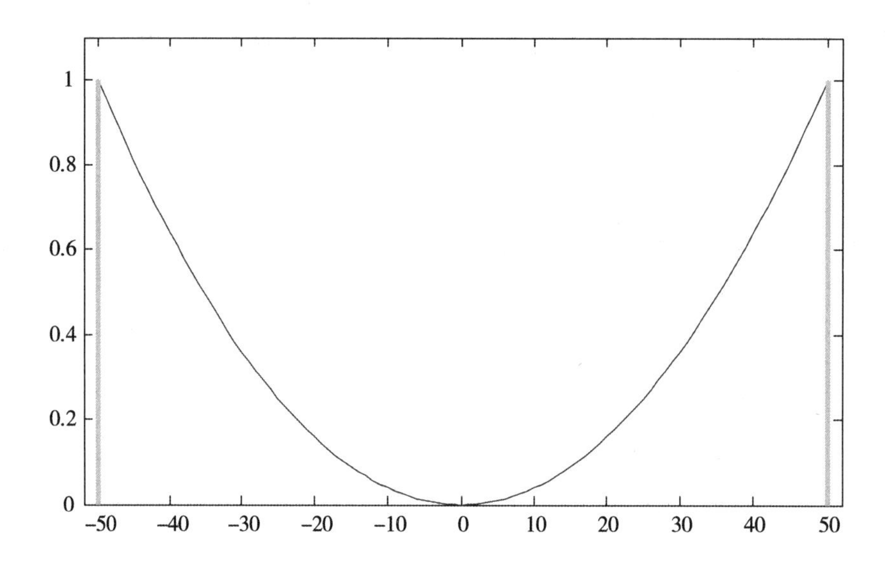

例 3.8　设函数 $f(x)$ 在闭区间 $[a, b]$ 上满足

$$f(a)<0,\ f(b)>0,\ f'(x)>0,\ f''(x)<0,\ \text{且} f(x_0)<0,$$

则以 x_0 为初值的牛顿迭代格式收敛于 $f(x)=0$ 的唯一解.

证　由 $f(a)f(b)<0$ 知在 $[a, b]$ 内至少存在一个根，又 $f(x)$ 在 $[a, b]$ 上为单调连续函数，故在 $[a, b]$ 内存在唯一解 x^*.

由 Taylor 展开式,

$$0=f(x^*)=f(x_k)+f'(x_k)(x^*-x_k)+\frac{f''(\xi)}{2!}(x^*-x_k)^2,$$

$$x^*=x_k-\frac{f(x_k)}{f'(x_k)}-\frac{f''(\xi)}{2f'(x_k)}(x^*-x_k)^2.$$

代入迭代格式,

$$x^*=x_{k+1}-\frac{f''(\xi)}{2f'(x_k)}(x^*-x_k)^2>x_{k+1}.$$

对 $x_k<x_*$，因 $f(x)$ 单调增, $f(x_k)<f(x_*)=0$，故

$$x_{k+1}=x_k-\frac{f(x_k)}{f'(x_k)}>x_k.$$

从而迭代序列 $\{x_k\}$ 单调增加且有上界．由单调收敛准则知序列 $\{x_k\}$ 的极限存在，令 $\lim\limits_{k\to\infty}x_k=\alpha$，对迭代公式两边取极限，

$$\alpha=\alpha-\frac{f(\alpha)}{f'(\alpha)},$$

由于$f'(\alpha)\neq 0$，从而$f(\alpha)=0$. 由解的唯一性知 $\alpha=x^*$.

例 3.9 设f是 $[a,b]$ 上 m 次连续可微函数，x_* 是$f(x)=0$ 的 $m(\geqslant 2)$ 重根，即 $f(x_*)=f'(x_*)=\cdots=f^{(m-1)}(x_*)=0$，$f^{(m)}(x_*)\neq 0$，则 Newton 法线性收敛.

证 将$f(x_k)$ 在 x_* 处展开：

$$f(x_k)=f(x_*)+f'(x_*)(x_k-x_*)+\cdots+\frac{f^{(m)}(\xi)}{m!}(x_k-x_*)^m=\frac{f^{(m)}(\xi)}{m!}(x_k-x_*)^m,$$

将$f'(x_k)$ 在 x_* 处展开：

$$\begin{aligned}f'(x_k)&=f'(x_*)+f''(x_*)(x_k-x_*)+\cdots+\frac{f^{(m)}(\eta)}{(m-1)!}(x_k-x_*)^{m-1}\\&=\frac{f^{(m)}(\eta)}{(m-1)!}(x_k-x_*)^{m-1},\end{aligned}$$

这里ξ，η 与 x_k 有关. 再由迭代格式：

$$x_{k+1}-x_*=x_k-x_*-\frac{f(x_k)}{f'(x_k)}=(x_k-x_*)-\frac{f^{(m)}(\xi)}{mf^{(m)}(\eta)}(x_k-x_*),$$

设迭代误差 $e_k=x_k-x_*$，

$$|e_{k+1}|=\left|1-\frac{f^{(m)}(\xi)}{mf^{(m)}(\eta)}\right||e_k|.$$

$$\lim_{k\to\infty}\left|\frac{e_{k+1}}{e_k}\right|=1-\frac{1}{m}.$$

注 证明直接用收敛阶定义验证；对重根情形 Newton 法线性收敛，要得到平方收敛需作修正.

例 3.10 设 x^* 为$f(x)$ 的 m 重零点．若将 Newton 法修改如下：

$$x_{k+1}=x_k-m\frac{f(x_k)}{f'(x_k)}.$$

证明此迭代格式至少具有二阶收敛速度.

证 可将迭代函数写为

$$\varphi(x)=x-\frac{mf(x)}{f'(x)},$$

则

$$\varphi'(x)=1-m\frac{(f'(x))^2-f(x)f''(x)}{(f'(x))^2},$$

$$\varphi'(x^*)=\lim_{x\to x^*}\varphi'(x)=1-m+m\lim_{x\to x^*}\frac{f(x)f''(x)}{(f'(x))^2}=0.$$

这里用到如下关系式：

$$\lim_{x\to x^*}\frac{f(x)f''(x)}{(f'(x))^2}=\frac{m-1}{m}.$$

注　证法采用收敛阶定理 3.3 来判断，亦可直接用定义 3.3 验证.

例 3.11　设 α 为方程 $f(x)=0$ 的单根，定义迭代法：

$$x_{n+1}=\frac{1}{2}\left(x_n-\frac{f(x_n)}{f'(x_n)}+x_n-\frac{\mu(x_n)}{\mu'(x_n)}\right),$$

这里 $\mu(x)=\dfrac{f(x)}{f'(x)}$. 若序列 $\{x_n\}$ 收敛于 α，证明：其收敛速度至少是三阶的.

证　由于 $\mu(x)=\dfrac{f(x)}{f'(x)}$ 的导数存在，故隐含 $f''(x)$ 存在．由迭代公式得

$$x_{n+1}=x_n-\frac{2f(x_n)(f'(x_n))^2-(f(x_n))^2f''(x_n)}{2f'(x_n)[(f'(x_n))^2-f(x_n)f''(x_n)]}.$$

记 $e_n=x_n-\alpha$，

$$\begin{aligned}e_{n+1}&=e_n\left\{1-\frac{2f(x_n)(f'(x_n))^2-(f(x_n))^2f''(x_n)}{2e_nf'(x_n)[(f'(x_n))^2-f(x_n)f''(x_n)]}\right\}\\&=\frac{2e_n[(f'(x_n))^3-f(x_n)f'(x_n)f''(x_n)]+(f(x_n))^2f''(x_n)-2f(x_n)(f'(x_n))^2}{2f'(x_n)[(f'(x_n))^2-f(x_n)f''(x_n)]},\end{aligned}$$

α 为方程 $f(x)=0$ 的单根，则令

$$f(x)=(x-\alpha)g(x),\quad g(\alpha)\neq 0,$$

代入上式整理得

$$e_{n+1}=e_n^3\frac{-(g(x_n))^2g''(x_n)+2e_n[(g'(x_n))^3-g(x_n)g'(x_n)g''(x_n)]}{2(g(x_n)+e_ng'(x_n))\{(g(x_n))^2+e_n^2[(g'(x_n))^2-g(x_n)g''(x_n)]\}},$$

$$\lim_{n\to\infty}\frac{e_{n+1}}{e_n^3}=-\frac{1}{2}\frac{g''(\alpha)}{g(\alpha)}.$$

从而迭代格式是三阶收敛的.

注　由于本题没有给定 $f(x)$ 的高阶导数的情形，故用上述方法来证明．若附加条件"$f(x)$ 足够光滑"或"$f(x)$ 具有 4 阶连续导数"，则可用其他方法证明．举例如下：

另证　迭代函数记为 $x=\varphi(x)$，其中，

$$\varphi(x)=x-\frac{1}{2}\left[\frac{f(x)}{f'(x)}+\frac{f(x)f'(x)}{(f'(x))^2-f(x)f''(x)}\right].$$

为了行文简洁，我们把 $f(x)$，$f'(x)$，$f''(x)$，$f'''(x)$，$f^{(4)}(x)$ 简记为 f，f'，f''，f'''，$f^{(4)}$.

$$\varphi'(x)=1-\frac{f'^2-ff''}{2f'^2}-\frac{f'^4-(ff'')^2-ff'(f'f''-ff''')}{2(f'^2-ff'')^2},$$

$$\begin{aligned}\varphi''(x)=&\frac{1}{2}f'^{-3}(f'^2f''+ff'f''-2ff''^2)-\frac{1}{2}(f'^2-ff'')^{-2}\\&\cdot(3f'^3f''-4ff'f''^2+ff'^2f'''-f^2f''f'''+f^2f'f^{(4)})\\&+(f'^2-ff'')^{-3}(f'f''-ff''')(f'^4-ff'^2f''-f^2f''^2+f^2f'f'''),\end{aligned}$$

$$
\begin{aligned}
\varphi'''(x) = & -\frac{3}{2}f'^{-4}f''(f'^2f'' + ff'f'' - 2ff''^2) \\
& + \frac{1}{2}f'^{-3}(2f'^2f''' + ff''f''' + ff'f^{(4)} - 4ff''f''') \\
& + (f'^2 - ff'')^{-3}(f'f'' - ff''')(3f'^3f'' - 4ff'f''^2 + ff'^2f''' \\
& - f^2f''f''' + f^2f'f^{(4)}) - \frac{1}{2}(f'^2 - ff'')^{-2}(5f'^2f''^2 + 4f'^3f''' - 4ff''^3 \\
& - f^2f'''^3 - 8ff'f''f''' + 3ff'^2f^{(4)} + f^2f'f^{(5)}) \\
& - 3(f'^2 - ff'')^{-4}(f'f'' - ff''')^2(f'^4 - ff'^2f'' - f^2f''^2 + f^2f'f''') \\
& + (f'^2 - ff'')^{-3}(f''^2 - ff^{(4)})(f'^4 - ff'^2f'' - f^2f''^2 + f^2f'f''') \\
& + (f'^2 - ff'')^{-3}(f'f'' - ff''')(3f'^3f'' - 4ff'f''^2 + ff'^2f''' \\
& - f^2f''f''' + f^2f'f^{(4)}).
\end{aligned}
$$

容易验证,

$$
\varphi(\alpha) = \alpha, \quad \varphi'(\alpha) = 0, \quad \varphi''(\alpha) = 0, \quad \varphi'''(\alpha) = -\frac{f'''(\alpha)}{f'(\alpha)}.
$$

由定理 3.3 知,迭代序列 $\{x_n\}$ 三阶收敛于 α.

例 3.12 用割线法求方程 $x^3 - 3x - 1 = 0$ 在 $x_0 = 2$ 附近的实根,要求 $|x_{k+1} - x_k| \leqslant 10^{-4}$ 或者 $|f(x_k)| \leqslant 10^{-6}$.

解 用割线法产生的迭代序列见下表:

i	x_i	$f(x_i)$	$x_{i+1} - x_i$
0	2	1	
1	1	-3	-1
2	1.750000	-0.890625	0.750000
3	2.066667	1.626963	0.316667
4	1.862024	-0.1301835	-0.204642
5	1.877186	-0.01667924	0.0151615
6	1.879414	2.176832e-4	0.00222796
7	1.879385	3.557712e-7	2.87028e-5

注 (1) 用 Mathematica 给出 9 位有效数字的解为 $x^* = 1.87938524$. 对于收敛阶为 p 阶的迭代方法,我们有

$$
\ln e_{k+1} = p\ln e_k + \text{const},
$$

这里 $e_k = |x_k - x^*|$ 是迭代误差. 由此我们可以估计迭代法的收敛阶. 对本例我们可以作出拟合直线 $y = 1.617x - 0.230$, 而 p 的理论值为 1.618.

(2)割线法可以写成如下的等价形式:

(i) $x_{k+1}=x_k-\dfrac{f(x_k)(x_k-x_{k-1})}{f(x_k)-f(x_{k-1})}$;

(ii) $x_{k+1}=\dfrac{x_kf(x_{k-1})-x_{k-1}f(x_k)}{f(x_{k-1})-f(x_k)}$;

(iii) $x_{k+1}=x_k-f(x_k)\Big/\left(\dfrac{f(x_k)-f(x_{k-1})}{x_k-x_{k-1}}\right)$;

(iv) $x_{k+1}=x_k-\left((x_{k-1}-x_k)\dfrac{f(x_k)}{f(x_{k-1})}\right)\Big/\left(1-\dfrac{f(x_k)}{f(x_{k-1})}\right)$.

第一种格式可能会出现溢出，第二种格式会出现严重相消．用第三、第四种格式较好.

(3)如果连续的两点在解的同一边，而斜率又很小，则下一点将远离，要避免.

(4)割线法仅需计算函数值，不需导数值.

例 3.13　设 x^* 为 $f(x)=0$ 的根，在 x^* 的某领域内 $f''(x)$ 连续且 $f'(x)\neq 0$，则对充分接近 x^* 的初始值 x_0，x_1，割线法收敛，且收敛速度至少为一阶.

证　$f'(x^*)\neq 0$，不妨设 $f'(x^*)=K>0$. $f'(x)$ 连续，$\forall\varepsilon>0$，可选取 $I_\delta=(x^*-\delta,\ x^*+\delta)$，使

$$|f'(x)-K|<\varepsilon,\quad x\in I_\delta.$$

特别地，选取 $\varepsilon=\dfrac{K}{4}$，则

$$0<\frac{3}{4}K<f'(x)<\frac{5}{4}K,\quad x\in I_\delta.$$

割线法的迭代公式：

$$x_{n+1}=x_n-f(x_n)\frac{x_n-x_{n-1}}{f(x_n)-f(x_{n-1})},$$

用 Taylor 展开式，并注意到 $f(x^*)=0$，

$$f(x_n)=f'(\zeta)(x_n-x^*),$$

$$f(x_n)-f(x_{n-1})=f'(\xi)(x_n-x_{n-1}),$$

其中，ζ 在 x_n 与 x^* 之间，ξ 在 x_n 与 x_{n-1} 之间．从而有

$$x_{n+1}-x^*=(x_n-x^*)\left(1-\frac{f'(\zeta)}{f'(\xi)}\right).$$

迭代初值 x_0，x_1 充分接近 x^*，可使 x_{n-1}，$x_n\in I_\delta$，则 ζ，$\xi\in I_\delta$，这样就有

$$\left|1-\frac{f'(\zeta)}{f'(\xi)}\right|<\frac{\frac{2}{4}K}{\frac{3}{4}K}=\frac{2}{3}.$$

从而，$|x_{n+1}-x^*|\leqslant\dfrac{2}{3}|x_n-x^*|$，至少是线性收敛的.

注 由 $x_{k+1}=\dfrac{x_kf(x_{k-1})-x_{k-1}f(x_k)}{f(x_{k-1})-f(x_k)}$ 可得

$$x_{k+1}-x^*=\frac{(x_k-x^*)f(x_{k-1})-(x_{k-1}-x^*)f(x_k)}{f(x_{k-1})-f(x_k)},$$

令 $e_k=x_k-x^*$，代入下面的展开式：

$$f(x_{k-1})=f'(x^*)e_{k-1}+\frac{f''(x^*)}{2}e_{k-1}^2+O(e_{k-1}^3),$$

$$f(x_k)=f'(x^*)e_k+\frac{f''(x^*)}{2}e_k^2+O(e_k^3),$$

$$f(x_{k-1})-f(x_k)=(e_{k-1}-e_k)f'(x^*)+\cdots,$$

可得

$$e_{k+1}\approx\frac{\frac{1}{2}f''(x^*)e_ke_{k-1}(e_{k-1}-e_k)}{f'(x^*)(e_{k-1}-e_k)}=\frac{f''(x^*)}{2f'(x^*)}e_ke_{k-1}.$$

上式记为 $|e_{k+1}|\approx C|e_k|\cdot|e_{k-1}|$. 为求得收敛阶，假设渐近行为为 $|e_{k+1}|=A|e_k|^p$. 这样，

$$|e_{k+1}|\approx A\cdot(A|e_{k-1}|^p)^p=A\cdot A^p|e_{k-1}|^{p^2}=CA|e_{k-1}|^{p+1}.$$

故有 $p^2=p+1$，$p\approx1.618$.

例 3.14 设 $f(x)$ 二阶导连续，求解方程 $f(x)=0$ 的根可用如下的 Steffenson 迭代格式：

$$x_{k+1}=x_k-\frac{(f(x_k))^2}{f(x_k+f(x_k))-f(x_k)}.$$

证明：Steffenson 方法对单根至少二阶收敛.

证法 1 迭代函数

$$\phi(x)=x-\frac{(f(x))^2}{f(x+f(x))-f(x)}.\tag{3.6}$$

设 α 为单根，$f(\alpha)=0$，$f'(a)\neq0$，

$$f(x+f(x))-f(x)=f'(\xi)f(x),\tag{3.7}$$

ξ 在 x 与 $x+f(x)$ 之间，且 $\lim\limits_{x\to\alpha}\xi(x)=\alpha$.

$$\phi(x)=x-\frac{f(x)}{f'(\xi)}.$$

取极限，$\phi(\alpha)=\lim\limits_{x\to\alpha}\phi(x)=\alpha$. 对式(3.6)求导，

$$\phi'(x)=1-\frac{2f(x)f'(x)(f(x+f(x))-f(x))-f(x)^2[f'(x+f(x))(1+f'(x))-f'(x)]}{(f(x+f(x))-f(x))^2}.$$

将式(3.7)代入，得

$$\phi'(x)=1-\frac{2f'(x)f'(\xi)-[f'(x+f(x))(1+f'(x))-f'(x)]}{(f'(\xi))^2}.$$

对上式取极限，

$$\phi'(\alpha)=\lim_{x\to\alpha}\phi'(x)=1-\frac{2f'(\alpha)f'(\alpha)-[f'(\alpha)(1+f'(\alpha))-f'(\alpha)]}{(f'(\alpha))^2}$$

$$=0.$$

由定理 3.3 知迭代格式至少是二阶.

证法 2　$f(x+f(x))=f(x)+f'(x)f(x)+\frac{1}{2}f''(\xi)(f(x))^2$，$\xi$ 在 x 与 $x+f(x)$ 之间.

记

$$D(x)=\frac{f(x+f(x))-f(x)}{f(x)}=f'(x)+\frac{1}{2}f''(\xi)f(x).$$

设 α 是 $f(x)=0$ 的单根, $f(x)=(x-\alpha)h(x)$，$h(\alpha)\neq 0$，则

$$D(x)=h(x)+(x-\alpha)h'(x)+\frac{f''(\xi)}{2}(x-\alpha)h(x)$$

$$=h(x)+(x-\alpha)\left(h'(x)+\frac{f''(\xi)}{2}h(x)\right).$$

记 $\phi(x)=x-\frac{f(x)}{D(x)}$，则

$$\phi(x)=(x-\alpha)-\frac{(x-\alpha)h(x)}{h(x)+(x-\alpha)\left(h'(x)+\frac{f''(\xi)}{2}h(x)\right)}+\alpha$$

$$=\frac{(x-\alpha)^2\left(h'(x)+\frac{f''(\xi)}{2}h(x)\right)}{h(x)+(x-\alpha)\left(h'(x)+\frac{f''(\xi)}{2}h(x)\right)}+\alpha.$$

由迭代公式 $x_{n+1}=\phi(x_n)$,

$$x_{n+1}-\alpha=\frac{(x_n-\alpha)^2\left(h'(x_n)+\frac{f''(\xi)}{2}h(x_n)\right)}{h(x_n)+(x_n-\alpha)\left(h'(x_n)+\frac{f''(\xi)}{2}h(x_n)\right)},$$

$$\frac{x_{n+1}-\alpha}{(x_n-\alpha)^2}=\frac{h'(x_n)+\frac{f''(\xi)}{2}h(x_n)}{h(x_n)+(x_n-\alpha)\left(h'(x_n)+\frac{f''(\xi)}{2}h(x_n)\right)}$$

$$\xrightarrow{x_n\to\alpha}\frac{h'(\alpha)+\frac{f''(\alpha)}{2}h(\alpha)}{h(\alpha)},$$

故迭代格式是二阶的.

注　(1) Steffenson 方法的特点是不需要计算导数值，且仍然是单点法，需要计算两个函数值．可以证明没有一种迭代法只算一次函数值就可以达到二阶收敛.

(2)令 $f(x)=g(x)-x$，则迭代公式可写为

$$x_{k+1}=\psi(x_k),\quad 其中,\psi(x)=x-\frac{(g(x)-x)^2}{g(g(x))-2g(x)+x}.$$

此即 Aitken 加速与不动点迭代方法的结合.

(3)类似地可用此法证明拟 Newton 法

$$x_{k+1}=x_k-\frac{(f(x_k))^2}{f(x_k)-f(x_k-f(x_k))}$$

对单根至少是二阶收敛.

3.3.4 非线性方程组的求解

例 3.15 已知非线性方程组 $\begin{cases}3x_1^2-x_2^2=0,\\ 3x_1x_2^2-x_1^2-1=0\end{cases}$ 在点 $\left(\frac{1}{2},\ \frac{3}{4}\right)$ 附近有解.

(1)求迭代函数 G 和集合 $D\subset\mathbf{R}^2$，使 G: $D\to\mathbf{R}^2$ 且 D 上 G 有唯一不动点.

(2)用简单迭代法求在 $\|\cdot\|_\infty$ 意义下的近似解，精确到 10^{-3}.

解 (1) 将原方程化为 $\boldsymbol{x}=\boldsymbol{G}(\boldsymbol{x})$，这里 $\boldsymbol{x}=(x_1,\ x_2)^{\mathrm{T}}$，$\boldsymbol{G}(\boldsymbol{x})=(g_1(\boldsymbol{x}),\ g_2(\boldsymbol{x}))^{\mathrm{T}}$，即

$$\begin{cases}x_1=g_1(\boldsymbol{x})=\dfrac{1}{\sqrt{3}}x_2,\\ x_2=g_2(\boldsymbol{x})=\dfrac{1}{\sqrt{3}}\sqrt{x_1+\dfrac{1}{x_1}}.\end{cases}$$

(a)取 $D=\left(\frac{5}{12},\ 1\right)\times\left(\frac{29}{40},\ 1\right)$. 当 $\frac{29}{40}\leqslant x_2\leqslant 1$ 时, $\frac{5}{12}<\frac{1}{\sqrt{3}}x_2<1$；当 $\frac{5}{12}\leqslant x_1\leqslant 1$ 时,

$$\frac{29}{40}<\sqrt{\frac{2}{3}}\leqslant\frac{1}{\sqrt{3}}\sqrt{x_1+\frac{1}{x_1}}\leqslant\sqrt{\frac{169}{180}}<1.$$

故 $G(D)\subset D$.

(b)令 $\varphi(z)=\frac{1}{\sqrt{3}}\sqrt{z+\frac{1}{z}}$，则

$$\varphi'(z)=\frac{1}{2\sqrt{3}}\left(z+\frac{1}{z}\right)^{-\frac{1}{2}}\left(1-\frac{1}{z^2}\right)\leqslant 0\ (0<z\leqslant 1).$$

容易证明 $\varphi''(z)>0\ (0<z\leqslant 1)$，因此

$$|\varphi'(z)|\leqslant-\varphi'\left(\frac{5}{12}\right)=\frac{119}{325}\sqrt{5}\triangleq L<1.$$

令 $\boldsymbol{t}=(t_1,\ t_2)^{\mathrm{T}}$，$\boldsymbol{s}=(s_1,\ s_2)^{\mathrm{T}}$，$\boldsymbol{t}$，$\boldsymbol{s}\in D$，因此有

$$|g_2(\boldsymbol{t})-g_2(\boldsymbol{s})|=|\varphi'(\xi)|\cdot|t_1-s_1|\leqslant L|t_1-s_1|\ \left(\frac{5}{12}\leqslant\xi\leqslant 1\right).$$

显然,

$$|g_1(\boldsymbol{t})-g_1(\boldsymbol{s})|=\frac{1}{\sqrt{3}}\cdot|t_2-s_2|\leqslant L|t_2-s_2|.$$

因此有

$$\| G(\boldsymbol{t}) - G(\boldsymbol{s}) \|_\infty \leqslant L \| \boldsymbol{t} - \boldsymbol{s} \|_\infty .$$

因此 G 是 D 上的压缩映射，根据压缩映射原理，迭代函数有唯一不动点.

(2)以 $(0.5,\ 0.75)^{\mathrm{T}}$ 作为迭代初值，根据定理 3.4 中的估计式，要精确到 10^{-3}，停机准则应取为

$$\| \boldsymbol{x}^{(k)} - \boldsymbol{x}^{(k-1)} \|_\infty \leqslant \frac{1-L}{L} \times 10^{-3} < 2.2 \times 10^{-4}.$$

简单迭代法产生的迭代序列如下表所示：

k	$x_1^{(k)}$	$x_2^{(k)}$	$\| \boldsymbol{x}^{(k)} - \boldsymbol{x}^{(k-1)} \|_\infty$
0	0.5	0.75	
1	0.4330	0.9129	1.629 e-01
2	0.5270	0.9561	9.403 e-02
3	0.5520	0.8990	5.714 e-02
4	0.5190	0.8876	3.299 e-02
5	0.5125	0.9029	1.530 e-02
6	0.5213	0.9062	8.831 e-03
7	0.5232	0.9018	4.466 e-03
8	0.5206	0.9008	2.579 e-03
9	0.5201	0.9021	1.273 e-03
10	0.5208	0.9024	7.352 e-04
11	0.5210	0.9020	3.656 e-04
12	0.5208	0.9019	2.111 e-04

注　(1) 本题考查压缩映射原理的应用，关键是构造 D 上的压缩映射.

(2)容易计算：$\dfrac{\partial g_1}{\partial x_1} = 0$，$\dfrac{\partial g_1}{\partial x_2} = \dfrac{1}{\sqrt{3}}$，

$$\left| \frac{\partial g_2}{\partial x_1} \right| = \left| \frac{1}{2\sqrt{3}} \left(x_1 + \frac{1}{x_1} \right)^{-\frac{1}{2}} \left(1 - \frac{1}{x_1^2} \right) \right| < \frac{1}{2\sqrt{3}} \times \frac{1}{\sqrt{2}} < \frac{1}{2},$$

$$\frac{\partial g_2}{\partial x_2} = 0.$$

得到 $\| \boldsymbol{G}'(\boldsymbol{x}^*) \|_\infty < 1$，根据定理 3.5 的推论(1)知迭代法局部收敛.

例 3.16　用 Newton 法求非线性方程组

$$\begin{cases}x_1+2x_2-3=0,\\2x_1^2+x_2^2-5=0\end{cases}$$

在点 $(-1, 2)$ 附近的解，使前后两次迭代在 $\|\cdot\|_\infty$ 意义下小于 10^{-3}.

解 记 $\boldsymbol{x}=(x_1, x_2)^{\mathrm{T}}$，$\boldsymbol{F}(\boldsymbol{x})=(f_1(\boldsymbol{x}), f_2(\boldsymbol{x}))^{\mathrm{T}}$，其中，

$$f_1(\boldsymbol{x})=x_1+2x_2-3,\quad f_2(\boldsymbol{x})=2x_1^2+x_2^2-5.$$

Jacobi 矩阵

$$\boldsymbol{F}'(\boldsymbol{x})=\begin{pmatrix}\dfrac{\partial f_1}{\partial x_1} & \dfrac{\partial f_1}{\partial x_2}\\ \dfrac{\partial f_2}{\partial x_1} & \dfrac{\partial f_2}{\partial x_2}\end{pmatrix}=\begin{pmatrix}1 & 2\\ 4x_1 & 2x_2\end{pmatrix}.$$

由于阶数很小，直接求逆得

$$(\boldsymbol{F}'(\boldsymbol{x}))^{-1}=\frac{1}{2x_2-8x_1}\begin{pmatrix}2x_2 & -2\\ -4x_1 & 1\end{pmatrix}.$$

选初值 $\boldsymbol{x}_0=\begin{pmatrix}-1\\2\end{pmatrix}$，$\boldsymbol{F}(\boldsymbol{x}_0)=\begin{pmatrix}0\\1\end{pmatrix}$，求得修正量为

$$\Delta\boldsymbol{x}_0=-(\boldsymbol{F}'(\boldsymbol{x}_0))^{-1}\boldsymbol{F}(\boldsymbol{x}_0)=-\frac{1}{12}\begin{pmatrix}4 & -2\\ 4 & 1\end{pmatrix}\begin{pmatrix}0\\1\end{pmatrix}=\frac{1}{12}\begin{pmatrix}2\\-1\end{pmatrix}.$$

从而改进初始近似，

$$\boldsymbol{x}_1=\boldsymbol{x}_0+\Delta\boldsymbol{x}_0=\begin{pmatrix}-0.83333\\1.91667\end{pmatrix},$$

对应的残量 $\boldsymbol{F}(\boldsymbol{x}_1)=\begin{pmatrix}2\times10^{-9}\\0.0625\end{pmatrix}$，计算下一次的修正量

$$\Delta\boldsymbol{x}_1=-(\boldsymbol{F}'(\boldsymbol{x}_1))^{-1}\boldsymbol{F}(\boldsymbol{x}_1)=\begin{pmatrix}1.1905\times10^{-2}\\-5.9524\times10^{-3}\end{pmatrix}.$$

依次作类似的计算，$\boldsymbol{x}_2=\boldsymbol{x}_1+\Delta\boldsymbol{x}_1=\begin{pmatrix}-0.82143\\1.910714\end{pmatrix}$，

$$\boldsymbol{F}(\boldsymbol{x}_2)=\begin{pmatrix}-3.68\times10^{-8}\\3.19\times10^{-4}\end{pmatrix},\qquad \Delta\boldsymbol{x}_2=\begin{pmatrix}6.1362\times10^{-5}\\-3.0663\times10^{-5}\end{pmatrix}.$$

此时的修正量已经很小(小于 10^{-3}).

$$\boldsymbol{x}_3=\boldsymbol{x}_2+\Delta\boldsymbol{x}_2=\begin{pmatrix}-0.82137\\1.910678\end{pmatrix}.$$

注 本题考查非线性方程组牛顿法的基本实现过程，注意其中修正量量阶的变化，反映出牛顿法的二次收敛性态.

例 3.17 给定方程组 $\begin{cases}x=\dfrac{1}{2}\cos y,\\ y=\dfrac{1}{2}\sin x.\end{cases}$

(1)证明：该方程组有唯一解.

(2)试证：用 Newton 法求解时，各次 Jacobi 矩阵 $\boldsymbol{F}'(x^{(k)})$ 均可逆.

(3)取初始向量 (0, 0)， 用 Newton 法求其解，迭代 3 次.

证　(1) 令 $\boldsymbol{x}=(x,\ y)^{\mathrm{T}}$， 将原方程组写成 $\boldsymbol{x}=\boldsymbol{G}(\boldsymbol{x})$， 其中，

$$\boldsymbol{G}(\boldsymbol{x})=(g_1(\boldsymbol{x}),\ g_2(\boldsymbol{x}))^{\mathrm{T}},\quad g_1(\boldsymbol{x})=\frac{1}{2}\cos y,\quad g_2(\boldsymbol{x})=\frac{1}{2}\sin x.$$

取 $D=\left[-\frac{1}{2},\ \frac{1}{2}\right]\times\left[-\frac{1}{2},\ \frac{1}{2}\right]$， 易验证 $\boldsymbol{G}(D)\subset D$.

$$\frac{\partial g_1}{\partial x}=0,\quad \left|\frac{\partial g_1}{\partial y}\right|=\left|-\frac{1}{2}\sin y\right|<\frac{\sin 1}{2},$$

$$\frac{\partial g_2}{\partial x}=\frac{1}{2}\cos x\leqslant\frac{1}{2},\quad \frac{\partial g_2}{\partial y}=0.$$

由定理 3.5 的推论(2)知迭代收敛到唯一的不动点.

(2)记原方程组为 $\boldsymbol{F}(\boldsymbol{x})=\boldsymbol{0}$， 这里，$\boldsymbol{F}(\boldsymbol{x})=(f_1(\boldsymbol{x}),\ f_2(\boldsymbol{x}))^{\mathrm{T}}$，

$$f_1(\boldsymbol{x})=x-\frac{1}{2}\cos y,\quad f_2(\boldsymbol{x})=y-\frac{1}{2}\sin x.$$

对应的 Jacobi 矩阵为

$$\boldsymbol{F}'(x)=\begin{pmatrix}\dfrac{\partial f_1}{\partial x} & \dfrac{\partial f_1}{\partial y}\\ \dfrac{\partial f_2}{\partial x} & \dfrac{\partial f_2}{\partial y}\end{pmatrix}=\begin{pmatrix}1 & \dfrac{1}{2}\sin y\\ -\dfrac{1}{2}\cos x & 1\end{pmatrix}.$$

$\det(\boldsymbol{F}'(\boldsymbol{x}))=1+\frac{1}{4}\cos x\sin y\neq 0$， 故 $\boldsymbol{F}'(\boldsymbol{x})$ 的逆存在，且

$$(\boldsymbol{F}'(\boldsymbol{x}))^{-1}=\frac{1}{1+\dfrac{1}{4}\cos x\sin y}\begin{pmatrix}1 & -\dfrac{1}{2}\sin y\\ \dfrac{1}{2}\cos x & 1\end{pmatrix}.$$

解　(3) 选初始向量为 $\boldsymbol{x}^{(0)}=(0,\ 0)^{\mathrm{T}}$， 代入计算得

$$\boldsymbol{F}(\boldsymbol{x}^{(0)})=\begin{pmatrix}-\dfrac{1}{2}\\ 0\end{pmatrix},\quad (\boldsymbol{F}'(\boldsymbol{x}^{(0)}))^{-1}=\begin{pmatrix}1 & 0\\ \dfrac{1}{2} & 1\end{pmatrix},$$

$$\Delta\boldsymbol{x}^{(0)}=-(\boldsymbol{F}'(\boldsymbol{x}^{(0)}))^{-1}\boldsymbol{F}(\boldsymbol{x}^{(0)})=\begin{pmatrix}\dfrac{1}{2}\\ \dfrac{1}{4}\end{pmatrix}.$$

得到第一次近似，$\boldsymbol{x}^{(1)}=\boldsymbol{x}^{(0)}+\Delta\boldsymbol{x}^{(0)}=\left(\frac{1}{2},\ \frac{1}{4}\right)^{\mathrm{T}}$.

$$\boldsymbol{F}(\boldsymbol{x}^{(1)})=\begin{pmatrix}1.55438\times 10^{-2}\\ 1.02872\times 10^{-2}\end{pmatrix},$$

$$(\boldsymbol{F}'(\boldsymbol{x}^{(1)}))^{-1}=\begin{pmatrix}9.48515\times10^{-1} & -1.17333\times10^{-1}\\ 4.16200\times10^{-1} & 9.48515\times10^{-1}\end{pmatrix},$$

$$\Delta\boldsymbol{x}^{(1)}=\begin{pmatrix}-1.35365\times10^{-2}\\ -1.62269\times10^{-2}\end{pmatrix}.$$

得到第二次近似，$\boldsymbol{x}^{(2)}=\boldsymbol{x}^{(1)}+\Delta\boldsymbol{x}^{(1)}=(4.86464\times10^{-1},\ 2.33773\times10^{-1})^{\mathrm{T}}$,

$$\boldsymbol{F}(\boldsymbol{x}^{(2)})=\begin{pmatrix}6.38685\times10^{-5}\\ 2.17803\times10^{-5}\end{pmatrix},$$

$$(\boldsymbol{F}'(\boldsymbol{x}^{(2)}))^{-1}=\begin{pmatrix}9.51299\times10^{-1} & -1.10184\times10^{-1}\\ 4.20470\times10^{-1} & 9.51299\times10^{-1}\end{pmatrix},$$

$$\Delta\boldsymbol{x}^{(2)}=\begin{pmatrix}-5.83582\times10^{-5}\\ -4.75744\times10^{-5}\end{pmatrix}.$$

得到第三次近似，

$$\boldsymbol{x}^{(3)}=\boldsymbol{x}^{(2)}+\Delta\boldsymbol{x}^{(2)}=(4.86405\times10^{-1},\ 2.33726\times10^{-1})^{\mathrm{T}}.$$

注 （1）本题仍考查非线性方程组的牛顿法，从修正量可以观察到二次收敛特性.

（2）MATLAB 中有相应函数求解非线性方程组．先定义下面的函数 nlsys:

```
function fx=nlsys(x)
fx(1) = x(1)-0.5*cos(x(2));
fx(2) = x(2)-0.5*sin(x(1));
```

再调用 fsolve 求解:

```
>>fsolve('nlsys',[0 0]);
```

其中，函数 fsolve 中用到了牛顿法的变形.

例 3.18 选合适的迭代初值，用 Newton 法求解 $\boldsymbol{F}(\boldsymbol{x})=\boldsymbol{0}$，$\boldsymbol{x}=(x,\ y,\ z)^{\mathrm{T}}$，$\boldsymbol{F}(\boldsymbol{x})=(f_1,\ f_2,\ f_3)^{\mathrm{T}}$，其中，

$$f_1(x,\ y,\ z)=x^2+y^2+z^2-1=0,$$

$$f_2(x,\ y,\ z)=2x^2+y^2-4z=0,$$

$$f_3(x,\ y,\ z)=3x^2-4y+z^2=0.$$

解 记 $\boldsymbol{F}(\boldsymbol{x})=(f_1(\boldsymbol{x}),\ f_2(\boldsymbol{x}),\ f_3(\boldsymbol{x}))^{\mathrm{T}}$，$\boldsymbol{x}=(x,\ y,\ z)^{\mathrm{T}}$，Jacobi 矩阵

$$\boldsymbol{J}(\boldsymbol{x})=\begin{pmatrix}2x & 2y & 2z\\ 4x & 2y & -4\\ 6x & -4 & 2z\end{pmatrix}.$$

取迭代初值 $x_0=(0.5,\ 0.5,\ 0.5)^{\mathrm{T}}$，$\boldsymbol{F}(\boldsymbol{x}_0)=(-0.25,\ -1.25,\ -1.00)^{\mathrm{T}}$,

$$\boldsymbol{F}(\boldsymbol{x}_0)=\begin{pmatrix}-0.25\\ -1.25\\ -1.00\end{pmatrix},\quad \boldsymbol{J}(\boldsymbol{x}_0)=\begin{pmatrix}1 & 1 & 1\\ 2 & 1 & -4\\ 3 & -4 & 1\end{pmatrix},$$

求解 $\boldsymbol{J}(\boldsymbol{x}_0)\Delta\boldsymbol{x}_0=-\boldsymbol{F}(\boldsymbol{x}_0)$，$\Delta\boldsymbol{x}_0=(0.375,\ 0,\ -0.125)^{\mathrm{T}}$，得到首次近似，

$$\boldsymbol{x}_1=\boldsymbol{x}_0+\Delta\boldsymbol{x}_0=(0.875,\ 0.500,\ 0.375)^{\mathrm{T}}.$$

接着计算第二次近似，

$$F(\boldsymbol{x}_1)=\begin{pmatrix}0.15625\\0.28125\\0.43750\end{pmatrix},\quad J(\boldsymbol{x}_1)=\begin{pmatrix}1.750 & 1 & 0.750\\3.500 & 1 & -4\\5.250 & -4 & 0.750\end{pmatrix},$$

求解 $\boldsymbol{J}(\boldsymbol{x}_1)\Delta\boldsymbol{x}_1=-\boldsymbol{F}(\boldsymbol{x}_1)$，得

$$\Delta\boldsymbol{x}_1=-(0.08519,\ 0.00338,\ 0.00507)^{\mathrm{T}},$$

$$\boldsymbol{x}_2=\boldsymbol{x}_1+\Delta\boldsymbol{x}_1=(0.78981,\ 0.49662,\ 0.36993)^{\mathrm{T}}.$$

类似可得，$\boldsymbol{x}_3=(0.78521,\ 0.49662,\ 0.36992)^{\mathrm{T}}$，这时 $\boldsymbol{F}(\boldsymbol{x}_3)=10^{-5}(1,\ 4,\ 5)^{\mathrm{T}}$，可将 $\boldsymbol{x}_3$ 作为近似解，保留 4 位有效数字，

$$x=0.7852,\quad y=0.4966,\quad z=0.3699.$$

注　在计算 $\boldsymbol{x}_1$ 时，可通过解方程 $\boldsymbol{J}(x_0)\Delta x_0=-\boldsymbol{F}(x_0)$ 求出修正量 $\Delta\boldsymbol{x}_0$，而不直接使用公式 $\boldsymbol{x}_{n+1}=\boldsymbol{x}_n-\boldsymbol{J}(\boldsymbol{x}_n)^{-1}\boldsymbol{F}(\boldsymbol{x}_n)$. 当问题规模大时，要避免直接求逆 $\boldsymbol{J}(\boldsymbol{x}_n)^{-1}$.

例 3.19　已知非线性方程组

$$\begin{cases}2x_1-x_2^2+\ln x_1=0,\\x_1^2-x_1x_2-x_1+1=0,\end{cases}\quad x_1>0$$

在区域 $D=\{(x_1,\ x_2)\mid 0<x_1<7,\ -2<x_2<7\}$ 内有两个解.

(1)画出两曲线的草图，则其交点为该方程组的近似解.

(2)写出第 k 次迭代时求解线性方程组 $\boldsymbol{F}'(\boldsymbol{x}^{(k)})\Delta\boldsymbol{x}^{(k)}=-\boldsymbol{F}(\boldsymbol{x}^{(k)})$ 的具体形式.

(3)以草图中的某个交点坐标作为初始近似 $\boldsymbol{x}^{(0)}=(x_1^{(0)},\ x_2^{(0)})^{\mathrm{T}}$，用 Newton 法求出这个解的较精确的近似，计算每次迭代结果的函数值 $\boldsymbol{F}(\boldsymbol{x}^{(k)})$ $(k=1,\ 2,\ \cdots,\ 5)$，观察是不是二阶收敛性态.

解　(1) 两条曲线如图 3.1 所示．两交点坐标约为 (0.7, 1.1)，(3.6, 2.9).

(2)第 k 步迭代要求解方程 $\boldsymbol{F}'(\boldsymbol{x}^{(k)})\Delta\boldsymbol{x}^{(k)}=-\boldsymbol{F}(\boldsymbol{x}^{(k)})$，具体形式如下：

$$\begin{pmatrix}2+x_1^{(k)\ -1} & -2x_2^{(k)}\\2x_1^{(k)}-x_2^{(k)}-1 & -x_1^{(k)}\end{pmatrix}\begin{pmatrix}\Delta x_1^{(k)}\\\Delta x_2^{(k)}\end{pmatrix}=-\begin{pmatrix}2x_1^{(k)}-x_2^{(k)\ 2}+\ln x_1^{(k)}\\x_1^{(k)\ 2}-x_1^{(k)}x_2^{(k)}-x_1^{(k)}+1\end{pmatrix}.$$

(3)以 $(1,\ 1)^{\mathrm{T}}$ 为初值进行 Newton 迭代，每次迭代的结果显示在下表中：

k	$x_1^{(k)}$	$x_2^{(k)}$	$\Vert x^{(k)}-x^{(k-1)}\Vert_\infty$
0	1	1	
1	6.66667 e−01	1.00000 e+00	3.33333 e−01
2	7.40388 e−01	1.09295 e+00	9.29457 e−02
3	7.42356 e−01	1.08940 e+00	3.54165 e−03
4	7.42365 e−01	1.08941 e+00	9.35228 e−06
5	7.42365 e−01	1.08941 e+00	3.76909 e−11

注　把牛顿法推广到非线性方程组，在一定条件下仍有二次收敛特性．从上表的最后

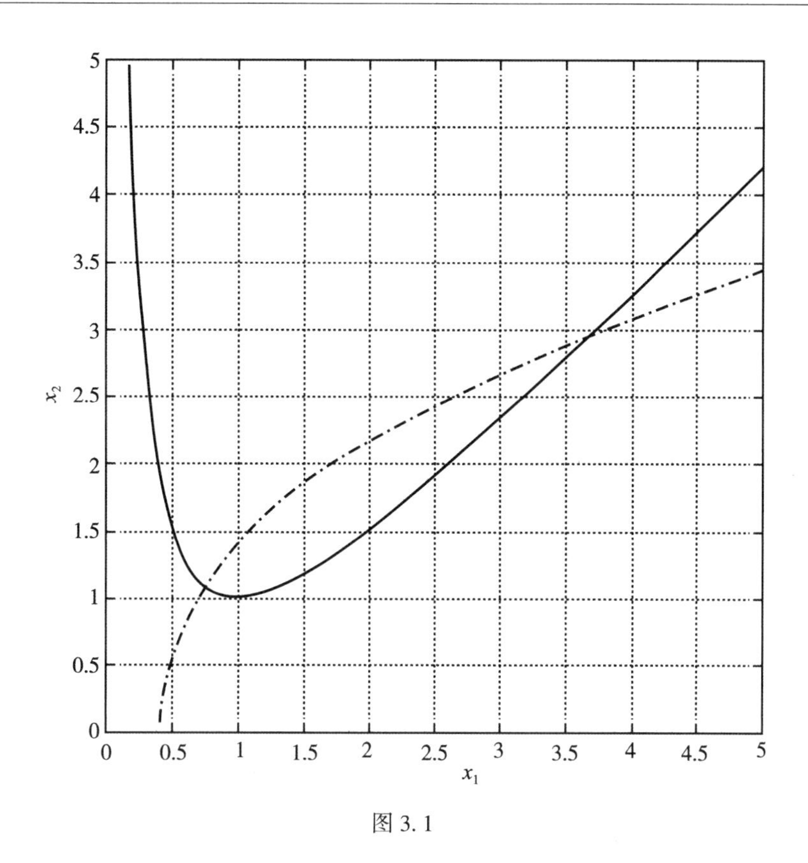

图 3.1

一列我们可以看出在解附近的二次收敛性态.

例 3.20 Newton 法可用于求复根，迭代公式仍为

$$z_{k+1}=z_k-\frac{f(z)}{f'(z)},\quad k=0,\ 1,\ 2,\ \cdots,$$

这里，$f(z)$ 为复变量 $z=x+\mathrm{i}y$ 的复值函数．设 $f(z)=g(x,\ y)+\mathrm{i}h(x,\ y)$（这里 g，h 为实函数）．试证：为避免复数运算，z_{k+1} 的实部、虚部可分别表示为

(a) $x_{k+1}=x_k-\dfrac{gg_x+hh_x}{g_x^2+g_y^2}$,

(b) $y_{k+1}=y_k-\dfrac{hg_x-gh_x}{g_x^2+g_y^2}$,　$k=0,\ 1,\ 2,\ \cdots$,

其中，g_x，g_y 分别表示对 x，y 求导（其余记号类似）．

试分别用(a)，(b)两种迭代格式求解方程 $z^2+1=0$，分别取初始值

$$z_0=1+i,\quad z_0=\frac{1}{\sqrt{3}}.$$

证 (1)由复变函数知识，$f(z)=g(x,\ y)+\mathrm{i}h(x,\ y)$ 可导，则 $g(x,\ y)$，$h(x,\ y)$ 可微且满足 Cauchy-Riemann 条件：

$$\begin{cases} a = g_x = h_y, \\ b = -g_y = h_x. \end{cases}$$

此时$f'(z) = a + ib = g_x + ih_x$. 因此，

$$\frac{f(z)}{f'(z)} = \frac{g + ih}{g_x + ih_x} = \frac{(g + ih)(g_x - ih_x)}{g_x^2 + h_x^2} = \frac{gg_x + hh_x}{g_x^2 + g_y^2} + i\frac{hg_x - gh_x}{g_x^2 + g_y^2}.$$

将 $z_k = x_k + iy_k$ 代入 $z_{k+1} = z_k - \dfrac{f(z_k)}{f'(z_k)}$，得

$$x_{k+1} + iy_{k+1} = x_k + iy_k - \frac{g_x g + h_x h + i(g_x h - h_x g)}{g_x^2 + g_y^2}.$$

由实部与虚部对应相等即得迭代格式

$$x_{k+1} = x_k - \frac{gg_x + hh_x}{g_x^2 + g_y^2}, \qquad y_{k+1} = y_k - \frac{hg_x - gh_x}{g_x^2 + g_y^2}.$$

解　(2) $f(z) = z^2 + 1 = (x^2 - y^2 + 1) + i2xy$，对应于

$$g(x, y) = x^2 - y^2 + 1, \quad h(x, y) = 2xy.$$

迭代格式为

$$x_{k+1} = \frac{x_k}{2}\left(1 - \frac{1}{x_k^2 + y_k^2}\right), \quad y_{k+1} = \frac{y_k}{2}\left(1 + \frac{1}{x_k^2 + y_k^2}\right).$$

取初始值 $z_0 = 1 + i$，产生的迭代序列见下表，很容易看出，迭代收敛到一个解 i.

k	x_i	y_i
0	1	1
1	2. 500 e-01	7. 500 e-01
2	-7. 500 e-02	9. 750 e-01
3	1. 716 e-03	9. 973 e-01
4	-4. 642 e-06	1. 000 e+00
5	-1. 003 e-11	1. 000 e+00

若取初始值 $z_0 = \dfrac{1}{\sqrt{3}}$，则当 $\begin{cases} x_0 = 1/\sqrt{3}, \\ y_0 = 0 \end{cases}$ 时，由迭代格式恒有 $y_k = 0$，显然此时迭代格式不收敛.

注　如果方程$f(x) = 0$没有实根，而将初值 x_0 取为实数，则 Newton 法迭代序列不收敛. 因此，在用 Newton 法求复根进行复数运算时，初值应该取为虚数，即 $z_0 = x_0 + iy_0$ ($y_0 \neq 0$).

第 4 章　曲线拟合与线性最小二乘问题

4.1　主要内容

本章介绍了曲线拟合的概念，给出了不同范数意义下曲线拟合的定义，并由此引出了最小二乘方法和求解最小二乘问题中的常见技巧，包括用正则方程组求最小二乘解、矩阵的 $\boldsymbol{QR}$ 分解以及奇异值分解等方法．

4.2　知识要点

4.2.1　曲线拟合问题

1. 曲线拟合

给定关于变量 x，y 的 m 组观测数据 $(x_i,\ y_i)$，$i=1,\ 2,\ \cdots,\ m$. 设 $\{\varphi_i(x)\}_{i=1}^{n}$ 为已知函数类，令

$$f(x)=\sum_{j=1}^{n}c_j\varphi_j(x). \tag{4.1}$$

记

$$\rho_i=y_i-f(x_i)=y_i-\sum_{j=1}^{n}c_j\varphi_j(x_i),\quad i=1,\ 2,\ \cdots,\ m. \tag{4.2}$$

我们希望以“使 ρ_i 尽可能地小”来确定函数式(4.1)中的组合系数 c_1，c_2，$\cdots$，c_n. 这种构造近似函数的方法称为曲线拟合．函数类 $\{\varphi_j(x)\}_{j=1}^{n}$ 称为拟合基函数或拟合函数类，近似函数 $f(x)$ 称为拟合函数，$\rho_i(i=1,\ 2,\ \cdots,\ m)$ 为残差．如果式(4.2)中函数 $f(x)$ 的待定系数是线性的，则上述的曲线拟合问题称为线性拟合问题．否则，称为非线性拟合问题.

2. $\|\cdot\|_2$ 意义下的线性拟合

记

$$A=\begin{pmatrix}\varphi_1(x_1) & \varphi_2(x_1) & \cdots & \varphi_n(x_1)\\ \varphi_1(x_2) & \varphi_2(x_2) & \cdots & \varphi_n(x_2)\\ \vdots & \vdots & & \vdots\\ \varphi_1(x_m) & \varphi_2(x_m) & \cdots & \varphi_n(x_m)\end{pmatrix}, \tag{4.3}$$

$$b=\begin{pmatrix}y_1\\ y_2\\ \vdots\\ y_m\end{pmatrix},\quad r=\begin{pmatrix}\rho_1\\ \rho_2\\ \vdots\\ \rho_m\end{pmatrix},\quad x=\begin{pmatrix}c_1\\ c_2\\ \vdots\\ c_n\end{pmatrix}, \tag{4.4}$$

其中, $\boldsymbol{r}=\boldsymbol{b}-\boldsymbol{Ax}$ 为残差向量．确定系数 c_1, c_2, …, c_n, 使得

$$\|\boldsymbol{r}\|_2^2=\sum_{i=1}^{m}\rho_i^2=\|\boldsymbol{b}-\boldsymbol{Ax}\|_2^2 \tag{4.5}$$

最小．这是 $\|\cdot\|_2$(向量 2-范数)意义下的线性拟合问题．也称为线性最小二乘问题.

称方程组

$$\boldsymbol{Ax}=\boldsymbol{b} \tag{4.6}$$

为超定方程组．其中, $\boldsymbol{A}$ 是 $\boldsymbol{m}\times\boldsymbol{n}$ 阶矩阵($\boldsymbol{m}>\boldsymbol{n}$), b 是 $\boldsymbol{m}$ 维列向量．记 $\boldsymbol{B}=\boldsymbol{A}^{\mathrm{T}}\boldsymbol{A}$, $\boldsymbol{g}=\boldsymbol{A}^{\mathrm{T}}\boldsymbol{b}$, 方程组

$$\boldsymbol{Bx}=\boldsymbol{g} \tag{4.7}$$

称为方程组(4.6)的正则方程组.

3. $\|\cdot\|_1$ 意义下的线性拟合

确定系数 c_1, c_2, …, c_n, 使得残差向量 $\boldsymbol{r}$ 在 $\|\cdot\|_1$ 意义下最小, 即

$$\|\boldsymbol{r}\|_1=\|\boldsymbol{b}-\boldsymbol{Ax}\|_1=\sum_{i=1}^{m}|\rho_i|=\sum_{i=1}^{m}\left|y_i-\sum_{j=1}^{n}c_j\varphi_j(x_i)\right| \tag{4.8}$$

达到最小.

记 $\delta_i=|y_i-f(x_i)|$, 这时数据拟合问题归结为约束优化问题:

$$\begin{cases}\min\ \sum\limits_{i=1}^{m}\delta_i,\\ \text{s. t.}\ -\delta_i\leqslant y_i-f(x_i)\leqslant\delta_i,\quad i=1,2,\cdots,m,\end{cases} \tag{4.9}$$

用线性规划方法求解.

4. $\|\cdot\|_\infty$ 意义下的线性拟合

确定系数 c_1, c_2, …, c_n, 使得残差向量 $\boldsymbol{r}$ 在 $\|\cdot\|_\infty$ 意义下最小, 即

$$\|\boldsymbol{r}\|_\infty=\|\boldsymbol{b}-\boldsymbol{Ax}\|_\infty=\max_{1\leqslant i\leqslant m}|\rho_i|=\max_{1\leqslant i\leqslant m}\left|y_i-\sum_{j-1}^{n}c_j\varphi_j(x_i)\right| \tag{4.10}$$

达到最小.

记 $\delta=\max\limits_{1\leqslant i\leqslant m}|y_i-f(x_i)|$, 这时数据拟合问题归结为约束优化问题:

$$\begin{cases}\min \delta, \\ \text{s.t.} \ -\delta \leqslant y_i - f(x_i) \leqslant \delta, \quad i=1, 2, \cdots, m,\end{cases} \tag{4.11}$$

用线性规划方法求解.

4.2.2 超定方程组的最小二乘解

1. 用正则方程组求最小二乘解

用正则方程组式(4.7)求解, $\boldsymbol{B}=\boldsymbol{A}^{\mathrm{T}}\boldsymbol{A}$, $\boldsymbol{g}=\boldsymbol{A}^{\mathrm{T}}\boldsymbol{b}$,

$$\boldsymbol{Bx}=\boldsymbol{g}.$$

2. 用 QR 分解求最小二乘解

(1)正交性.

定理 4.1 设 $\boldsymbol{x}, \boldsymbol{y} \in \mathbf{R}^n$, 且 $\boldsymbol{x} \perp \boldsymbol{y}$, 那么

$$\|\boldsymbol{x}+\boldsymbol{y}\|_2^2 = \|\boldsymbol{x}\|_2^2 + \|\boldsymbol{y}\|_2^2.$$

定理 4.2 设 $\boldsymbol{A}$ 是 $n \times k$ 阶矩阵, 则 $R(\boldsymbol{A})$ 有唯一的正交补 $N(\boldsymbol{A}^{\mathrm{T}})$, 其中, $R(\boldsymbol{A})$ 和 $N(\boldsymbol{A}^{\mathrm{T}})$ 分别为 $\boldsymbol{A}$ 和 $\boldsymbol{A}^{\mathrm{T}}$ 的像子空间与核子空间.

(2)设 $\boldsymbol{w}$ 是欧氏空间 $\mathbf{R}^n$ 中的单位向量, 形如

$$\boldsymbol{H}=\boldsymbol{I}-2\boldsymbol{w}\boldsymbol{w}^{\mathrm{T}} \tag{4.12}$$

的 n 阶矩阵称为 Householder 矩阵, 也称为反射(镜像)矩阵或称为 Householder 变换(反射变换、镜像变换). Householder 矩阵(变换)满足对称性 ($\boldsymbol{H}^{\mathrm{T}}=\boldsymbol{H}$)、正交性($\boldsymbol{H}^{-1}=\boldsymbol{H}^{\mathrm{T}}$)和对合性 ($\boldsymbol{H}^2=\boldsymbol{I}$).

定理 4.3 设 $\mathbf{R}^n$ 中有非零向量 $\boldsymbol{x} \neq \boldsymbol{y}$ 且 $\|\boldsymbol{x}\|_2 = \|\boldsymbol{y}\|_2$, 那么, 存在 Householder 矩阵 $\boldsymbol{H}$, 使 $\boldsymbol{Hx}=\boldsymbol{y}$, 其中,

$$\boldsymbol{H}=\boldsymbol{I}-2\boldsymbol{w}\boldsymbol{w}^{\mathrm{T}}, \qquad \boldsymbol{w}=\frac{\boldsymbol{x}-\boldsymbol{y}}{\|\boldsymbol{x}-\boldsymbol{y}\|_2}.$$

(3)设 $\boldsymbol{A} \in \mathbf{R}^{m \times n}$ ($m \geqslant n$), $r(\boldsymbol{A})=n$, 则 $\boldsymbol{A}$ 的 QR 分解的形式为

$$\boldsymbol{A}=\boldsymbol{Q}\begin{pmatrix}\boldsymbol{R}\\ \boldsymbol{O}\end{pmatrix}, \tag{4.13}$$

其中, $\boldsymbol{Q}$ 是 $m \times m$ 阶正交矩阵, $\boldsymbol{R}$ 是 $n \times n$ 阶上三角阵.

QR 分解式(4.13)等价于

$$\boldsymbol{Q}^{\mathrm{T}}\boldsymbol{A}=\begin{pmatrix}\boldsymbol{R}\\ \boldsymbol{O}\end{pmatrix}. \tag{4.14}$$

式(4.14)称为 $\boldsymbol{A}$ 的正交三角化.

(4)最小二乘解的计算过程:

① 构造 n 个 Householder 矩阵, 实现 $\boldsymbol{A}$ 的正交三角化;

② 计算 $\boldsymbol{Q}^{\mathrm{T}}\boldsymbol{b}=\begin{pmatrix}\boldsymbol{c}\\ \boldsymbol{d}\end{pmatrix}$, 其中, $\boldsymbol{c} \in \mathbf{R}^n$;

③ 求解上三角方程组 $\boldsymbol{Rx}=\boldsymbol{c}$.

注意，其实并不用具体给出矩阵 $\boldsymbol{H}$，只要计算出向量 $\boldsymbol{u}$ 就可以确定 $\boldsymbol{H}$. 算法如下：

对于 $k=1, 2, \cdots, n$，Householder 向量为

$$\boldsymbol{u}_k=(0, \cdots, 0, a_{kk}, \cdots, a_{mk})^{\mathrm{T}}-\sigma_k\boldsymbol{e}_k,$$

其中，$\sigma_k=-\operatorname{sign}(a_{kk})\sqrt{a_{kk}^2+\cdots+a_{mk}^2}$，则

$$\boldsymbol{H}\boldsymbol{a}_k=\boldsymbol{a}_k-2\frac{\boldsymbol{u}_k^{\mathrm{T}}\boldsymbol{a}_k}{\boldsymbol{u}_k^{\mathrm{T}}\boldsymbol{u}_k}\boldsymbol{u}_k. \tag{4.15}$$

4.2.3　奇异值分解与广义逆矩阵

1. 奇异值分解

定理 4.4　设 $\boldsymbol{A}\in\mathbf{R}^{m\times n}\ (m\geqslant n)$，则存在阶数分别为 m 和 n 的正交矩阵 $\boldsymbol{U}$ 和 $\boldsymbol{V}$，满足

$$\boldsymbol{A}=\boldsymbol{U}\boldsymbol{S}\boldsymbol{V}^{\mathrm{T}}, \tag{4.16}$$

其中，$\boldsymbol{S}=\begin{pmatrix}\boldsymbol{S}_r & \boldsymbol{O}\\ \boldsymbol{O} & \boldsymbol{O}\end{pmatrix}$ 为 $m\times n$ 阶长方形对角矩阵，$\boldsymbol{S}_r=\operatorname{diag}\{\sigma_1, \sigma_2, \cdots, \sigma_r\}$，$\sigma_1\geqslant\sigma_2\geqslant\cdots\geqslant\sigma_r$. 式(4.16)称为 $\boldsymbol{A}$ 的奇异值分解，简记为 SVD (Singular Value Decomposition).

计算 $m\times n$ 阶矩阵 $\boldsymbol{A}$ 的奇异值分解的步骤如下：

(1)计算 $\boldsymbol{A}^{\mathrm{T}}\boldsymbol{A}$ 的 n 个特征值 $\lambda_1\geqslant\lambda_2\geqslant\cdots\geqslant\lambda_r>0$，$\lambda_{r+1}=\cdots=\lambda_n=0$.

令 $\sigma_i=\sqrt{\lambda_i}\ (i=1, 2, \cdots, r)$，则 $m\times n$ 阶长方形对角阵 $\boldsymbol{S}$ 为

$$\boldsymbol{S}=\begin{pmatrix}\boldsymbol{S}_r & \boldsymbol{O}\\ \boldsymbol{O} & \boldsymbol{O}\end{pmatrix}=\begin{pmatrix}\sigma_1 & & & & \boldsymbol{O}\\ & \sigma_2 & & & \\ & & \ddots & & \\ & & & \sigma_r & \\ \boldsymbol{O} & & & & \boldsymbol{O}\end{pmatrix}.$$

(2)计算 $\boldsymbol{A}^{\mathrm{T}}\boldsymbol{A}$ 的 r 个非零特征值 $\lambda_1, \lambda_2, \cdots, \lambda_r$ 相应的单位特征向量 $\boldsymbol{v}_1, \boldsymbol{v}_2, \cdots, \boldsymbol{v}_r$，以及 $n-r$ 个零特征值 $\lambda_{r+1}, \cdots, \lambda_n$ 相应的单位特征向量 $\boldsymbol{v}_{r+1}, \cdots, \boldsymbol{v}_n$，则

$$\boldsymbol{V}=(\boldsymbol{v}_1, \boldsymbol{v}_2, \cdots, \boldsymbol{v}_r, \boldsymbol{v}_{r+1}, \cdots, \boldsymbol{v}_n).$$

(3)利用下列公式计算 $\boldsymbol{U}$：

$$\boldsymbol{u}_i=\frac{1}{\sigma_i}\boldsymbol{A}\boldsymbol{v}_i,\quad i=1, 2, \cdots, r.$$

若 $r<m$，则其余的 $m-r$ 个向量 $\boldsymbol{u}_{r+1}, \cdots, \boldsymbol{u}_m$ 可任意选择为单位正交的向量，从而得到正交矩阵 $\boldsymbol{U}=(\boldsymbol{u}_1, \boldsymbol{u}_2, \cdots, \boldsymbol{u}_n)$.

2. 广义逆矩阵

设 $\boldsymbol{A}\in\boldsymbol{R}^{m\times n}\ (m\geqslant n)$，$r(\boldsymbol{A})=n$，则

$$\boldsymbol{A}^{+}=(\boldsymbol{A}^{\mathrm{T}}\boldsymbol{A})^{-1}\boldsymbol{A}^{\mathrm{T}} \tag{4.17}$$

称为 $\boldsymbol{A}$ 的广义逆矩阵或 Moore-Penrose 广义逆矩阵. 如果 $\boldsymbol{A}=\boldsymbol{U}\boldsymbol{S}\boldsymbol{V}^{\mathrm{T}}$ 是 $\boldsymbol{A}$ 的奇异值分解，则

$$A^{+}=V\begin{pmatrix} S_r^{-1} & O \\ O & O \end{pmatrix}U^{\mathrm{T}}. \tag{4.18}$$

A^{+} 是满足下列 4 个条件的唯一的 $n \times m$ 阶矩阵:

(1) $AA^{+}A=A$;

(2) $A^{+}AA^{+}=A^{+}$;

(3) $(AA^{+})^{\mathrm{T}}=AA^{+}$;

(4) $(A^{+}A)^{\mathrm{T}}=A^{+}A$.

这 4 个条件称为 Moore-Penrose 条件或 M-P 条件.

3. 用奇异值分解求最小二乘解

计算过程如下:

(1)计算奇异值分解 $A=USV^{\mathrm{T}}$;

(2)计算 A 的广义逆矩阵 $A^{+}=V\begin{pmatrix} S_r^{-1} & O \\ O & O \end{pmatrix}U^{\mathrm{T}}$;

(3)计算 $x=A^{+}b$.

4.3 典型例题

4.3.1 曲线拟合问题

例 4.1 已知 (x_i, y_i) $(i=1, 2, 3, 4)$ 的观测值为

x_i	0	$\frac{\pi}{6}$	$\frac{\pi}{3}$	$\frac{\pi}{2}$
y_i	2	3	4	7

用最小二乘法求这些数据拟合的三角函数曲线

$$f(x)=b_0+b_1\sin(x)+b_2\cos(x).$$

分析 求解本题的方法是将多项式拟合问题归结为求解超定方程组 $Ax=b$ 的最小二乘解,这时需求解方程组 $A^{\mathrm{T}}Ax=A^{\mathrm{T}}b$.

解 显然,基函数为 $\varphi_0(x)=1$, $\varphi_1(x)=\sin(x)$, $\varphi_2(x)=\cos(x)$, 拟合函数为 $f(x)=b_0+b_1\sin(x)+b_2\cos(x)$. 记

$$A=\begin{pmatrix} \varphi_0(x_1) & \varphi_1(x_1) & \varphi_2(x_1) \\ \varphi_0(x_2) & \varphi_1(x_2) & \varphi_2(x_2) \\ \varphi_0(x_3) & \varphi_1(x_3) & \varphi_2(x_3) \\ \varphi_0(x_4) & \varphi_1(x_4) & \varphi_2(x_4) \end{pmatrix}=\begin{pmatrix} 1 & 0 & 1 \\ 1 & \frac{1}{2} & \frac{\sqrt{3}}{2} \\ 1 & \frac{\sqrt{3}}{2} & \frac{1}{2} \\ 1 & 1 & 0 \end{pmatrix}, \quad x=\begin{pmatrix} b_0 \\ b_1 \\ b_2 \end{pmatrix}, \quad b=\begin{pmatrix} 2 \\ 3 \\ 4 \\ 7 \end{pmatrix},$$

则得到关于 b_0，b_1，b_2 的超定方程组：$\boldsymbol{A}\boldsymbol{x}=\boldsymbol{b}$.

由最小二乘原理知，求方程组 $\boldsymbol{A}\boldsymbol{x}=\boldsymbol{b}$ 的最小二乘解等价于求方程组 $\boldsymbol{A}^{\mathrm{T}}\boldsymbol{A}\boldsymbol{x}=\boldsymbol{A}^{\mathrm{T}}\boldsymbol{b}$ 的解. 于是计算

$$\boldsymbol{B}=\boldsymbol{A}^{\mathrm{T}}\boldsymbol{A}=\begin{pmatrix}1&1&1&1\\0&\frac{1}{2}&\frac{\sqrt{3}}{2}&1\\1&\frac{\sqrt{3}}{2}&\frac{1}{2}&0\end{pmatrix}\begin{pmatrix}1&0&1\\1&\frac{1}{2}&\frac{\sqrt{3}}{2}\\1&\frac{\sqrt{3}}{2}&\frac{1}{2}\\1&1&0\end{pmatrix}=\begin{pmatrix}4&\frac{3+\sqrt{3}}{2}&\frac{3+\sqrt{3}}{2}\\\frac{3+\sqrt{3}}{2}&2&\frac{\sqrt{3}}{2}\\\frac{3+\sqrt{3}}{2}&\frac{\sqrt{3}}{2}&2\end{pmatrix},$$

$$\boldsymbol{g}=\boldsymbol{A}^{\mathrm{T}}\boldsymbol{b}=\begin{pmatrix}1&1&1&1\\0&\frac{1}{2}&\frac{\sqrt{3}}{2}&1\\1&\frac{\sqrt{3}}{2}&\frac{1}{2}&0\end{pmatrix}\begin{pmatrix}2\\3\\4\\7\end{pmatrix}=\begin{pmatrix}16\\11.9641\\6.5981\end{pmatrix}.$$

因此得到正则方程组：$\boldsymbol{B}\boldsymbol{x}=\boldsymbol{g}$，即

$$\begin{pmatrix}4&\frac{3+\sqrt{3}}{2}&\frac{3+\sqrt{3}}{2}\\\frac{3+\sqrt{3}}{2}&2&\frac{\sqrt{3}}{2}\\\frac{3+\sqrt{3}}{2}&\frac{\sqrt{3}}{2}&2\end{pmatrix}\begin{pmatrix}b_0\\b_1\\b_2\end{pmatrix}=\begin{pmatrix}16\\11.9641\\6.5981\end{pmatrix}.$$

求解上述方程组得：

$$\begin{cases}b_0=7.2321,\\b_1=-0.3660,\\b_2=-5.0981,\end{cases}$$

即所求拟合函数为 $f(x)=7.2321-0.366\sin(x)-5.0981\cos(x)$.

例 4.2　在 $\|\cdot\|_2$ 意义下，构造与下列数据拟合的三次曲线 $g(x)=a_0+a_1x+a_2x^3$：

x_i	1	2	3	4
y_i	4	2	3	6

分析　具体做法同例 4.1，只是拟合基函数不同而已.

解　基函数 $\varphi_0(x)=1$，$\varphi_1(x)=x$，$\varphi_2(x)=x^3$，拟合函数

$$g(x)=a_0+a_1x+a_2x^3.$$

记

$$A=\begin{pmatrix}\varphi_0(x_1) & \varphi_1(x_1) & \varphi_2(x_1)\\ \varphi_0(x_2) & \varphi_1(x_2) & \varphi_2(x_2)\\ \varphi_0(x_3) & \varphi_1(x_3) & \varphi_2(x_3)\\ \varphi_0(x_4) & \varphi_1(x_4) & \varphi_2(x_4)\end{pmatrix}=\begin{pmatrix}1&1&1\\1&2&8\\1&3&27\\1&4&64\end{pmatrix},\ x=\begin{pmatrix}a_0\\a_1\\a_2\end{pmatrix},\ b=\begin{pmatrix}4\\2\\3\\6\end{pmatrix}.$$

得到关于 a_0，a_1，a_2 的超定方程组：$\boldsymbol{Ax}=\boldsymbol{b}$. 再计算

$$B=A^{\mathrm{T}}A=\begin{pmatrix}4&10&100\\10&30&354\\10&354&4890\end{pmatrix},\quad g=A^{\mathrm{T}}b=\begin{pmatrix}15\\41\\485\end{pmatrix},$$

得到正则方程组：$\boldsymbol{Bx}=\boldsymbol{g}$，即

$$\begin{pmatrix}4&10&100\\10&30&354\\10&354&4890\end{pmatrix}\begin{pmatrix}a_0\\a_1\\a_2\end{pmatrix}=\begin{pmatrix}15\\41\\485\end{pmatrix}.$$

解得

$$\begin{cases}a_0=6.4286,\\a_1=-2.7116,\\a_2=0.1640,\end{cases}$$

即 $g(x)=6.4286-2.7116x+0.1640x^3$ 为所求.

评注 例 4.1 与例 4.2 都是通过正则方程组求解最小二乘解，关键在于正则方程组的求解.

例 4.3 对某个长度测量 n 次，得 n 个近似值 x_1，x_2，…，x_n. 通常取平均值 $\bar{x}=\frac{1}{n}(x_1+x_2+\cdots+x_n)$ 作为所求长度，试说明理由.

分析 本题结论是常识性的，可用最小二乘的基本思想说明.

解 令残差 $\rho_i=x-x_i$，则

$$\rho(x)=\sum_{i=1}^{n}\rho_i^2=\sum_{i=1}^{n}(x-x_i)^2.$$

要使 $\rho(x)$ 达到最小，对 $\rho(x)$ 求导得 $\rho'(x)=2\sum_{i=1}^{n}(x-x_i)$. 令 $\rho'(x)=0$，则有

$$x=\frac{1}{n}\sum_{i=1}^{n}x_i.$$

因此，在最小二乘的意义下，取 $\bar{x}=\frac{1}{n}(x_1+x_2+\cdots+x_n)$ 误差最小.

例 4.4 给定三个点 $A_i(x_i,\ y_i)$，$i=1$，2，3. 求证：按最小二乘法拟合这三点的直线过 $\triangle A_1A_2A_3$ 的重心.

分析 先求出拟合直线，再验证其重心在直线上.

证　记 $\bar{x} = \frac{1}{3}\sum_{i=1}^{3} x_i$，$\bar{y} = \frac{1}{3}\sum_{i=1}^{3} y_i$，则点 $G(\bar{x}, \bar{y})$ 为 $\triangle A_1A_2A_3$ 的重心.

设拟合直线为 $y = c_0 + c_1 x$，则 c_0，c_1 满足正则方程组：

$$\begin{pmatrix} 3 & \sum_{i=1}^{3} x_i \\ \sum_{i=1}^{3} x_i & \sum_{i=1}^{3} x_i^2 \end{pmatrix}\begin{pmatrix} c_0 \\ c_1 \end{pmatrix} = \begin{pmatrix} \sum_{i=1}^{3} y_i \\ \sum_{i=1}^{3} x_i y_i \end{pmatrix},$$

即有

$$3c_0 + \left(\sum_{i=1}^{3} x_i\right) c_1 = \sum_{i=1}^{3} y_i,$$

整理一下就有 $c_0 + c_1\bar{x} = \bar{y}$，即重心 G 在该直线上.

评注　例 4.3 与例 4.4 是最小二乘法在统计与几何上的应用，这对理解最小二乘的思想很有帮助.

4.3.2　超定方程组的最小二乘解

例 4.5　设 n 阶矩阵 $\boldsymbol{P}$ 满足 $\boldsymbol{P}^2 = \boldsymbol{P}$（这时，称 $\boldsymbol{P}$ 为幂等矩阵），$\boldsymbol{P}^{\mathrm{T}} = \boldsymbol{P}$，$R(\boldsymbol{P})$ 和 $N(\boldsymbol{P})$ 表示 $\boldsymbol{P}$ 的像子空间和核子空间，证明：

(1) $R(\boldsymbol{I} - \boldsymbol{P})$ 是 $R(\boldsymbol{P})$ 的正交补子空间；

(2) 对任意非零向量 $\boldsymbol{x} \in \mathbf{R}^n$，有 $\|\boldsymbol{x}\|_2^2 = \|\boldsymbol{P}\boldsymbol{x}\|_2^2 + \|(\boldsymbol{I} - \boldsymbol{P})\boldsymbol{x}\|_2^2$.

分析　搞清矩阵的像子空间、核子空间与正交补空间的概念以及正交性（定理 4.1、定理 4.2）是本题的关键.

证　(1) 只需证明直和：$\mathbf{R}^n = R(\boldsymbol{I} - \boldsymbol{P}) \oplus R(\boldsymbol{P})$.

首先 $\forall \boldsymbol{x} \in \mathbf{R}^n$，有

$$\boldsymbol{x} = (\boldsymbol{I} - \boldsymbol{P} + \boldsymbol{P})\boldsymbol{x} = (\boldsymbol{I} - \boldsymbol{P})\boldsymbol{x} + \boldsymbol{P}\boldsymbol{x} \in R(\boldsymbol{I} - \boldsymbol{P}) + R(\boldsymbol{P}),$$

即

$$\mathbf{R}^n = R(\boldsymbol{I} - \boldsymbol{P}) + R(\boldsymbol{P}). \tag{①}$$

再 $\forall x \in R(\boldsymbol{I} - \boldsymbol{P}) \cap R(\boldsymbol{P})$，则 $\exists \alpha, \beta \in \mathbf{R}^n$，使 $\begin{cases} (\boldsymbol{I} - \boldsymbol{P})\alpha = \boldsymbol{x}, \\ \boldsymbol{P}\beta = \boldsymbol{x}, \end{cases}$ 而

$$\begin{aligned} \boldsymbol{x}^{\mathrm{T}}\boldsymbol{x} &= (\boldsymbol{P}\beta)^{\mathrm{T}}(\boldsymbol{I} - \boldsymbol{P})\alpha = \beta^{\mathrm{T}}\boldsymbol{P}^{\mathrm{T}}(\boldsymbol{I} - \boldsymbol{P})\alpha \\ &\xlongequal{\boldsymbol{P} = \boldsymbol{P}^{\mathrm{T}}} \beta^{\mathrm{T}}\boldsymbol{P}(\boldsymbol{I} - \boldsymbol{P})\alpha = \beta^{\mathrm{T}}(\boldsymbol{P} - \boldsymbol{P}^2)\alpha \\ &\xlongequal{\boldsymbol{P} = \boldsymbol{P}^2} 0. \end{aligned}$$

故 $\boldsymbol{x} = \boldsymbol{0}$，即

$$R(\boldsymbol{I} - \boldsymbol{P}) \cap R(\boldsymbol{P}) = \{\boldsymbol{0}\}. \tag{②}$$

由①，②得 $\mathbf{R}^n = R(\boldsymbol{I} - \boldsymbol{P}) \oplus R(\boldsymbol{P})$，即 $R(\boldsymbol{I} - \boldsymbol{P})$ 是 $R(\boldsymbol{P})$ 的正交补子空间.

(2)对任意非零向量 $\boldsymbol{x} \in \mathbf{R}^n$, 显然有

$$\begin{cases} \boldsymbol{Px} \in R(\boldsymbol{P}), \\ (\boldsymbol{I}-\boldsymbol{P})x \in R(\boldsymbol{I}-\boldsymbol{P}). \end{cases}$$

又知 $R(\boldsymbol{I}-\boldsymbol{P}) = (R(\boldsymbol{P}))^{\perp}$, 则 $\boldsymbol{Px} \perp (\boldsymbol{I}-\boldsymbol{Px})$. 再由定理 4.1 可得

$$\|\boldsymbol{x}\|_2^2 = \|\boldsymbol{Px}\|_2^2 + \|(\boldsymbol{I}-\boldsymbol{P})x\|_2^2.$$

例 4.6 设非零向量 $\boldsymbol{x} = (x_1, x_2, \cdots, x_n)^{\mathrm{T}}$ 及 $c = \dfrac{x_1}{\sqrt{x_1^2+x_2^2}}$, $s = \dfrac{x_2}{\sqrt{x_1^2+x_2^2}}$. 证明:

$$\begin{pmatrix} c & s & \\ -s & c & \\ & & \boldsymbol{I} \end{pmatrix} \boldsymbol{x} = \begin{pmatrix} \sqrt{x_1^2+x_2^2} \\ 0 \\ x_3 \\ \vdots \\ x_n \end{pmatrix}.$$

证 直接代入验证即可:

$$\begin{pmatrix} c & s & \\ -s & c & \\ & & \boldsymbol{I} \end{pmatrix} \boldsymbol{x} = \begin{pmatrix} c & s & \\ -s & c & \\ & & \boldsymbol{I} \end{pmatrix} \begin{pmatrix} x_1 \\ x_2 \\ x_3 \\ \vdots \\ x_n \end{pmatrix} = \begin{pmatrix} cx_1 + sx_2 \\ cx_2 - sx_1 \\ x_3 \\ \vdots \\ x_n \end{pmatrix}$$

$$= \begin{pmatrix} \dfrac{x_1^2}{\sqrt{x_1^2+x_2^2}} + \dfrac{x_2^2}{\sqrt{x_1^2+x_2^2}} \\ \dfrac{x_1x_2}{\sqrt{x_1^2+x_2^2}} - \dfrac{x_2x_1}{\sqrt{x_1^2+x_2^2}} \\ x_3 \\ \vdots \\ x_n \end{pmatrix} = \begin{pmatrix} \sqrt{x_1^2+x_2^2} \\ 0 \\ x_3 \\ \vdots \\ x_n \end{pmatrix},$$

得证.

评注 本题的验证是直接的. 值得注意的是 $\begin{pmatrix} c & s \\ -s & c \end{pmatrix}$ 是正交矩阵, 将 $\begin{pmatrix} x_1 \\ x_2 \end{pmatrix}$ 变为 $\begin{pmatrix} \sqrt{x_1^2+x_2^2} \\ 0 \end{pmatrix}$, 这种变换称为 Givens 变换.

例 4.7 设 $\boldsymbol{x} \in \mathbf{R}^n$, $\sigma = \sqrt{\|\boldsymbol{x}\|_2^2}$. 证明: 存在一个 Householder 变换 $\boldsymbol{H}$, 使 $\boldsymbol{Hx} = -\sigma \boldsymbol{e}_n$. 又设非零向量 $\boldsymbol{\zeta} \in \mathbf{R}^n$, 写出计算 $\boldsymbol{H\zeta}$ 的算法.

证　取 $\boldsymbol{w}=\frac{\boldsymbol{x}-(-\sigma\boldsymbol{e}_n)}{\|\boldsymbol{x}-(-\sigma\boldsymbol{e}_n)\|_2}$，则 $\boldsymbol{w}^{\mathrm{T}}\boldsymbol{w}=1$，即 $\boldsymbol{w}$ 是单位向量.

令 $\boldsymbol{H}=\boldsymbol{I}-2\boldsymbol{w}\boldsymbol{w}^{\mathrm{T}}$，则

$$\begin{aligned}\boldsymbol{H}\boldsymbol{x}&=(\boldsymbol{I}-2\boldsymbol{w}\boldsymbol{w}^{\mathrm{T}})\boldsymbol{x}=\boldsymbol{x}-\frac{2(\boldsymbol{x}+\sigma\boldsymbol{e}_n)(\boldsymbol{x}^{\mathrm{T}}+\sigma\boldsymbol{e}_n^{\mathrm{T}})\boldsymbol{x}}{\|\boldsymbol{x}+\sigma\boldsymbol{e}_n\|_2^2}\\&=\boldsymbol{x}-\frac{2(\boldsymbol{x}+\sigma\boldsymbol{e}_n)(\boldsymbol{x}^{\mathrm{T}}+\sigma\boldsymbol{e}_n^{\mathrm{T}})\boldsymbol{x}}{(\boldsymbol{x}+\sigma\boldsymbol{e}_n)^{\mathrm{T}}(\boldsymbol{x}+\sigma\boldsymbol{e}_n)}=\boldsymbol{x}-\frac{2(\boldsymbol{x}+\sigma\boldsymbol{e}_n)(\boldsymbol{x}^{\mathrm{T}}+\sigma\boldsymbol{e}_n^{\mathrm{T}})\boldsymbol{x}}{\boldsymbol{x}^{\mathrm{T}}\boldsymbol{x}+2\sigma\boldsymbol{e}_n^{\mathrm{T}}\boldsymbol{x}+\sigma^2}\\&=\boldsymbol{x}-\frac{2(\boldsymbol{x}+\sigma\boldsymbol{e}_n)(\boldsymbol{x}^{\mathrm{T}}+\sigma\boldsymbol{e}_n^{\mathrm{T}})\boldsymbol{x}}{2(\boldsymbol{x}^{\mathrm{T}}\boldsymbol{x}+\sigma\boldsymbol{e}_n^{\mathrm{T}}\boldsymbol{x})}=\boldsymbol{x}-(\boldsymbol{x}+\sigma\boldsymbol{e}_n)=-\sigma\boldsymbol{e}_n,\end{aligned}$$

即找到了一个 Householder 变换 $\boldsymbol{H}$，得证.

若记

$\boldsymbol{\zeta}=(\zeta_1,\zeta_2,\cdots,\zeta_n)^{\mathrm{T}}$，$\boldsymbol{H}\boldsymbol{\zeta}=(a_1,a_2,\cdots,a_n)^{\mathrm{T}}$，$\boldsymbol{u}=(x_1,x_2,\cdots,x_n+\sigma)^{\mathrm{T}}$，

则

$$\boldsymbol{H}\boldsymbol{\zeta}=(\boldsymbol{I}-\beta^{-1}\boldsymbol{u}\boldsymbol{u}^{\mathrm{T}})\boldsymbol{\zeta}=\boldsymbol{\zeta}-\beta^{-1}(\boldsymbol{u}^{\mathrm{T}}\boldsymbol{\zeta})\boldsymbol{u}.$$

具体算法如下：

(1) $\sigma=\sqrt{\sum_{i=1}^{n}x_i^2}$；

(2) $u_i=x_i$，$u_n=x_n+\sigma\ (i=1,2,\cdots,n-1)$；

(3) $\beta=\sigma(\sigma+x_n)$；

(4) $\boldsymbol{u}^{\mathrm{T}}\boldsymbol{\zeta}=\sum_{i=1}^{n-1}x_i\zeta_i+(x_n+\sigma)\zeta_n$，$\mu=\beta^{-1}(\boldsymbol{u}^{\mathrm{T}}\boldsymbol{\zeta})$；

(5) $a_i=\zeta_i-\mu x_i$，$a_n=\zeta_n-\mu u_n$，$(i=1,2,\cdots,n-1)$.

评注　例 4.7 的更一般的结论也成立，下面给出这样的结论.

例 4.8　设 $\boldsymbol{x}$，$\boldsymbol{y}$ 为 $\mathbf{R}^n$ 中的任意非零向量，且 $\|\boldsymbol{y}\|_2=1$，则存在 Householder 阵 $\boldsymbol{H}$，使 $\boldsymbol{H}\boldsymbol{x}=\pm\|\boldsymbol{x}\|_2\boldsymbol{y}$.

分析　类似例 4.7 构造 $\boldsymbol{w}$，从而得到 H.

证　由反射变换的性质易得出：$\forall\boldsymbol{x}\in\mathbf{R}^n$，$\boldsymbol{w}$ 与 $\boldsymbol{x}-\boldsymbol{H}\boldsymbol{x}$ 平行．如图 4.1 所示.

因此，想证明结论，应该取

$$\boldsymbol{w}=\frac{\boldsymbol{x}-(\pm\|\boldsymbol{x}\|_2\boldsymbol{y})}{\|\boldsymbol{x}-(\pm\|\boldsymbol{x}\|_2\boldsymbol{y})\|_2}.$$

令 $H=I-2\boldsymbol{w}\boldsymbol{w}^{\mathrm{T}}$，则

$$\begin{aligned}\boldsymbol{H}\boldsymbol{x}&=(I-2\boldsymbol{w}\boldsymbol{w}^{\mathrm{T}})\boldsymbol{x}=\boldsymbol{x}-\frac{2(\boldsymbol{x}\mp\|\boldsymbol{x}\|_2\boldsymbol{y})(\boldsymbol{x}^{\mathrm{T}}\mp\|\boldsymbol{x}\|_2\boldsymbol{y}^{\mathrm{T}})\boldsymbol{x}}{\|\boldsymbol{x}\mp\|\boldsymbol{x}\|_2\boldsymbol{y}\|_2^2}\\&=\boldsymbol{x}-\frac{2(\boldsymbol{x}\mp\|\boldsymbol{x}\|_2\boldsymbol{y})(\boldsymbol{x}^{\mathrm{T}}\mp\|\boldsymbol{x}\|_2\boldsymbol{y}^{\mathrm{T}})\boldsymbol{x}}{(\boldsymbol{x}\mp\|\boldsymbol{x}\|_2\boldsymbol{y})^{\mathrm{T}}(\boldsymbol{x}\mp\|\boldsymbol{x}\|_2\boldsymbol{y})}\\&=\boldsymbol{x}-\frac{2(\boldsymbol{x}\mp\|\boldsymbol{x}\|_2\boldsymbol{y})(\boldsymbol{x}^{\mathrm{T}}\mp\|\boldsymbol{x}\|_2\boldsymbol{y}^{\mathrm{T}})\boldsymbol{x}}{\boldsymbol{x}^{\mathrm{T}}\boldsymbol{x}\mp2\|\boldsymbol{x}\|_2\boldsymbol{y}^{\mathrm{T}}\boldsymbol{x}+\|\boldsymbol{x}\|_2^2}\end{aligned}$$

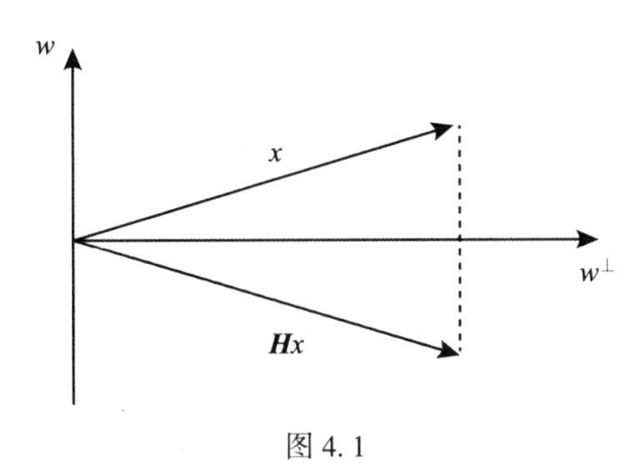

图 4.1

$$
= \boldsymbol{x} - \frac{2(\boldsymbol{x} \mp \|\boldsymbol{x}\|_2 \boldsymbol{y})(\boldsymbol{x}^{\mathrm{T}} \mp \|\boldsymbol{x}\|_2 \boldsymbol{y}^{\mathrm{T}})\boldsymbol{x}}{2(\boldsymbol{x}^{\mathrm{T}} \mp \|\boldsymbol{x}\|_2 \boldsymbol{y}^{\mathrm{T}})\boldsymbol{x}}
$$

$$
= \pm \|\boldsymbol{x}\|_2 \boldsymbol{y}.
$$

得证.

评注 此题表明，对任一非零向量 $\boldsymbol{x}$，都可以构造一个 Householder 变换，将它变成事先给定的单位向量的数倍.

例 4.9 测量员要测量在某个基准点上 3 个山头的高度．首先从基准点观测，测量员测得它们的高度分别为 $x_1 = 1237$ ft, $x_2 = 1914$ ft, $x_3 = 2417$ ft(ft：英尺)．为进一步确认初始的测量数据，测量员爬上第一座小山，测得第二座小山相对于第一座小山的高度为 $x_2 - x_1 = 711$ ft，第三座小山相对于第一座小山的高度为 $x_3 - x_1 = 1177$ ft. 最后测量员爬上第二座小山，测得第三座小山相对于第二座小山的高度为 $x_3 - x_2 = 475$ ft. 试用最小二乘方法求 3 个山头的高度.

分析 用不同角度去测量山高，最后得到的结论一般是矛盾的．该问题是一个典型的线性最小二乘问题．该题可用正则方程组求解，也可用 QR 分解求解.

解 该问题的超定方程组为

$$
\boldsymbol{A x} = \begin{pmatrix} 1 & 0 & 0 \\ 0 & 1 & 0 \\ 0 & 0 & 1 \\ -1 & 1 & 0 \\ -1 & 0 & 1 \\ 0 & -1 & 1 \end{pmatrix} \begin{pmatrix} x_1 \\ x_2 \\ x_3 \end{pmatrix} = \begin{pmatrix} 1237 \\ 1941 \\ 2417 \\ 711 \\ 1177 \\ 475 \end{pmatrix} = \boldsymbol{b}.
$$

方法 1 用正则方程组求最小二乘解.

用正则方程组式(4.7)求解, $\boldsymbol{B} = \boldsymbol{A}^{\mathrm{T}}\boldsymbol{A}$, $\boldsymbol{g} = \boldsymbol{A}^{\mathrm{T}}\boldsymbol{b}$, 得 $\boldsymbol{Bx} = \boldsymbol{g}$, 即

$$
\begin{pmatrix} 3 & -1 & -1 \\ -1 & 3 & -1 \\ -1 & -1 & 3 \end{pmatrix} \begin{pmatrix} x_1 \\ x_2 \\ x_3 \end{pmatrix} = \begin{pmatrix} -651 \\ 2177 \\ 4069 \end{pmatrix}.
$$

它的解为 $x^{\mathrm{T}} = (1236, 1943, 2416)^{\mathrm{T}}$, 进一步得到平方和的最小值 $\|r\|_2^2 = 35$.

方法 2　用 QR 分解求最小二乘解.

为消去 $\boldsymbol{A}$ 的第一列主对角线以下的元素，取 Householder 向量 $\boldsymbol{u}_1$ 为

$$\boldsymbol{u}_1=\boldsymbol{a}_1-\sigma_1\boldsymbol{e}_1=\begin{pmatrix}1\\0\\0\\-1\\-1\\0\end{pmatrix}-\begin{pmatrix}-1.7321\\0\\0\\0\\0\\0\end{pmatrix}=\begin{pmatrix}2.7321\\0\\0\\-1\\-1\\0\end{pmatrix},$$

其中，$\sigma_1=-\|\boldsymbol{a}_1\|_2=-\sqrt{3}$. 由式(4.15)经过 Householder 变换 $\boldsymbol{H}_1$，有

$$\boldsymbol{H}_1\boldsymbol{A}=\begin{pmatrix}-1.7321 & 0.5774 & 0.5774\\0 & 1 & 0\\0 & 0 & 1\\0 & 0.7887 & -0.2113\\0 & -0.2113 & 0.7887\\0 & -1 & 1\end{pmatrix},\quad \boldsymbol{H}_1\boldsymbol{b}=\begin{pmatrix}376\\1941\\2417\\1026\\1492\\475\end{pmatrix}.$$

为消去 $\boldsymbol{H}_1\boldsymbol{A}$ 的第二列主对角线以下的元素，取 Householder 向量 $\boldsymbol{u}_2$ 为

$$\boldsymbol{u}_2=\begin{pmatrix}0\\1\\0\\0.7887\\-0.2113\\-1\end{pmatrix}-\begin{pmatrix}0\\-1.6330\\0\\0\\0\\0\end{pmatrix}=\begin{pmatrix}0\\2.6330\\0\\0.7887\\-0.2113\\-1\end{pmatrix}.$$

经过 Householder 变换 $\boldsymbol{H}_2$，有

$$\boldsymbol{H}_2\boldsymbol{H}_1\boldsymbol{A}=\begin{pmatrix}-1.7321 & 0.5774 & 0.5774\\0 & -1.6330 & 0.8165\\0 & 0 & 1\\0 & 0 & 0.0332\\0 & 0 & 0.7231\\0 & 0 & 0.6899\end{pmatrix},\quad \boldsymbol{H}_2\boldsymbol{H}_1\boldsymbol{b}=\begin{pmatrix}376\\-1200\\2417\\85\\1744\\1668\end{pmatrix}.$$

为消去 $\boldsymbol{H}_2\boldsymbol{H}_1\boldsymbol{A}$ 的第三列主对角线以下的元素，取 Householder 向量 $\boldsymbol{u}_3$ 为

$$\boldsymbol{u}_3=\begin{pmatrix}0\\0\\1\\0.0332\\0.7231\\0.6889\end{pmatrix}-\begin{pmatrix}0\\0\\-1.4142\\0\\0\\0\end{pmatrix}=\begin{pmatrix}0\\0\\2.4142\\0.0332\\0.7231\\0.6899\end{pmatrix}.$$

经过 Householder 变换 $\boldsymbol{H}_3$，有

$$H_3H_2H_1A=\begin{pmatrix}-1.7321 & 0.5774 & 0.5774\\ 0 & -1.6330 & 0.8165\\ 0 & 0 & -1.4142\\ 0 & 0 & 0\\ 0 & 0 & 0\\ 0 & 0 & 0\end{pmatrix}=\begin{pmatrix}R\\ O\end{pmatrix}$$

及

$$H_3H_2H_1b=\begin{pmatrix}376\\ -1200\\ -3417\\ 5\\ 3\\ 1\end{pmatrix}=Q^{\mathrm{T}}b=\begin{pmatrix}c_1\\ c_2\end{pmatrix}.$$

用回代法求解上三角方程组 $Rx=c_1$，得 $x^{\mathrm{T}}=(1236,1943,2416)^{\mathrm{T}}$，且

$$\|r\|_2^2=\|c_2\|_2^2=35.$$

例 4.10 设 $A\in\mathbf{R}^{n\times n}$，$X\in\mathbf{R}^{n\times r}$ 且 $X^{\mathrm{T}}X=I_r$，证明：使 $\|AX-XM\|_F$ 为最小的矩阵 $M\in R^{r\times r}$ 由 $M=X^{\mathrm{T}}AX$ 给出.

分析 将矩阵的 F-范数与其列向量的 2-范数 $\|\cdot\|_2$ 联系起来，将该问题转化为线性最小二乘问题．注意，由第一章知 $\|A\|_F=\sqrt{\sum_{i,j=1}^{n}|a_{ij}|^2}$.

证 记 $M=(\alpha_1,\alpha_2,\cdots,\alpha_r)$，$AX=(\beta_1,\beta_2,\cdots,\beta_r)$，则

$$XM-AX=(X\alpha_1-\beta_1,X\alpha_2-\beta_2,\cdots,X\alpha_r-\beta_r).$$

由范数的性质可知，

$$\|AX-XM\|_F^2=\sum_{i=1}^{r}\|X\alpha_i-\beta_i\|_2^2,$$

要使 $\|AX-XM\|_F$ 最小，则要求 $\|X\alpha_i-\beta_i\|_2$ 为最小，即 α_i 是 $X\alpha_i-\beta_i=\mathbf{0}(i=1,2,\cdots,r)$ 的最小二乘解，从而 α_i 是正则方程组 $X^{\mathrm{T}}X\alpha_i=X^{\mathrm{T}}\beta_i$ 的解．又 $X^{\mathrm{T}}X=I_r$，因此

$$\alpha_i=X^{\mathrm{T}}\beta_i(i=1,2,\cdots,r),$$

即 M 由 $M=X^{\mathrm{T}}AX$ 给出.

4.3.3 奇异值分解与广义逆矩阵

例 4.11 求证：任意矩阵 A 的 M-P 逆 A^+ 是存在且唯一的．事实上，对满秩分解 $A=UV$，有

$$A^+=V^{\mathrm{T}}(VV^{\mathrm{T}})^{-1}(U^{\mathrm{T}}U)^{-1}U^{\mathrm{T}}.$$

证 (1) U 为列满秩，则有左逆 X 使 $XU=E$（其中 E 是单位矩阵）．当然，左逆不一定唯一．而下式显然是 U 的一个左逆：

$$U^+=(U^{\mathrm{T}}U)^{-1}U^{\mathrm{T}}.$$

进而，我们可以验证这个左逆还满足 M-P 条件．因此，U^+ 就是 U 的 M-P 逆.

（2）同理，V 为行满秩，则有右逆 $V^+ = V^T(VV^T)^{-1}$，它也是 V 的 M-P 逆.

（3）对满秩分解 $A = UV$，令 $A^+ = V^+U^+$，则仍然可以验证，A^+ 是满足 M-P 条件的．因此，$A^+ = V^T(VV^T)^{-1}(U^TU)^{-1}U^T$ 就是 A 的 M-P 逆.

（4）证唯一性．若 G，H 都是 A 的 M-P 逆，则

$$\begin{aligned} G &= (GA)G = A^TG^TG = (A^TH^TA^T)G^TG \\ &= HAA^TG^TG = HAGAG = HAG, \\ H &= H(AH) = HH^TA^T = HH^T(A^TG^TA^T) \\ &= HH^TA^TAG = HAHAG = HAG. \end{aligned}$$

从而 $G = H$，即 M-P 逆是唯一的.

总之，A 的 M-P 逆是存在且唯一的.

评注　当 A 有满秩分解 $A = UV$ 时，$A^+ = V^T(VV^T)^{-1}(U^TU)^{-1}U^T$；当 A 为列满秩时，$A^+ = (A^TA)^{-1}A^T$；当 A 有标准正交列时，$A^+ = A^T$.

例 4.12　利用奇异值分解和广义逆求解下列最小二乘问题：

$$\begin{pmatrix} 0 & 1 & 3 \\ 0 & 4 & 5 \\ 2 & 0 & 0 \\ 0 & 0 & 0 \end{pmatrix} \begin{pmatrix} x \\ y \\ z \end{pmatrix} = \begin{pmatrix} 1 \\ 7 \\ 5 \\ 4 \end{pmatrix}.$$

分析　本题主要练习矩阵的奇异值分解和广义逆矩阵的计算过程.

解　（1）计算矩阵 A 的奇异值分解：

$$A^TA = \begin{pmatrix} 4 & 0 & 0 \\ 0 & 17 & 23 \\ 0 & 23 & 34 \end{pmatrix}.$$

A^TA 的 3 个特征值分别为 $\lambda_1 = 50.0204$，$\lambda_2 = 4$，$\lambda_3 = 0.9796$. 从而 $\sigma_1 = 7.0725$，$\sigma_2 = 2$，$\sigma_3 = 0.9897$，

$$S = \begin{pmatrix} 7.0725 & 0 & 0 \\ 0 & 2 & 0 \\ 0 & 0 & 0.9897 \\ 0 & 0 & 0 \end{pmatrix}.$$

计算 A^TA 的特征值对应的特征向量，得到

$$V = \begin{pmatrix} 0 & -1 & 0 \\ -0.5716 & 0 & 0.8206 \\ -0.8206 & 0 & -0.5716 \end{pmatrix},$$

$$u_1 = \frac{1}{\sigma_1}Av_1 = (-0.4289,\ -0.9034,\ 0,\ 0)^T,$$

$$u_2 = \frac{1}{\sigma_2}Av_2 = (0,\ 0,\ -1,\ 0)^{\mathrm{T}},$$

$$u_3 = \frac{1}{\sigma_3}Av_3 = (-0.9034,\ 0.4289,\ 0,\ 0)^{\mathrm{T}}.$$

向量 u_4 可自由选择，令

$$u_4 = (0,\ 0,\ 0,\ 1)^{\mathrm{T}}.$$

因此

$$U = (u_1,\ u_2,\ u_3,\ u_4) = \begin{pmatrix} -0.4289 & 0 & -0.9034 & 0 \\ -0.9034 & 0 & 0.4289 & 0 \\ 0 & -1 & 0 & 0 \\ 0 & 0 & 0 & 1 \end{pmatrix}.$$

因此 A 的奇异值分解为

$$\begin{pmatrix} 0 & 1 & 3 \\ 0 & 4 & 5 \\ 2 & 0 & 0 \\ 0 & 0 & 0 \end{pmatrix} = \begin{pmatrix} -0.4289 & 0 & -0.9034 & 0 \\ -0.9034 & 0 & 0.4289 & 0 \\ 0 & -1 & 0 & 0 \\ 0 & 0 & 0 & 1 \end{pmatrix} \begin{pmatrix} 7.0725 & 0 & 0 \\ 0 & 2 & 0 \\ 0 & 0 & 0.9897 \\ 0 & 0 & 0 \end{pmatrix} \begin{pmatrix} 0 & -0.5716 & -0.8206 \\ -1 & 0 & 0 \\ 0 & 0.8206 & -0.5716 \end{pmatrix}.$$

(2)求 A 的广义逆矩阵 A^+.

利用公式(4.18)，A 的广义逆矩阵 A^+ 为

$$A^+ = V\begin{pmatrix} S_r^{-1} & O \\ O & O \end{pmatrix}U^{\mathrm{T}}$$

$$= \begin{pmatrix} 0 & -1 & 0 \\ -0.5716 & 0 & 0.8206 \\ -0.8206 & 0 & -0.5716 \end{pmatrix} \begin{pmatrix} 0.1414 & 0 & 0 & 0 \\ 0 & 0.5 & 0 & 0 \\ 0 & 0 & 1.0104 & 0 \end{pmatrix} \begin{pmatrix} -0.4289 & -0.9034 & 0 & 0 \\ 0 & 0 & -1 & 0 \\ -0.9034 & 0.4289 & 0 & 0 \\ 0 & 0 & 0 & 1 \end{pmatrix}$$

$$= \begin{pmatrix} 0 & 0 & 0.5 & 0 \\ -0.7143 & 0.4286 & 0 & 0 \\ 0.5714 & -0.1429 & 0 & 0 \end{pmatrix}.$$

(3)利用广义逆矩阵 A^+ 求解原最小二乘问题.

$$x = A^+ b = \begin{pmatrix} 0 & 0 & 0.5 & 0 \\ -0.7143 & 0.4286 & 0 & 0 \\ 0.5714 & -0.1429 & 0 & 0 \end{pmatrix} \begin{pmatrix} 1 \\ 7 \\ 5 \\ 4 \end{pmatrix} = \begin{pmatrix} 2.5 \\ 2.2857 \\ -0.4286 \end{pmatrix}.$$

评注 (1) 本题可直接用 MATLAB 中的 svd 函数来求解，即 $[U,\ S,\ V] = \mathrm{svd}(A)$，$A$ 为要分解的矩阵.

(2)奇异值分解是不唯一的.

例 4.13　已知

$$A=\begin{bmatrix}B\\C\end{bmatrix}_{2n\times n}=\begin{bmatrix}b_1&&&\\&b_2&&\\&&\ddots&\\&&&b_n\\c_1&&&\\&c_2&&\\&&\ddots&\\&&&c_n\end{bmatrix}_{2n\times n},\quad F=\begin{bmatrix}f_1\\f_2\\\vdots\\f_{2n}\end{bmatrix},$$

$$(b_i\neq 0,\ i=1,\ 2,\ \cdots,\ n)$$

(1)求矩阵 A 的广义逆 A^+;

(2)求出超定方程组 $Ax=F$ 的最小二乘解.

解　(1)

$$A^{\mathrm{T}}A=\begin{bmatrix}b_1^2+c_1^2&&&\\&b_2^2+c_2^2&&\\&&\ddots&\\&&&b_n^2+c_n^2\end{bmatrix},$$

由于 $b_i\neq 0$, $i=1,\ 2,\ \cdots,\ n$, 故

$$(A^{\mathrm{T}}A)^{-1}=\begin{bmatrix}\frac{1}{b_1^2+c_1^2}&&&\\&\frac{1}{b_2^2+c_2^2}&&\\&&\ddots&\\&&&\frac{1}{b_n^2+c_n^2}\end{bmatrix}.$$

因此, $A^+=(A^{\mathrm{T}}A)^{-1}A^{\mathrm{T}}$

$$=\begin{bmatrix}\frac{1}{b_1^2+c_1^2}&&&\\&\frac{1}{b_2^2+c_2^2}&&\\&&\ddots&\\&&&\frac{1}{b_n^2+c_n^2}\end{bmatrix}\begin{bmatrix}b_1&&&&c_1&&&\\&b_2&&&&c_2&&\\&&\ddots&&&&\ddots&\\&&&b_n&&&&c_n\end{bmatrix}$$

$$
=\begin{bmatrix}
\frac{b_1}{b_1^2+c_1^2} & & & \frac{c_1}{b_1^2+c_1^2} & & \\
& \frac{b_2}{b_2^2+c_2^2} & & & \frac{c_2}{b_2^2+c_2^2} & \\
& & \ddots & & & \ddots \\
& & \frac{b_n}{b_n^2+c_n^2} & & & \frac{c_n}{b_n^2+c_n^2}
\end{bmatrix}.
$$

(2)由于 $\boldsymbol{A}$ 的秩为 n，因此 $\boldsymbol{A}$ 是列满秩矩阵，超定方程组 $\boldsymbol{Ax}=\boldsymbol{F}$ 有唯一的最小二乘解

$$
\boldsymbol{x}=\boldsymbol{A}^{+}\boldsymbol{b}=\begin{bmatrix}
\frac{b_1f_1+c_1f_{n+1}}{b_1^2+c_1^2} \\
\frac{b_2f_2+c_2f_{n+2}}{b_2^2+c_2^2} \\
\vdots \\
\frac{b_nf_n+c_nf_{2n}}{b_n^2+c_n^2}
\end{bmatrix}.
$$

第5章　矩阵特征值问题的数值方法

5.1　主要内容

本章回顾了矩阵特征值与特征向量的相关概念及性质，在此基础上介绍了 Hermite 矩阵特征值问题，平面旋转变换和 Householder 变换两种常用的矩阵正交相似约化方法，最后分别讨论了求实对称矩阵全部特征值及相应特征向量的 Jacobi 方法、求一般矩阵全部特征值的 QR 方法以及求矩阵按模最大特征值及相应特征向量的乘幂法和求矩阵按模最小特征值及相应特征向量的反幂法.

5.2　知识要点

5.2.1　矩阵特征值与特征向量的相关概念及性质

1. 矩阵的特征值与特征向量

设 $\boldsymbol{A}$ 是 n 阶矩阵, $\boldsymbol{x}$ 是非零列向量．如果有数 λ 存在，满足 $\boldsymbol{A}\boldsymbol{x}=\lambda\boldsymbol{x}$，则称 $\boldsymbol{x}$ 是矩阵 $\boldsymbol{A}$ 关于特征值 λ 的特征向量.

2. 矩阵的特征多项式

关于参数 λ 的 n 次多项式

$$f(\lambda)=|\lambda\boldsymbol{I}-\boldsymbol{A}|=\lambda^n+a_{n-1}\lambda^{n-1}+\cdots+a_1\lambda+a_0,$$

称为矩阵 $\boldsymbol{A}$ 的特征多项式.

3. 矩阵的特征值与特征向量的主要性质

(1) 相似矩阵具有相同的特征值；

(2) n 阶矩阵与其转置矩阵有相同的特征值.

4. 左、右特征向量

设 $\boldsymbol{A}$ 是 n 阶矩阵, $\boldsymbol{x}$ 是非零列向量．如果有数 λ（实的或复的）存在，满足 $\boldsymbol{A}\boldsymbol{x}=\lambda\boldsymbol{x}$，则称 $\boldsymbol{x}$ 是矩阵 $\boldsymbol{A}$ 关于特征值(根) λ 的右特征向量．类似地，称矩阵 $\boldsymbol{A}^{\mathrm{T}}$ 关于特征值 λ 的右特征向量 $\boldsymbol{y}$（即非零列向量 $\boldsymbol{y}$ 满足 $\boldsymbol{A}^{\mathrm{T}}\boldsymbol{y}=\lambda\boldsymbol{y}$）为 $\boldsymbol{A}$ 的左特征向量.

5. Hermite 矩阵特征值问题

设 $\boldsymbol{A}$ 是 n 阶矩阵，其共轭转置矩阵记为 $\boldsymbol{A}^{\mathrm{H}}$. 若 $\boldsymbol{A}=\boldsymbol{A}^{\mathrm{H}}$，则称 $\boldsymbol{A}$ 为 Hermite 矩阵.

1）Rayleigh 商

设 $\boldsymbol{x}$ 是一个非零向量，$\lambda_1 \geqslant \lambda_2 \geqslant \cdots \geqslant \lambda_n$ 是 Hermite 矩阵 $\boldsymbol{A}$ 的 n 个特征值，称 $\dfrac{\boldsymbol{x}^{\mathrm{H}}\boldsymbol{A}\boldsymbol{x}}{\boldsymbol{x}^{\mathrm{H}}\boldsymbol{x}}$ 为 Hermite 矩阵 $\boldsymbol{A}$ 关于向量 $\boldsymbol{x}$ 的 Rayleigh 商，记为 $R(\boldsymbol{x})$. $R(\boldsymbol{x})$ 满足 $\lambda_1 \geqslant R(\boldsymbol{x}) \geqslant \lambda_n$.

2）Hermite 矩阵特征值的极大-极小原理

定理 5.1 设 Hermite 矩阵的 n 个特征值为 $\lambda_1 \geqslant \lambda_2 \geqslant \cdots \geqslant \lambda_n$，用 C_k 表示酉空间 C^n 中任意的 k 维子空间，则

$$\lambda_k = \max_{C_k} \min_{\substack{x \in C_k \\ x \neq 0}} R(\boldsymbol{x}) \text{ 或 } \lambda_k = \min_{C_{n-k+1}} \max_{\substack{x \in C_{n-k+1} \\ x \neq 0}} R(\boldsymbol{x}).$$

3）Hermite 矩阵特征值扰动定理

定理 5.2 设矩阵 $\boldsymbol{A}$，$\boldsymbol{A}'=\boldsymbol{A}+\boldsymbol{E}$ 都是 n 阶 Hermite 矩阵，其特征值分别为 $\lambda_1 \geqslant \lambda_2 \geqslant \cdots \geqslant \lambda_n$ 和 $\lambda_1' \geqslant \lambda_2' \geqslant \cdots \geqslant \lambda_n'$，则

$$\lambda_i - \|\boldsymbol{E}\|_2 \leqslant \lambda_i' \leqslant \lambda_i + \|\boldsymbol{E}\|_2.$$

定理 5.2 表明，扰动矩阵 $\boldsymbol{E}$ 使 $\boldsymbol{A}$ 的特征值变化不会超过 $\|\boldsymbol{E}\|_2$. 因此 Hermite 矩阵特征值问题是良态的.

5.2.2 Jacobi 方法

Jacobi 方法是求实对称矩阵的全部特征值与特征向量的方法.

1. 基本思想

通过正交相似变换(即平面旋转变换)将实对称矩阵 $\boldsymbol{A}$ 的非对角线元素逐次零化以实现对角化，从而获得矩阵 $\boldsymbol{A}$ 的特征值，同时也得到相应的特征向量.

2. 平面旋转变换

矩阵 $\boldsymbol{A}$ 的平面旋转变换为

$$\boldsymbol{A}_1 = \boldsymbol{R}_{pq}^{\mathrm{T}} \boldsymbol{A} \boldsymbol{R}_{pq},$$

其中，平面旋转矩阵 $\boldsymbol{R}_{pq}$ 具有下列形式：

$$\boldsymbol{R}_{pq} = \begin{pmatrix} 1 & & & & & & & & & \\ & \ddots & & & & & & & & \\ & & 1 & & & & & & & \\ & & & \cos\theta & & & & -\sin\theta & & \\ & & & & 1 & & & & & \\ & & & & & \ddots & & & & \\ & & & & & & 1 & & & \\ & & & \sin\theta & & & & \cos\theta & & \\ & & & & & & & & 1 & \\ & & & & & & & & & \ddots \\ & & & & & & & & & & 1 \end{pmatrix} \begin{matrix} \\ \\ \\ \text{第 } p \text{ 行} \\ \\ \\ \\ \text{第 } q \text{ 行} \\ \\ \\ \\ \end{matrix}. \tag{5.1}$$

3. Jacobi方法的计算步骤

(1)找出 $\boldsymbol{A}$ 中的非对角元素绝对值最大的元素 a_{ij}，确定 i 和 j.

(2)用下列公式计算 $\tan 2\theta$，并由此求出 $\sin\theta$ 和 $\cos\theta$：

当 $a_{ii} \neq a_{jj}$ 时，$\tan 2\theta = \dfrac{2a_{ij}}{a_{ii} - a_{jj}}$；当 $a_{ii} = a_{jj}$ 时，如果 $a_{ij} > 0$，令 $\theta = \dfrac{\pi}{4}$；如果 $a_{ij} < 0$，令 $\theta = -\dfrac{\pi}{4}$.

(3)对 $\boldsymbol{A}$ 作平面旋转变换 $\boldsymbol{A}_1 = \boldsymbol{R}_1^{\mathrm{T}}\boldsymbol{A}\boldsymbol{R}_1$，其中，$\boldsymbol{R}_1$ 为平面旋转矩阵. $\boldsymbol{A}_1$ 的元素 $a_{ij}^{(1)}$ 的计算公式参见教材.

(4)若 $\max\limits_{i\neq j}|a_{ij}^{(1)}| < \varepsilon$（允许误差），则停止计算. $\boldsymbol{A}_1$ 中主对角线元素即为所求的特征值；否则，令 $\boldsymbol{A} = \boldsymbol{A}_1$，重复步骤(1)(2)(3).

当条件 $\max\limits_{i\neq j}|a_{ij}^{(1)}| < \varepsilon$ 满足时，$\boldsymbol{A}_1$ 中主对角线元素即为所求的特征值. N 次迭代的变换矩阵 $\boldsymbol{R}_1$，$\boldsymbol{R}_2$，…，$\boldsymbol{R}_N$ 的乘积 $\boldsymbol{V}_N = \boldsymbol{R}_1\boldsymbol{R}_2\cdots\boldsymbol{R}_N$ 的列向量即为所求的特征向量的近似值.

4. Jacobi方法的收敛性

定理5.3　设 $\boldsymbol{A}$ 是 n 阶实对称矩阵，那么由Jacobi方法产生的相似矩阵序列 $\{\boldsymbol{A}_k\}$ 的非对角元收敛于0. 也就是说，$\{\boldsymbol{A}_k\}$ 收敛于以 $\boldsymbol{A}$ 的特征值为对角元的对角阵.

5.2.3　QR方法

QR方法是计算一般矩阵全部特征值问题非常有效的算法之一.

1. 两个基本定理

定理5.4(Schur定理)　设 $\boldsymbol{A}$ 是 n 阶矩阵，其 n 个特征值为 λ_1，λ_2，…，λ_n. 那么存在一个酉矩阵 $\boldsymbol{U}$，使 $\boldsymbol{U}^{\mathrm{H}}\boldsymbol{A}\boldsymbol{U}$ 是以 λ_1，λ_2，…，λ_n 为对角元的上三角阵.

定理5.5　设 $\boldsymbol{A}$ 是 n 阶实矩阵，那么，存在一个正交矩阵 $\boldsymbol{Q}$，使 $\boldsymbol{Q}^{\mathrm{T}}\boldsymbol{A}\boldsymbol{Q}$ 为一个准上三角矩阵，它的对角元是 $\boldsymbol{A}$ 的一个特征值，对角元上的二阶块矩阵的两个特征值是 $\boldsymbol{A}$ 的一对共轭复特征值.

2. 相似约化为上Hessenberg矩阵

为了减少计算量，通常先将 n 阶矩阵 $\boldsymbol{A}$ 相似约化为上Hessenberg矩阵，然后再对上Hessenberg矩阵应用QR方法. 这个步骤可以应用Householder变换来实现(见第4章).

3. QR算法的基本思想

设 $\boldsymbol{A}$ 是 n 阶矩阵且有QR分解 $\boldsymbol{A} = \boldsymbol{Q}\boldsymbol{R}$，其中，$\boldsymbol{Q}$ 是酉矩阵，$\boldsymbol{R}$ 是上三角矩阵. 当 $\boldsymbol{A}$ 非奇异时，若规定 $\boldsymbol{R}$ 的对角元是正实数，则该分解是唯一的.

令 $\boldsymbol{A}_1 = \boldsymbol{A}$，对 $k = 1, 2, \cdots$，由

$$\begin{cases} A_k = Q_k R_k, \\ A_{k+1} = R_k Q_k, \end{cases} \tag{5.2}$$

得到一个迭代序列 $\{A_k\}$，其中，Q_k 是酉矩阵，R_k 是上三角矩阵.

式(5.2)称为 QR 算法的迭代格式.

4. QR 算法的收敛性

定理 5.6 设 n 阶矩阵 A 的 n 个特征值满足 $|\lambda_1| > |\lambda_2| > \cdots > |\lambda_n| > 0$，其相应的 n 个线性无关特征向量为 x_1，x_2，…，x_n，记 $X = (x_1, x_2, \cdots, x_n)$，$Y = X^{-1}$. 如果 Y 存在 LU 分解，那么，由 QR 算法产生的矩阵序列 $\{A_k\}$ 基本收敛于上三角矩阵 R. 这里，基本收敛是指 $\{A_k\}$ 的元素中除对角线以下的元素趋于零外，可以不收敛于 R 的元素.

注 上三角矩阵 R 主对角线上的元素就是所求的特征值.

5. 带原点位移的 QR 算法

QR 算法的收敛速度依赖于矩阵相邻特征值的比值．为了加速收敛，在迭代过程中，对矩阵 A_k 确定一个原点位移量 s_k，对 $A_k - s_k I$ 应用 QR 算法，迭代格式为

$$\begin{cases} A_k - s_k I = Q_k R_k, \\ A_{k+1} = R_k Q_k + s_k I, \end{cases} \quad k = 1, 2, \cdots \tag{5.3}$$

原点位移量 s_k 可以取为 Rayleigh 商位移，或者是 Wilkinson 位移量.

5.2.4 乘幂法和反幂法

1. 乘幂法

乘幂法适用于求一般矩阵按模最大特征值及相应特征向量.

1)乘幂法迭代的计算公式

给定矩阵 A，其 n 个特征值分别为 λ_1，λ_2，…，λ_n，且满足

$$|\lambda_1| > |\lambda_2| \geqslant \cdots \geqslant |\lambda_n|,$$

相应的 n 个线性无关特征向量为 v_1，v_2，…，v_n，则对任意非零初始向量 x_0，求按模最大特征值 λ_1 及相应特征向量 v_1 的乘幂法迭代的计算公式为

$$\begin{cases} m_k = \max(x_k), \\ z_k = \dfrac{x_k}{m_k}, \\ x_{k+1} = A z_k, \end{cases} \quad k = 0, 1, 2, \cdots \tag{5.4}$$

其中，$\max(x_k)$ 表示向量 x_k 中按模最大的分量.

注 此迭代公式比教材中的计算公式简洁.

2)乘幂法的收敛性

定理 5.7 设矩阵 A 的 n 个特征值分别为 λ_1，λ_2，…，λ_n，且满足

$$|\lambda_1| > |\lambda_2| \geqslant \cdots \geqslant |\lambda_n|,$$

相应的 n 个线性无关特征向量为 $\boldsymbol{v}_1$，$\boldsymbol{v}_2$，…，$\boldsymbol{v}_n$. 则由式(5.4)所得到的序列 $\{\boldsymbol{z}_k\}$ 及 $\{m_k\}$ 分别有下列极限：

$$\lim_{k\to\infty}\boldsymbol{z}_k=\frac{\boldsymbol{v}_1}{\max(\boldsymbol{v}_1)},\quad \lim_{k\to\infty}m_k=\lambda_1.$$

在例题 5.19 中给出了该定理的证明.

3)带原点位移的乘幂法

在乘幂法中，迭代收敛快慢取决于收敛比 $|\lambda_2/\lambda_1|$ 的大小，$|\lambda_2/\lambda_1|$ 越接近 1 收敛越慢. 由于 $\boldsymbol{A}-p\boldsymbol{I}$ 的特征值为 $\mu_i=\lambda_i-p$，相应的特征向量不变. 适当选取"平移量" p，使得

$$\frac{\max\limits_{i\neq 1}|\lambda_i-p|}{|\lambda_1-p|}<\left|\frac{\lambda_2}{\lambda_1}\right| \text{ 且 } |\lambda_1-p|>|\lambda_j-p|\ (j=2,\ 3,\ \cdots,\ n),$$

则对 $\boldsymbol{A}-p\boldsymbol{I}$ 应用乘幂法

$$\begin{cases} m_k=\max(\boldsymbol{x}_k), \\ \boldsymbol{z}_k=\dfrac{\boldsymbol{x}_k}{m_k}, \\ \boldsymbol{x}_{k+1}=(\boldsymbol{A}-p\boldsymbol{I})\,\boldsymbol{z}_k, \end{cases}\qquad k=0,\ 1,\ 2,\ \cdots\ (\text{给定任意非零初始向量 } \boldsymbol{x}_0) \tag{5.5}$$

可以加速收敛，求出了 $\mu_1=\lambda_1-p$ 便可得到 $\boldsymbol{A}$ 的按模最大特征值 λ_1.

2. 反幂法

反幂法可用来求非奇异矩阵 $\boldsymbol{A}$ 的逆矩阵 $\boldsymbol{A}^{-1}$ 按模最小特征值及相应特征向量.

1)反幂法迭代公式

给定非奇异矩阵 $\boldsymbol{A}$ 及任意非零初始向量 $\boldsymbol{x}_0$，则反幂法迭代的计算公式为

$$\begin{cases} m_k=\max(\boldsymbol{x}_k), \\ \boldsymbol{z}_k=\dfrac{\boldsymbol{x}_k}{m_k}, \\ \boldsymbol{LU}\boldsymbol{x}_{k+1}=\boldsymbol{z}_k, \end{cases}\qquad k=0,\ 1,\ 2,\ \cdots \tag{5.6}$$

其中，$\boldsymbol{A}=\boldsymbol{LU}$ 为三角分解，每次迭代解两个三角形方程组，这样大大减少了计算工作量.

2)反幂法的收敛性

定理 5.8　矩阵 $\boldsymbol{A}$ 的 n 个特征值分别为 λ_1，λ_2，…，λ_n，且满足

$$|\lambda_1|\geqslant\cdots\geqslant|\lambda_{n-1}|>|\lambda_n|>0,$$

相应的 n 个线性无关特征向量为 $\boldsymbol{v}_1$，$\boldsymbol{v}_2$，…，$\boldsymbol{v}_n$. 则由式(5.6)所得到的序列 $\{\boldsymbol{z}_k\}$ 及 $\{m_k\}$ 分别有下列极限：

$$\lim_{k\to\infty}\boldsymbol{z}_k=\frac{\boldsymbol{v}_n}{\max(\boldsymbol{v}_n)},\quad \lim_{k\to\infty}m_k=\frac{1}{\lambda_n}.$$

反幂法的收敛速度取决于比值 $\left|\dfrac{\lambda_n}{\lambda_{n-1}}\right|$.

5.3 典型例题

5.3.1 矩阵特征值与特征向量的相关概念及性质

例 5.1 设 $\boldsymbol{A} \in \mathbf{R}^{n\times n}$ 且有线性初等因子，其特征值为 λ_1，λ_2，…，λ_n. 证明：存在 $\boldsymbol{A}$ 的左特征向量 $\boldsymbol{y}_1$，$\boldsymbol{y}_2$，…，$\boldsymbol{y}_n$ 和右特征向量 $\boldsymbol{x}_1$，$\boldsymbol{x}_2$，…，$\boldsymbol{x}_n$，满足

$$\boldsymbol{A} = \sum_{i=1}^{n} \lambda_i \boldsymbol{x}_i \boldsymbol{y}_i^{\mathrm{T}}.$$

分析 本题主要考查矩阵特征值与特征向量的基本概念及性质.

证 $\boldsymbol{A}$ 有线性初等因子，即 $\boldsymbol{A}$ 有 n 个互异特征值. 由线性代数知识知，$\boldsymbol{A}$ 与对角形矩阵 $\mathrm{diag}(\lambda_1, \lambda_2, \cdots, \lambda_n)$ 相似，即存在相似变换矩阵 $\boldsymbol{P}$，使得

$$\boldsymbol{P}^{-1}\boldsymbol{A}\boldsymbol{P} = \mathrm{diag}(\lambda_1, \lambda_2, \cdots, \lambda_n),$$

则

$$\boldsymbol{A}\boldsymbol{P} = \boldsymbol{P}\cdot \mathrm{diag}(\lambda_1, \lambda_2, \cdots, \lambda_n), \ \boldsymbol{P}^{-1}\boldsymbol{A} = \mathrm{diag}(\lambda_1, \lambda_2, \cdots, \lambda_n)\boldsymbol{P}^{-1}. \tag{5.7}$$

令

$$\boldsymbol{P} = (\boldsymbol{x}_1, \boldsymbol{x}_2, \cdots, \boldsymbol{x}_n), \ \boldsymbol{P}^{-1} = \begin{pmatrix} \boldsymbol{y}_1^{\mathrm{T}} \\ \boldsymbol{y}_2^{\mathrm{T}} \\ \vdots \\ \boldsymbol{y}_n^{\mathrm{T}} \end{pmatrix}.$$

将上式代入式(5.7)，取分量得

$$\boldsymbol{A}\boldsymbol{x}_i = \lambda_i \boldsymbol{x}_i, \ \boldsymbol{y}_i^{\mathrm{T}}\boldsymbol{A} = \lambda_i \boldsymbol{y}_i^{\mathrm{T}}, \ i = 1, 2, \cdots, n.$$

因此，$\boldsymbol{y}_i$，$\boldsymbol{x}_i$ ($i = 1, 2, \cdots, n$) 分别是 $\boldsymbol{A}$ 的左、右特征向量. 又

$$\begin{aligned} \boldsymbol{A} &= \boldsymbol{P}\cdot \mathrm{diag}(\lambda_1, \lambda_2, \cdots, \lambda_n)\boldsymbol{P}^{-1} \\ &= (\boldsymbol{x}_1, \boldsymbol{x}_2, \cdots, \boldsymbol{x}_n)\mathrm{diag}(\lambda_1, \lambda_2, \cdots, \lambda_n)\begin{pmatrix} \boldsymbol{y}_1^{\mathrm{T}} \\ \boldsymbol{y}_2^{\mathrm{T}} \\ \vdots \\ \boldsymbol{y}_n^{\mathrm{T}} \end{pmatrix} = \sum_{i=1}^{n} \lambda_i \boldsymbol{x}_i \boldsymbol{y}_i^{\mathrm{T}}. \end{aligned}$$

命题得证.

例 5.2 设 $\boldsymbol{A} \in \mathbf{R}^{n\times n}$，$\boldsymbol{x} \in \mathbf{R}^n$. 若 $\boldsymbol{L} = (\boldsymbol{x}, \boldsymbol{A}\boldsymbol{x}, \cdots, \boldsymbol{A}^{n-1}\boldsymbol{x}) \in \mathbf{R}^{n\times n}$ 是非奇异矩阵，证明：存在向量 $\boldsymbol{c} = (c_{1n}, c_{2n}, \cdots, c_{nn})^{\mathrm{T}} \in \mathbf{R}^n$，使

$$\boldsymbol{L}^{-1}\boldsymbol{A}\boldsymbol{L} = \begin{pmatrix} 0 & 0 & 0 & \cdots & 0 & c_{1n} \\ 1 & 0 & 0 & \cdots & 0 & c_{2n} \\ & 1 & 0 & \cdots & 0 & c_{3n} \\ & & \ddots & \ddots & \vdots & \vdots \\ & & & 1 & 0 & c_{n-1,n} \\ & & & & 1 & c_{nn} \end{pmatrix},$$

并说明 $\boldsymbol{A}$ 的特征多项式为

$$f(\lambda)=\lambda^n-c_{nn}\lambda^{n-1}-\cdots-c_{2n}\lambda-c_{1n}.$$

分析　本题主要复习矩阵特征值与特征多项式的相互关系.

证　设 $\boldsymbol{A}$ 的特征多项式为

$$f(\lambda)=\lambda^n+a_1\lambda^{n-1}+\cdots+a_{n-1}\lambda+a_n,$$

其中, a_i 是 $(-1)^i$ 与 $\boldsymbol{A}$ 的所有 i 阶主子式和的乘积. 由线性代数中的 Hamilton- Cayley 定理, $f(\boldsymbol{A})=\boldsymbol{A}^n+a_1\boldsymbol{A}^{n-1}+\cdots+a_{n-1}\boldsymbol{A}+a_n\boldsymbol{I}=0$, 有

$$\boldsymbol{A}^n=-a_1\boldsymbol{A}^{n-1}-\cdots-a_{n-1}\boldsymbol{A}-a_n\boldsymbol{I}.$$

因此,

$$\boldsymbol{A}^n\boldsymbol{x}=-a_1\boldsymbol{A}^{n-1}\boldsymbol{x}-\cdots-a_{n-1}\boldsymbol{A}\boldsymbol{x}-a_n\boldsymbol{x}. \tag{5.8}$$

令 $\boldsymbol{D}=(\boldsymbol{A}\boldsymbol{x},\ \cdots,\ \boldsymbol{A}^{n-1}\boldsymbol{x})_{n\times(n-1)}$,

$$\boldsymbol{B}=\begin{pmatrix}0&0&0&\cdots&0&c_{1n}\\1&0&0&\cdots&0&c_{2n}\\&1&0&\cdots&0&c_{3n}\\&&\ddots&\ddots&\vdots&\vdots\\&&&1&0&c_{n-1,\ n}\\&&&&1&c_{nn}\end{pmatrix}=\begin{pmatrix}\boldsymbol{0}&c_{1n}\\\boldsymbol{I}_{n-1}&\bar{\boldsymbol{c}}\end{pmatrix},\quad \bar{\boldsymbol{c}}=\begin{pmatrix}c_{2n}\\c_{3n}\\\vdots\\c_{nn}\end{pmatrix}.$$

一方面,

$$\boldsymbol{AL}=(\boldsymbol{A}\boldsymbol{x},\ \cdots,\ \boldsymbol{A}^{n-1}\boldsymbol{x},\ \boldsymbol{A}^n\boldsymbol{x})=(\boldsymbol{D},\ \boldsymbol{A}^n\boldsymbol{x}), \tag{5.9}$$

另一方面,

$$\boldsymbol{LB}=(\boldsymbol{x},\ \boldsymbol{D})\begin{pmatrix}\boldsymbol{0}&c_{1n}\\\boldsymbol{I}_{n-1}&\bar{\boldsymbol{c}}\end{pmatrix}=(\boldsymbol{D},\ c_{1n}\boldsymbol{x}+\boldsymbol{D}\bar{\boldsymbol{c}}), \tag{5.10}$$

要使 $\boldsymbol{AL}=\boldsymbol{LB}$, 由式(5.9)、式(5.10)得

$$\begin{aligned}\boldsymbol{A}^n\boldsymbol{x}&=c_{1n}\boldsymbol{x}+\boldsymbol{D}\bar{\boldsymbol{c}}=c_{1n}\boldsymbol{x}+(\boldsymbol{A}\boldsymbol{x},\ \cdots,\ \boldsymbol{A}^{n-1}\boldsymbol{x})\begin{pmatrix}c_{2n}\\c_{3n}\\\vdots\\c_{nn}\end{pmatrix}\\&=c_{1n}\boldsymbol{x}+c_{2n}\boldsymbol{A}\boldsymbol{x}+\cdots+c_{nn}\boldsymbol{A}^{n-1}\boldsymbol{x}\\&=(c_{nn}\boldsymbol{A}^{n-1}+c_{n-1,\ n}\boldsymbol{A}^{n-2}+\cdots+c_{1n}\boldsymbol{I})\boldsymbol{x}.\end{aligned} \tag{5.11}$$

比较式(5.8)与式(5.11), 得 $c_{jn}=-a_{n+1-j}\ (j=1,\ 2,\ \cdots,\ n)$. 从而

$$\boldsymbol{L}^{-1}\boldsymbol{AL}=\begin{pmatrix}0&0&0&\cdots&0&c_{1n}\\1&0&0&\cdots&0&c_{2n}\\&1&0&\cdots&0&c_{3n}\\&&\ddots&\ddots&\vdots&\vdots\\&&&1&0&c_{n-1,\ n}\\&&&&1&c_{nn}\end{pmatrix}$$

成立，并且 $\boldsymbol{A}$ 的特征多项式为 $f(\lambda)=\lambda^n-c_{nn}\lambda^{n-1}-\cdots-c_{2n}\lambda-c_{1n}$.

例 5.3 设 $\boldsymbol{A}\in\mathbf{R}^{n\times n}$，其特征值和相应的特征向量分别为 $\lambda_1,\lambda_2,\cdots,\lambda_n$ 和 $\boldsymbol{x}_1,\boldsymbol{x}_2,\cdots,\boldsymbol{x}_n$. 又设 $\boldsymbol{v}_1\in\mathbf{R}^n$，且 $\boldsymbol{v}_1^{\mathrm{T}}\boldsymbol{x}_1=1$. 证明：矩阵 $(\boldsymbol{I}-\boldsymbol{x}_1\boldsymbol{v}_1^{\mathrm{T}})\boldsymbol{A}$ 有特征值 $0,\lambda_2,\lambda_3,\cdots,\lambda_n$ 和相应的特征向量 $\boldsymbol{x}_1,\boldsymbol{x}_i-(\boldsymbol{v}_1^{\mathrm{T}}\boldsymbol{x}_i)\boldsymbol{x}_1(i=2,3,\cdots,n)$.

分析 本题属于特征值与特征向量基本概念的常规题.

证 由条件可知，$\boldsymbol{A}\boldsymbol{x}_i=\lambda_i\boldsymbol{x}_i\ (i=1,2,\cdots,n)$. 则

$$(\boldsymbol{I}-\boldsymbol{x}_1\boldsymbol{v}_1^{\mathrm{T}})\boldsymbol{A}\cdot\boldsymbol{x}_1=\lambda_1(\boldsymbol{I}-\boldsymbol{x}_1\boldsymbol{v}_1^{\mathrm{T}})\boldsymbol{x}_1=\lambda_1(\boldsymbol{x}_1-\boldsymbol{x}_1)=0\cdot\boldsymbol{x}_1,$$

即 0 是 $(\boldsymbol{I}-\boldsymbol{x}_1\boldsymbol{v}_1^{\mathrm{T}})\boldsymbol{A}$ 的一个特征值，$\boldsymbol{x}_1$ 是其相应的特征向量．又

$$\begin{aligned}(\boldsymbol{I}-\boldsymbol{x}_1\boldsymbol{v}_1^{\mathrm{T}})\boldsymbol{A}\cdot[\boldsymbol{x}_i-(\boldsymbol{v}_1^{\mathrm{T}}\boldsymbol{x}_i)\boldsymbol{x}_1]&=(\boldsymbol{I}-\boldsymbol{x}_1\boldsymbol{v}_1^{\mathrm{T}})[\lambda_i\boldsymbol{x}_i-\lambda_1(\boldsymbol{v}_1^{\mathrm{T}}\boldsymbol{x}_i)\boldsymbol{x}_1]\\&=\lambda_i\boldsymbol{x}_i-\lambda_1(\boldsymbol{v}_1^{\mathrm{T}}\boldsymbol{x}_i)\boldsymbol{x}_1-\lambda_i(\boldsymbol{v}_1^{\mathrm{T}}\boldsymbol{x}_i)\boldsymbol{x}_1+\lambda_1(\boldsymbol{v}_1^{\mathrm{T}}\boldsymbol{x}_i)\boldsymbol{x}_1\\&=\lambda_i[\boldsymbol{x}_i-(\boldsymbol{v}_1^{\mathrm{T}}\boldsymbol{x}_i)\boldsymbol{x}_1],\quad i=2,3,\cdots,n,\end{aligned}$$

即 λ_i 是 $(\boldsymbol{I}-\boldsymbol{x}_1\boldsymbol{v}_1^{\mathrm{T}})\boldsymbol{A}$ 的特征值，其相应的特征向量是 $\boldsymbol{x}_i-(\boldsymbol{v}_1^{\mathrm{T}}\boldsymbol{x}_i)\boldsymbol{x}_1(i=2,3,\cdots,n)$.

例 5.4 设 $\boldsymbol{A}\in\mathbf{R}^{n\times n}$，又设 μ 是 $\boldsymbol{A}$ 的一个近似特征值，$\boldsymbol{x}$ 是关于 μ 的近似特征向量且 $\|\boldsymbol{x}\|_2=1$. 记 $\boldsymbol{r}=\boldsymbol{A}\boldsymbol{x}-\mu\boldsymbol{x}$. 证明：存在矩阵 $\boldsymbol{E}$，满足 $\|\boldsymbol{E}\|_F=\|\boldsymbol{r}\|_2$ 且 $(\boldsymbol{A}+\boldsymbol{E})\boldsymbol{x}=\mu\boldsymbol{x}$.

分析 由已知 $\boldsymbol{x}^{\mathrm{T}}\boldsymbol{x}=1$，按照题意，$(\boldsymbol{A}+\boldsymbol{E})\boldsymbol{x}=\mu\boldsymbol{x}$，即 $\boldsymbol{A}\boldsymbol{x}+\boldsymbol{E}\boldsymbol{x}=\mu\boldsymbol{x}$. 又由 $\boldsymbol{r}=\boldsymbol{A}\boldsymbol{x}-\mu\boldsymbol{x}$，有

$$\boldsymbol{E}\boldsymbol{x}=-\boldsymbol{r}=-\boldsymbol{r}(\boldsymbol{x}^{\mathrm{T}}\boldsymbol{x})=(-\boldsymbol{r}\boldsymbol{x}^{\mathrm{T}})\boldsymbol{x}.$$

所以不妨令 $\boldsymbol{E}=-\boldsymbol{r}\boldsymbol{x}^{\mathrm{T}}$.

证 令 $\boldsymbol{E}=-\boldsymbol{r}\boldsymbol{x}^{\mathrm{T}}$，由 $\|\boldsymbol{x}\|_2=1$，有 $-\boldsymbol{E}\boldsymbol{x}=\boldsymbol{r}\boldsymbol{x}^{\mathrm{T}}\boldsymbol{x}=\boldsymbol{r}$，即满足

$$(\boldsymbol{A}+\boldsymbol{E})\boldsymbol{x}=\mu\boldsymbol{x}.$$

又

$$\|\boldsymbol{E}\|_F^2=\mathrm{tr}(\boldsymbol{E}^{\mathrm{T}}\boldsymbol{E})=\mathrm{tr}(\boldsymbol{E}\boldsymbol{E}^{\mathrm{T}})=\mathrm{tr}(\boldsymbol{r}\boldsymbol{x}^{\mathrm{T}}\boldsymbol{x}\boldsymbol{r}^{\mathrm{T}})=\mathrm{tr}(\boldsymbol{r}\boldsymbol{r}^{\mathrm{T}})=\|\boldsymbol{r}\|_2^2,$$

因此满足 $\|\boldsymbol{E}\|_F=\|\boldsymbol{r}\|_2$.

注 本题说明，求出近似特征值及相应的特征向量后，我们可以构造出扰动矩阵.

例 5.5(Gerschgorin 圆盘定理) 设 $\boldsymbol{A}=(a_{ij})\in\mathbf{C}^{n\times n}$，则 $\boldsymbol{A}$ 的任一特征值至少位于复平面上 n 个圆盘(Gerschgorin 圆盘)

$$D_i:\ \left\{z\,\middle|\,|z-a_{ii}|\leqslant\sum_{j\neq i}|a_{ij}|\right\}\ (i=1,2,\cdots,n)$$

中的一个圆盘上.

证 设 $\boldsymbol{A}\boldsymbol{x}=\lambda\boldsymbol{x}$，$\boldsymbol{x}=(x_1,x_2,\cdots,x_n)^{\mathrm{T}}\neq\boldsymbol{0}$，则存在 i，使得

$$|x_i|=\max_{1\leqslant j\leqslant n}\{|x_j|\}=\|\boldsymbol{x}\|_\infty\neq 0.$$

记 $\boldsymbol{D}=\mathrm{diag}(a_{11},a_{22},\cdots,a_{nn})$，则

$$(\boldsymbol{A}-\boldsymbol{D})\boldsymbol{x}=(\lambda\boldsymbol{I}-\boldsymbol{D})\boldsymbol{x}.$$

上式两边取第 i 个分量，可得

$$|\lambda-a_{ii}||x_i|=\left|\sum_{j\neq i}a_{ij}x_j\right|\leqslant\sum_{j\neq i}|a_{ij}||x_j|.$$

因此，$|\lambda-a_{ii}|\leqslant\sum\limits_{j\neq i}|a_{ij}|$.

注　① 定理的证明过程还说明了如果一个特征向量的第 i 个分量按模最大，则相应的特征值一定在第 i 个圆盘中.

② 推广的 Gerschgorin 圆盘定理：如果 $\boldsymbol{A}$ 的 n 个 Gerschgorin 圆盘中的 m 个圆盘形成一个连通区域，且与其余 $n-m$ 个圆盘不相连接，则在这个连通区域中恰有 $\boldsymbol{A}$ 的 m 个特征值.

例 5.6　设 $\boldsymbol{B}=\begin{pmatrix}\alpha & \boldsymbol{\beta}^{\mathrm{H}}\\ \boldsymbol{\beta} & \boldsymbol{A}\end{pmatrix}$ 是一个 Hermite 矩阵．证明：在区间 $\{\lambda:\ |\lambda-\alpha|\leqslant\|\boldsymbol{\beta}\|_2\}$ 中存在 $\boldsymbol{B}$ 的一个特征值.

分析　本题主要考查利用 Hermite 矩阵的相关定理来估计特征值的范围.

证　令 $\boldsymbol{C}=\begin{pmatrix}\alpha & \\ & \boldsymbol{A}\end{pmatrix}$，$\boldsymbol{E}=\begin{pmatrix} & \boldsymbol{\beta}^{\mathrm{H}}\\ \boldsymbol{\beta} & \end{pmatrix}$，则 $\boldsymbol{B}=\boldsymbol{C}+\boldsymbol{E}$，且 $\boldsymbol{C}$，$\boldsymbol{E}$，$\boldsymbol{B}$ 都是 n 阶 Hermite 矩阵.

由 Hermite 矩阵特征值扰动定理 5.2 知，扰动矩阵 $\boldsymbol{E}$ 使 $\boldsymbol{C}$ 的特征值的变化不会超过 $\|\boldsymbol{E}\|_2$，α 是 $\boldsymbol{C}$ 的一个特征值，因此在区间 $\{\lambda:\ |\lambda-\alpha|\leqslant\|\boldsymbol{E}\|_2\}$ 中有矩阵 $\boldsymbol{B}$ 的一个特征值．而

$$\|\boldsymbol{E}\|_2=\sqrt{\rho(\boldsymbol{E}^{\mathrm{H}}\boldsymbol{E})}=\sqrt{\rho(\boldsymbol{E}^2)},\tag{5.12}$$

$$\boldsymbol{E}^2=\begin{pmatrix} & \boldsymbol{\beta}^{\mathrm{H}}\\ \boldsymbol{\beta} & \end{pmatrix}\begin{pmatrix} & \boldsymbol{\beta}^{\mathrm{H}}\\ \boldsymbol{\beta} & \end{pmatrix}=\begin{pmatrix}\boldsymbol{\beta}^{\mathrm{H}}\boldsymbol{\beta} & \\ & \boldsymbol{\beta}\boldsymbol{\beta}^{\mathrm{H}}\end{pmatrix},$$

又 $\boldsymbol{\beta}\boldsymbol{\beta}^{\mathrm{H}}$ 是一个秩为 1 的 $n-1$ 阶奇异阵，且

$$|\lambda\boldsymbol{I}-\boldsymbol{\beta}\boldsymbol{\beta}^{\mathrm{H}}|=\lambda^{n-1}-\mathrm{tr}(\boldsymbol{\beta}\boldsymbol{\beta}^{\mathrm{H}})\lambda^{n-2}=\lambda^{n-2}(\lambda-\boldsymbol{\beta}^{\mathrm{H}}\boldsymbol{\beta}),$$

故 $\boldsymbol{E}^2$ 的谱半径 $\rho(\boldsymbol{E}^2)=\boldsymbol{\beta}^{\mathrm{H}}\boldsymbol{\beta}=\|\boldsymbol{\beta}\|_2^2$，从而由式(5.12)得，

$$\|\boldsymbol{E}\|_2=\|\boldsymbol{\beta}\|_2.$$

于是有 $|\lambda-\alpha|\leqslant\|\boldsymbol{\beta}\|_2$，即在区间 $\{\lambda:\ |\lambda-\alpha|\leqslant\|\boldsymbol{\beta}\|_2\}$ 中存在 $\boldsymbol{B}$ 的一个特征值.

例 5.7　设 $\boldsymbol{A}$，$\boldsymbol{B}$ 都是 n 阶 Hermite 矩阵，且 $\boldsymbol{A}$ 是满足 $\|\boldsymbol{A}^{-1}\|_2\|\boldsymbol{B}\|_2<1$ 的正定矩阵．证明：$\boldsymbol{A}+\boldsymbol{B}$ 是正定矩阵.

分析　本题考查 Hermite 矩阵相关性质的运用，有多种证明方法，一种方法是利用 Hermite 矩阵特征值的扰动定理，证明矩阵 $\boldsymbol{A}+\boldsymbol{B}$ 的所有特征值都大于 0，则为正定矩阵；另一种方法是先证明矩阵 $\boldsymbol{I}+\boldsymbol{A}^{-1}\boldsymbol{B}$ 是正定矩阵，从而 $\boldsymbol{A}+\boldsymbol{B}=\boldsymbol{A}(\boldsymbol{I}+\boldsymbol{A}^{-1}\boldsymbol{B})$ 也是正定矩阵.

证法 1　由题知 $\boldsymbol{A}$，$\boldsymbol{B}$，$\boldsymbol{A}+\boldsymbol{B}$ 都是 n 阶 Hermite 矩阵，设 $\boldsymbol{A}$，$\boldsymbol{A}+\boldsymbol{B}$ 的特征值分别为

$$\lambda_1\geqslant\lambda_2\geqslant\cdots\geqslant\lambda_n>0,\quad \mu_1\geqslant\mu_2\geqslant\cdots\geqslant\mu_n.$$

由 Hermite 矩阵特征值的扰动定理 5.2，有

$$\lambda_i-\|\boldsymbol{B}\|_2\leqslant\mu_i\leqslant\lambda_i+\|\boldsymbol{B}\|_2.$$

又根据条件 $\|\boldsymbol{A}^{-1}\|_2\|\boldsymbol{B}\|_2<1$ 及 $\|\boldsymbol{A}^{-1}\|_2=\rho(\boldsymbol{A}^{-1})=\dfrac{1}{\lambda_n}$，有 $\lambda_n>\|\boldsymbol{B}\|_2$. 因此，

$$\mu_i\geqslant\lambda_i-\|\boldsymbol{B}\|_2\geqslant\lambda_n-\|\boldsymbol{B}\|_2>0,\quad i=1,\ 2,\ \cdots,\ n,$$

即 $\boldsymbol{A}+\boldsymbol{B}$ 是正定矩阵.

证法 2　$\boldsymbol{A}$，$\boldsymbol{B}$ 都是 n 阶 Hermite 矩阵，易知 $\boldsymbol{A}^{-1}\boldsymbol{B}$ 也是 Hermite 矩阵，因此特征值都

是实数．由已知 $\|A^{-1}\|_2\|B\|_2<1$，可得

$$\rho(A^{-1}B)\leqslant\|A^{-1}B\|_2\leqslant\|A^{-1}\|_2\cdot\|B\|_2<1.$$

从而矩阵 $I+A^{-1}B$ 的所有特征值都大于 0，$I+A^{-1}B$ 是正定矩阵.

注意到 A 的正定性，从而 $A+B=A(I+A^{-1}B)$ 也是正定矩阵.

例 5.8 设 A 是 n 阶实对称矩阵，λ_1 为其最大特征值，x 为任意非零实向量，试证：$\lambda_1=\max\limits_{x\neq 0}\dfrac{x^{T}Ax}{x^{T}x}$.

分析 $\dfrac{x^{T}Ax}{x^{T}x}$ 是实对称矩阵 A 关于向量 x 的 Rayleigh 商，利用矩阵特征值的相关性质即可证明本题的结论，这里实际上提供了一种与教材不同的证明方法.

证 令 $B=A-\lambda_1 I$，I 为 n 阶单位矩阵．由于 A 是 n 阶实对称矩阵，则 B 也是 n 阶实对称矩阵，且 B 的特征值是 A 的特征值减去 λ_1.

因为 λ_1 为 A 的最大特征值，故 B 的所有特征值 $\mu_i\leqslant 0(i=1,2,\cdots,n)$．于是对于任意向量 $x\neq\mathbf{0}$，二次式 $x^{T}Bx\leqslant 0$，从而有

$$\frac{x^{T}Ax}{x^{T}x}-\lambda_1=\frac{x^{T}(A-\lambda_1 I)x}{x^{T}x}=\frac{x^{T}Bx}{x^{T}x}\leqslant 0,$$

故 $\dfrac{x^{T}Ax}{x^{T}x}\leqslant\lambda_1$．显然，上式当 x 为对应于 λ_1 的特征向量时等号成立．故

$$\lambda_1=\max_{x\neq 0}\frac{x^{T}Ax}{x^{T}x}.$$

5.3.2 Jacobi 方法

例 5.9 Jacobi 算法中第 k 次旋转平面为 (p,q) 平面．证明：

$$|a_{pp}^{(k)}-a_{pp}^{(k-1)}|\leqslant|a_{pq}^{(k-1)}|,\quad |a_{qq}^{(k)}-a_{qq}^{(k-1)}|\leqslant|a_{pq}^{(k-1)}|.$$

分析 本题主要练习平面旋转变换后的计算公式.

证 第 k 次旋转的 (p,q) 平面作用到矩阵后，只改变矩阵的第 p，q 两行和第 p，q 两列，其中两主对角元的计算公式为

$$\begin{cases}a_{pp}^{(k)}=a_{pp}^{(k-1)}\cos^2\theta_k+2a_{pq}^{(k-1)}\sin\theta_k\cos\theta_k+a_{qq}^{(k-1)}\sin^2\theta_k, & (5.13)\\ a_{qq}^{(k)}=a_{pp}^{(k-1)}\sin^2\theta_k-2a_{pq}^{(k-1)}\sin\theta_k\cos\theta_k+a_{qq}^{(k-1)}\cos^2\theta_k, & (5.14)\end{cases}$$

其中，θ_k 是旋转角度，满足 $|\theta_k|\leqslant\dfrac{\pi}{4}$，且当 $a_{pp}^{(k-1)}=a_{qq}^{(k-1)}$ 时，$\theta_k=\dfrac{\pi}{4}\mathrm{sgn}(a_{pq}^{(k-1)})$；当 $a_{pp}^{(k-1)}\neq a_{qq}^{(k-1)}$ 时，

$$\tan 2\theta_k=\frac{2a_{pq}^{(k-1)}}{a_{pp}^{(k-1)}-a_{qq}^{(k-1)}}.$$

将式(5.13)和式(5.14)相加，得

$$a_{pp}^{(k)}+a_{qq}^{(k)}=a_{pp}^{(k-1)}+a_{qq}^{(k-1)}.$$

因此，$|a_{pp}^{(k)}-a_{pp}^{(k-1)}|=|a_{qq}^{(k)}-a_{qq}^{(k-1)}|$．由式(5.13)，

$$a_{pp}^{(k)} - a_{pp}^{(k-1)} = a_{pq}^{(k-1)}\sin 2\theta_k - (a_{pp}^{(k-1)} - a_{qq}^{(k-1)})\sin^2\theta_k.$$

因此，当 $a_{pp}^{(k-1)} = a_{qq}^{(k-1)}$ 时，$a_{pp}^{(k)} - a_{pp}^{(k-1)} = |a_{pq}^{(k-1)}|$；当 $a_{pp}^{(k-1)} \neq a_{qq}^{(k-1)}$ 时，

$$\begin{aligned} a_{pp}^{(k)} - a_{pp}^{(k-1)} &= a_{pq}^{(k-1)}\sin 2\theta_k - 2a_{pq}^{(k-1)}\sin^2\theta_k\cot 2\theta_k \\ &= a_{pq}^{(k-1)}\tan\theta_k. \end{aligned}$$

综上所述，即得

$$|a_{pp}^{(k)} - a_{pp}^{(k-1)}| \leqslant |a_{pq}^{(k-1)}|, \quad |a_{qq}^{(k)} - a_{qq}^{(k-1)}| \leqslant |a_{pq}^{(k-1)}|.$$

例 5.10 证明：对方阵

$$\boldsymbol{A} = \begin{pmatrix} a_{11} & 0 & a_{13} \\ 0 & a_{22} & 0 \\ a_{13} & 0 & a_{33} \end{pmatrix} \quad (a_{13} \neq 0),$$

用 Jacobi 方法经过一次旋转变换后，可将 $\boldsymbol{A}$ 化为对角阵.

分析 对于一般的实对称矩阵，要经过多次的旋转变换，才能逐步将非对角元零化. 而本题是一个特殊的实对称矩阵，经过一次旋转变换就可将其化为对角阵，主要目的是练习旋转变换的基本步骤.

证 当 $a_{11} \neq a_{33}$ 时，$\tan 2\theta = \dfrac{2a_{13}}{a_{11} - a_{33}}$. 当 $a_{11} = a_{33}$ 时，若 $a_{13} > 0$，则 $\theta = \dfrac{\pi}{4}$；若 $a_{13} < 0$，则 $\theta = -\dfrac{\pi}{4}$. 因此

$$a_{13}\cos 2\theta + \frac{1}{2}(a_{33} - a_{11})\sin 2\theta = 0. \tag{5.15}$$

令平面旋转矩阵

$$\boldsymbol{R}_{13} = \begin{pmatrix} \cos\theta & 0 & -\sin\theta \\ 0 & 1 & 0 \\ \sin\theta & 0 & \cos\theta \end{pmatrix},$$

则

$$\begin{aligned} \boldsymbol{R}_{13}^{\mathrm{T}}\boldsymbol{A}\boldsymbol{R}_{13} &= \begin{pmatrix} \cos\theta & 0 & \sin\theta \\ 0 & 1 & 0 \\ -\sin\theta & 0 & \cos\theta \end{pmatrix}\begin{pmatrix} a_{11} & 0 & a_{13} \\ 0 & a_{22} & 0 \\ a_{13} & 0 & a_{33} \end{pmatrix}\begin{pmatrix} \cos\theta & 0 & -\sin\theta \\ 0 & 1 & 0 \\ \sin\theta & 0 & \cos\theta \end{pmatrix} \\ &= \begin{pmatrix} a_{11}\cos^2\theta + a_{33}\sin^2\theta + a_{13}\sin 2\theta & 0 & a_{13}\cos 2\theta + \frac{1}{2}(a_{33} - a_{11})\sin 2\theta \\ 0 & a_{22} & 0 \\ a_{13}\cos 2\theta + \frac{1}{2}(a_{33} - a_{11})\sin 2\theta & 0 & a_{11}\sin^2\theta + a_{33}\cos^2\theta - a_{13}\sin 2\theta \end{pmatrix}. \end{aligned}$$

由式(5.15)可知 $\boldsymbol{R}_{13}^{\mathrm{T}}\boldsymbol{A}\boldsymbol{R}_{13}$ 为对角阵.

例 5.11 用 Jacobi 方法求实对称矩阵

$$\boldsymbol{A} = \begin{pmatrix} 2 & 1 & 1 \\ 1 & 2 & 1 \\ 1 & 1 & 2 \end{pmatrix}$$

的全部特征值和对应的特征向量.

分析 本题是常规的计算题，直接按照前面列出的 Jacobi 方法的计算步骤来计算就行. 但由于矩阵的特殊性，经过两步旋转变换后就得到全部特征值的精确值.

解 (1) 在 $\boldsymbol{A}$ 中选主元 $a_{pq}=a_{12}=1>0$. 由于 $a_{11}=a_{22}=2$，因此选 $\theta=\dfrac{\pi}{4}$.

$$\boldsymbol{A}_1=\boldsymbol{R}_{12}\boldsymbol{A}\boldsymbol{R}_{12}^{\mathrm{T}}=\begin{pmatrix}3&0&\sqrt{2}\\0&1&0\\\sqrt{2}&0&2\end{pmatrix}.$$

因此第一次相似变换后 $a_{12}=a_{21}$ 零化.

(2)在 $\boldsymbol{A}_1$ 中选主元 $a_{pq}^{(1)}=a_{13}^{(1)}=\sqrt{2}$.

$$\tan2\theta=\frac{2a_{13}^{(1)}}{a_{11}^{(1)}-a_{33}^{(1)}}=2\sqrt{2}.$$

因此, $\sin\theta=\sqrt{\dfrac{1}{3}}$， $\cos\theta=\sqrt{\dfrac{2}{3}}$. $\boldsymbol{R}_{13}=\begin{pmatrix}\sqrt{\dfrac{2}{3}}&0&\sqrt{\dfrac{1}{3}}\\0&1&0\\-\sqrt{\dfrac{1}{3}}&0&\sqrt{\dfrac{2}{3}}\end{pmatrix}$,

$$\boldsymbol{A}_2=\boldsymbol{R}_{13}\boldsymbol{A}_1\boldsymbol{R}_{13}^{\mathrm{T}}=\begin{pmatrix}4&0&0\\0&1&0\\0&0&1\end{pmatrix}.$$

第二次相似变换后 $a_{13}^{(1)}=a_{31}^{(1)}$ 零化，而从理论上讲，$a_{12}^{(1)}=a_{21}^{(1)}$ 不一定为零，但本题 $a_{12}^{(1)}=a_{21}^{(1)}$ 正好也为零，因此经过两次旋转变换后将原矩阵化成了对角阵!

$$\boldsymbol{R}_{12}^{\mathrm{T}}\boldsymbol{R}_{13}^{\mathrm{T}}=\begin{pmatrix}\sqrt{\dfrac{1}{3}}&-\sqrt{\dfrac{1}{2}}&-\sqrt{\dfrac{1}{6}}\\\sqrt{\dfrac{1}{3}}&\sqrt{\dfrac{1}{2}}&-\sqrt{\dfrac{1}{6}}\\\sqrt{\dfrac{1}{3}}&0&\sqrt{\dfrac{2}{3}}\end{pmatrix}.$$

所以矩阵 $\boldsymbol{A}$ 的特征值分别为 4，1，1，相应的特征向量分别为

$$\begin{pmatrix}\dfrac{1}{\sqrt{3}}\\\dfrac{1}{\sqrt{3}}\\\dfrac{1}{\sqrt{3}}\end{pmatrix},\quad\begin{pmatrix}-\dfrac{1}{\sqrt{2}}\\\dfrac{1}{\sqrt{2}}\\0\end{pmatrix},\quad\begin{pmatrix}-\dfrac{1}{\sqrt{6}}\\-\dfrac{1}{\sqrt{6}}\\\sqrt{\dfrac{2}{3}}\end{pmatrix}.$$

例 5.12 用 Jacobi 方法求实对称矩阵

$$A = \begin{pmatrix} 4 & 1 & 0 \\ 1 & 2 & 1 \\ 0 & 1 & 1 \end{pmatrix}$$

的全部特征值(计算过程保留小数点后4位).

解　(1) 在 $\boldsymbol{A}$ 中选主元 $a_{pq} = a_{12} = 1 > 0$，按照计算公式得到

$$\cos\theta_1 = 0.9237,\quad \sin\theta_1 = 0.3827,$$

$$\boldsymbol{R}_{12} = \begin{pmatrix} 0.9237 & -0.3827 & 0 \\ 0.3827 & 0.9237 & 0.9237 \\ 0 & 0 & 1.0 \end{pmatrix},$$

$$\boldsymbol{A}_1 = \boldsymbol{R}_{12}\boldsymbol{A}\boldsymbol{R}_{12}^{\mathrm{T}} = \begin{pmatrix} 4.4144 & 0 & 0.3827 \\ 0 & 1.5856 & 0.9237 \\ 0.3827 & 0.9237 & 1.0 \end{pmatrix}.$$

因此第一次相似变换后 $a_{12} = a_{21}$ 零化.

(2)在 $\boldsymbol{A}_1$ 中选主元 $a_{pq}^{(1)} = a_{23}^{(1)} = 0.9237$，得到

$$\cos\theta_2 = 0.8070,\quad \sin\theta_2 = 0.5906,$$

$$\boldsymbol{A}_2 = \begin{pmatrix} 4.4144 & 0.2260 & 0.3088 \\ 0.2260 & 0.9237 & 0 \\ 0.3088 & 0 & 0.3235 \end{pmatrix}.$$

注意，这时 $a_{23}^{(1)} = a_{32}^{(1)}$ 零化，而 $\boldsymbol{A}_1$ 中已被零化的元素 $a_{12}^{(1)}$ 变为非零，但比原矩阵 $\boldsymbol{A}$ 中的 a_{12} 要小.

(3)在 $\boldsymbol{A}_2$ 中选主元 $a_{pq}^{(2)} = a_{13}^{(2)} = 0.3088$，得到

$$\cos\theta_3 = 0.9972,\quad \sin\theta_3 = 0.0748,$$

$$\boldsymbol{A}_3 = \begin{pmatrix} 4.4376 & 0.2254 & 0 \\ 0.2254 & 2.2620 & -0.0169 \\ 0 & -0.0169 & 0.3004 \end{pmatrix}.$$

同样，这时 $a_{13}^{(2)}$ 零化，但 $a_{12}^{(2)}$，$a_{23}^{(2)}$ 变为非零.

(4)在 $\boldsymbol{A}_3$ 中选主元 $a_{pq}^{(3)} = a_{12}^{(3)} = 0.2254$，得到

$$\cos\theta_4 = 0.9946,\quad \sin\theta_4 = 0.1038,$$

$$\boldsymbol{A}_4 = \begin{pmatrix} 4.4606 & 0 & -0.0018 \\ 0 & 2.2390 & -0.0168 \\ -0.0018 & -0.0168 & 0.3004 \end{pmatrix}.$$

(5)在 $\boldsymbol{A}_4$ 中选主元 $a_{pq}^{(4)} = a_{23}^{(4)} = -0.0168$，得到

$$\cos\theta_5 = 1.000,\quad \sin\theta_5 = -0.0075,$$

$$\boldsymbol{A}_5 = \begin{pmatrix} 4.4606 & 0 & -0.0018 \\ 0 & 2.2390 & 0 \\ -0.0018 & 0 & 0.3003 \end{pmatrix}.$$

(6)在 $\boldsymbol{A}_5$ 中选主元 $a_{pq}^{(5)} = a_{13}^{(5)} = -0.0018$，得到

$$\cos\theta_6 = 1.000,\quad \sin\theta_6 = -0.0004,$$

$$A_6=\begin{pmatrix}4.4606 & 0 & 0\\ 0 & 2.2390 & 0\\ 0 & 0 & 0.3003\end{pmatrix}.$$

因此 A 的特征值分别近似为4.4606，2.2391，0.3003.

注 例5.10、例5.11、例5.12说明用Jacobi方法要迭代多少次与矩阵的阶数无关，而与矩阵本身元素的值有关．在实际计算中，对于一般的实对称矩阵，可以用非对角元的平方和小于某一给定的精度（ε）来作为停止零化的条件(即达到收敛的条件，见例5.13).

例5.13 设 A 为实对称矩阵，由Jacobi方法的第 k 次迭代得到的矩阵记为 $A_k=(a_{ij}^{(k)})_{n\times n}$，又记 $S(A_k)=\sum\limits_{i,\ j=1,\ i\neq j}^{n}(a_{ij}^{(k)})^2$，试证：$\lim\limits_{k\to\infty}S(A_k)=0$.

分析 本题实际上就是证明Jacobi方法的收敛性，可以利用Jacobi方法中相似变换前后非对角元的关系来证明.

证 由Jacobi方法，A_{k+1} 的元素 $a_{ij}^{(k+1)}$ 与 A_k 的元素 $a_{ij}^{(k)}$ 之间的关系式为

$$S(A_{k+1})=S(A_k)-2(a_{pq}^{(k)})^2,$$

其中 $|a_{pq}{}^{(k)}|=\max\limits_{i\neq j}|a_{ij}{}^{(k)}|$. 又

$$S(A_k)=\sum_{i\neq j}(a_{ij}^{(k)})^2\leqslant\sum_{i\neq j}(a_{pq}^{(k)})^2=n(n-1)(a_{pq}^{(k)})^2,$$

所以

$$(a_{pq}^{(k)})^2\geqslant\frac{S(A_k)}{n(n-1)}.$$

则

$$S(A_{k+1})=S(A_k)-2(a_{pq}^{(k)})^2\leqslant S(A_k)-2\frac{S(A_k)}{n(n-1)}=\left[1-\frac{2}{n(n-1)}\right]S(A_k).$$

从而

$$S(A_{k+1})\leqslant\left[1-\frac{2}{n(n-1)}\right]^{k+1}S(A_0),$$

其中 $S(A_0)$ 是矩阵 A 的非主对角元素的平方之和．由于

$$0\leqslant 1-\frac{2}{n(n-1)}<1,$$

因此有 $\lim\limits_{k\to\infty}S(A_k)=0$.

5.3.3 QR方法

例5.14 用Householder变换将

$$A=\begin{pmatrix}7 & 2 & 1 & 3\\ 4 & 1 & 5 & 6\\ 7 & 2 & 0 & 1\\ 1 & 3 & 0 & 3\end{pmatrix}$$

化为上Hessenberg矩阵(保留4位小数).

分析　一般在使用 QR 算法求解矩阵 $\boldsymbol{A}$ 的特征值之前，先将矩阵 $\boldsymbol{A}$ 化为上 Hessenberg 矩阵能够大大减少计算量，因此我们必须熟练掌握用 Householder 变换将一般矩阵化为上 Hessenberg 矩阵的计算过程．一个 n 阶矩阵一般要经过 $n-2$ 次 Householder 变换才能化为上 Hessenberg 矩阵.

解　(1) 首先零化第一列的 a_{31}，a_{41}. 令 $\boldsymbol{d}_1=(4,\ 7,\ 1)^{\mathrm{T}}$，$\beta_1=\|\boldsymbol{d}_1\|_2=8.1240$，$\alpha_1=8.1858$，$\boldsymbol{v}_1=\dfrac{1}{\alpha_1}(\boldsymbol{d}_1-\beta_1\boldsymbol{e}^{(1)})=\dfrac{1}{8.1858}(-4.1240,\ 7,\ 1)^{\mathrm{T}}$，

$$\widetilde{\boldsymbol{H}}_1=\boldsymbol{I}-2\boldsymbol{v}_1\boldsymbol{v}_1^{\mathrm{T}}=\begin{pmatrix}0.4924 & 0.8616 & 0.1231\\ 0.8616 & -0.4625 & -0.2089\\ 0.1231 & -0.2089 & 0.9702\end{pmatrix},\quad \boldsymbol{H}_1=\begin{pmatrix}1 & \\ & \widetilde{\boldsymbol{H}}_1\end{pmatrix},$$

$$\boldsymbol{A}_1=\boldsymbol{H}_1\boldsymbol{A}\boldsymbol{H}_1=\begin{pmatrix}7 & 2.2156 & 0.6340 & 2.9477\\ 8.1240 & 3.9091 & 0.2142 & 3.8640\\ 0 & 3.8746 & -3.4399 & 2.9737\\ 0 & 2.2416 & 1.2504 & 3.5308\end{pmatrix}.$$

(2)零化第二列的 a_{42}，但要保证第一列的元素保持不变.

$$\boldsymbol{d}_2=(3.8746,\ 2.2416)^{\mathrm{T}},\quad \beta_2=4.4763,\quad \alpha_2=2.3210,$$

$$\boldsymbol{v}_2=(-0.2592,\ 0.9658)^{\mathrm{T}},\quad \widetilde{\boldsymbol{H}}_2=\begin{pmatrix}0.8656 & 0.5008\\ 0.5008 & -0.8656\end{pmatrix},$$

$$\boldsymbol{H}_2=\begin{pmatrix}\boldsymbol{I} & \\ & \widetilde{\boldsymbol{H}}_2\end{pmatrix}\quad (\text{其中 } \boldsymbol{I} \text{ 为 2 阶单位矩阵}),$$

$$\boldsymbol{A}_2=\boldsymbol{H}_2\boldsymbol{A}_1\boldsymbol{H}_2=\begin{pmatrix}7 & 2.2156 & 2.0249 & -2.2340\\ 8.1240 & 3.9091 & 2.1204 & -3.2373\\ 0 & 4.4763 & 0.1392 & -4.9359\\ 0 & 0 & -3.2126 & -0.0483\end{pmatrix},$$

即 $\boldsymbol{A}_2$ 为上 Hessenberg 矩阵.

例 5.15　用 QR 方法求矩阵

$$\boldsymbol{A}=\begin{pmatrix}1 & 1.25 & 0\\ 0 & 2 & 0\\ -1 & 1.25 & 3\end{pmatrix}$$

的全部特征值(保留 4 位小数).

分析　这是一个用来熟悉 QR 方法的基本计算题，解题思路是先将 $\boldsymbol{A}$ 化为上 Hessenberg 矩阵，然后用 QR 算法按步骤计算即可.

解　第一步，先将 $\boldsymbol{A}$ 化为上 Hessenberg 矩阵，得

$$\boldsymbol{A}_1=\begin{pmatrix}1 & 0 & -1.25\\ 1 & 3.0 & 1.25\\ 0 & 0 & 2\end{pmatrix}.$$

第二步，用 QR 算法：

$$A_k = Q_k R_k, \quad A_{k+1} = R_k Q_k.$$

(1)对 A_1 进行 QR 分解，得

$$Q_1 = \begin{pmatrix} -0.7071 & -0.7071 & 0 \\ -0.7071 & 0.7071 & 0 \\ 0 & 0 & 1 \end{pmatrix},$$

$$R_1 = \begin{pmatrix} -1.4142 & -2.1213 & 0 \\ 0 & -2.1213 & 1.7678 \\ 0 & 0 & 2 \end{pmatrix}.$$

因此

$$A_2 = R_1 Q_1 = \begin{pmatrix} 2.5000 & -0.5 & 0 \\ -1.5000 & 1.5 & 1.7678 \\ 0 & 0 & 2 \end{pmatrix}.$$

(2)重复上述过程，计算 10 次得

$$A_{11} = \begin{pmatrix} 3 & 1 & -1.25 \\ 0 & 1 & 1.25 \\ 0 & 0 & 2 \end{pmatrix}.$$

因此 A 的特征值分别是 1，2，3.

例 5.16 设 A 是一个非奇异的上 Hessenberg 矩阵，$\tilde{A} = Q^{T}AQ$ 是经过一个 QR 迭代步得到的矩阵．证明：$\tilde{A}$ 也是上 Hessenberg 矩阵.

分析 本题是 QR 方法中有关矩阵的重要性质，其保证了当原矩阵是上 Hessenberg 矩阵时，由 QR 方法得到的矩阵序列都是上 Hessenberg 矩阵．解题思路是先证明 QR 迭代步中的 Q 是上 Hessenberg 矩阵，然后证明上三角阵与上 Hessenberg 矩阵的乘积仍为上 Hessenberg 矩阵.

证 记 $A = (a_{ij})$，$A = QR$，$Q = (q_{ij})$，$R = (r_{ij})$．其中，Q 为酉阵，R 为上三角阵．由 A 非奇异知，Q，R 均非奇异，因此上三角阵 R 的所有对角元 $r_{ii} \neq 0$ $(i = 1, 2, \cdots, n)$.

利用 $A = QR$，有 $a_{ij} = \sum_{k=1}^{j} q_{ik} r_{kj}$.

(1)用数学归纳法证明 Q 是上 Hessenberg 矩阵，即要证明当 $i > j + 1$ 时 $q_{ij} = 0$.

当 $j = 1$ 时，对 $i = 3, 4, \cdots, n$，由于 A 是上 Hessenberg 矩阵，因此 $a_{i1} = 0$，从而 $q_{i1} = \frac{a_{i1}}{r_{11}} = 0$.

设 j 直到 l 时有 $q_{ik} = 0$ $(k = 1, 2, \cdots, l;\ i = k + 2, k + 3, \cdots, n,\ l < n - 1)$，则当 $j = l + 1$ 时对 $i = l + 3, l + 4, \cdots, n$，利用

$$0 = a_{i,\, l+1} = \sum_{k=1}^{l+1} q_{ik} r_{k,\, l+1} = \sum_{k=1}^{l} q_{ik} r_{k,\, l+1} + q_{i,\, l+1} r_{l+1,\, l+1} = q_{i,\, l+1} r_{l+1,\, l+1},$$

可得 $q_{i,\, l+1} = 0$.

于是由归纳法得知，对所有 q_{ij}，当 $i > j + 1$ 时有 $q_{ij} = 0$.

即 $\boldsymbol{Q}$ 是上 Hessenberg 矩阵.

(2)证明上三角阵 $\boldsymbol{R}$ 与上 Hessenberg 矩阵 $\boldsymbol{Q}$ 的乘积是上 Hessenberg 矩阵.

因 $\tilde{\boldsymbol{A}} = \boldsymbol{Q}^{\mathrm{T}}\boldsymbol{A}\boldsymbol{Q} = \boldsymbol{R}\boldsymbol{Q} = (b_{ij})$，则当 $i > j+1$ 时，有

$$b_{ij} = \sum_{k=1}^{n} r_{ik}q_{kj} = \sum_{k=1}^{i-1} r_{ik}q_{kj} + \sum_{k=i}^{n} r_{ik}q_{kj}.$$

由 $r_{ik} = 0\ (i > k)$ 以及 $q_{kj} = 0\ (k \geqslant i > j+1)$ 知当 $i > j+1$ 时有 $b_{ij} = 0$. 因此 $\tilde{\boldsymbol{A}}$ 也是上 Hessenberg 矩阵.

例 5.17　(1) 证明：实对称三对角阵

$$\boldsymbol{A} = \begin{pmatrix} d_1 & e_2 & & & \\ e_2 & d_2 & e_3 & & \\ & e_3 & d_3 & \ddots & \\ & & \ddots & \ddots & e_n \\ & & & e_n & d_n \end{pmatrix}$$

的所有元素满足 $|d_k|$，$|e_k| \leqslant \max\limits_i |\lambda_i|$，其中，$\lambda_i(i=1, 2, \cdots, n)$ 是矩阵 $\boldsymbol{A}$ 的特征值.

(2)设 $\boldsymbol{A}$ 是实对称矩阵，$\boldsymbol{A} = \boldsymbol{Q}\boldsymbol{R}$ 是其 QR 分解，记 $r_{ii}(i=1, 2, \cdots, n)$ 为 $\boldsymbol{R}$ 的对角线上元素，则有 $|r_{nn}| \geqslant \min\limits_i |\lambda_i(\boldsymbol{A})|$.

分析　本题说明可以利用矩阵元素来估计一些特殊矩阵的特征值，直接利用矩阵范数的性质与特征值的一些关系来证明.

证　(1) 记 $\boldsymbol{A} = (a_{ij})$，$\boldsymbol{E}_k$ 是第 k 个分量为 1 其余为 0 的 n 维列向量．$\forall k$，

$$\| \boldsymbol{A}\boldsymbol{E}_k \|_2 = \sqrt{\sum_{i=1}^{n} a_{ik}^2} \geqslant |a_{ik}|, \qquad i = 1, 2, \cdots, n,$$

因此，有 $|d_k|$，$|e_k| \leqslant \| \boldsymbol{A}\boldsymbol{E}_k \|_2$. 由矩阵范数与向量范数的相容性，有

$$\| \boldsymbol{A}\boldsymbol{E}_k \|_2 \leqslant \| \boldsymbol{A} \|_2 \| \boldsymbol{E}_k \|_2 = \| \boldsymbol{A} \|_2 = \sqrt{\rho(\boldsymbol{A}^{\mathrm{T}}\boldsymbol{A})} = \rho(\boldsymbol{A}).$$

又 $\rho(\boldsymbol{A}) = \max\limits_i |\lambda_i|$，因此 $|d_k|$，$|e_k| \leqslant \max\limits_i |\lambda_i|$.

(2)若 $\boldsymbol{A}$ 奇异，则 $\min\limits_i |\lambda_i(\boldsymbol{A})| = 0$，结论显然成立.

现假定 $\boldsymbol{A}$ 非奇异，则 $\boldsymbol{A}^{-1} = \boldsymbol{R}^{-1}\boldsymbol{Q}^{-1}$，易知 $\boldsymbol{A}^{-1}$ 仍为实对称阵，$\boldsymbol{Q}^{-1}$ 仍为正交阵．因此，

$$\| \boldsymbol{A}^{-1} \|_2 = \| \boldsymbol{R}^{-1}\boldsymbol{Q}^{-1} \|_2 = \| \boldsymbol{R}^{-1} \|_2.$$

而

$$\| \boldsymbol{A}^{-1} \|_2 = \rho(\boldsymbol{A}^{-1}) = \frac{1}{\min\limits_i |\lambda_i(\boldsymbol{A})|}, \quad \| \boldsymbol{R}^{-1} \|_2 = \rho(\boldsymbol{R}^{-1}) = \frac{1}{\min\limits_i |r_{ii}|},$$

因此 $\min\limits_i |r_{ii}| = \min\limits_i |\lambda_i(\boldsymbol{A})|$．故

$$|r_{nn}| \geqslant \min_i |r_{ii}| = \min_i |\lambda_i(\boldsymbol{A})|.$$

例 5.18　设 $\boldsymbol{A}_k = \boldsymbol{Q}_k\boldsymbol{R}_k$，$\boldsymbol{Q}_k$ 为正交矩阵，$\boldsymbol{R}_k$ 为有正对角元的上三角阵．已知当 $k \to \infty$ 时，$\boldsymbol{A}_k \to \boldsymbol{I}$，则 $\boldsymbol{Q}_k \to \boldsymbol{I}$，$\boldsymbol{R}_k \to \boldsymbol{I}$.

分析 直接利用矩阵的QR分解中矩阵 $\boldsymbol{Q}$ 和 $\boldsymbol{R}$ 的性质来证明.

证 由

$$\boldsymbol{A}_k^{\mathrm{T}} \boldsymbol{A}_k = (\boldsymbol{Q}_k \boldsymbol{R}_k)^{\mathrm{T}} (\boldsymbol{Q}_k \boldsymbol{R}_k) = \boldsymbol{R}_k^{\mathrm{T}} \boldsymbol{R}_k$$

知, $\boldsymbol{R}_k^{\mathrm{T}} \boldsymbol{R}_k \to \boldsymbol{I}(k \to \infty)$. 记上三角阵

$$\boldsymbol{R}_k = (r_{ij}^{(k)}) = \begin{pmatrix} d_1^{(k)} \\ d_2^{(k)} \\ \vdots \\ d_n^{(k)} \end{pmatrix},$$

$d_i^{(k)}$ 是 $\boldsymbol{R}_k$ 的第 i 个行向量, 则 $\boldsymbol{R}_k^{\mathrm{T}} \boldsymbol{R}_k$ 的第 i 行为 $\sum_{t=1}^{i} r_{ti}^{(k)} d_t^{(k)}$.

由 $\boldsymbol{R}_k^{\mathrm{T}} \boldsymbol{R}_k$ 的第1行

$$r_{11}^{(k)} d_1^{(k)} = (r_{11}^{(k)} \cdot r_{11}^{(k)},\ r_{11}^{(k)} \cdot r_{12}^{(k)},\ \cdots,\ r_{11}^{(k)} \cdot r_{1n}^{(k)}) \to (1,\ 0,\ \cdots,\ 0) \qquad (k \to \infty),$$

注意到 $\boldsymbol{R}_k$ 对角元为正, 有

$$r_{11}^{(k)} \to 1,\quad r_{1j}^{(k)} \to 0\ (k \to \infty),\quad j = 2,\ 3,\ \cdots,\ n.$$

$\boldsymbol{R}_k^{\mathrm{T}} \boldsymbol{R}_k$ 的第2行

$$\begin{aligned} r_{12}^{(k)} d_1^{(k)} + r_{22}^{(k)} d_2^{(k)} &= r_{12}^{(k)} (r_{11}^{(k)},\ r_{12}^{(k)},\ \cdots,\ r_{1n}^{(k)}) + r_{22}^{(k)} (0,\ r_{22}^{(k)},\ \cdots,\ r_{2n}^{(k)}) \\ &= (r_{12}^{(k)} r_{11}^{(k)},\ (r_{12}^{(k)})^2 + (r_{22}^{(k)})^2,\ \cdots,\ r_{12}^{(k)} r_{1n}^{(k)} + r_{22}^{(k)} r_{2n}^{(k)}) \\ &\to (0,\ 1,\ 0,\ \cdots,\ 0)\ (k \to \infty). \end{aligned}$$

因此, $r_{22}^{(k)} \to 1$, $r_{2j}^{(k)} \to 0\ (k \to \infty)$, $j = 3,\ 4,\ \cdots,\ n$.

同理逐行计算, 可得

$$\boldsymbol{R}_k \to \boldsymbol{I},\ \boldsymbol{R}_k^{-1} \to \boldsymbol{I},\ \boldsymbol{Q}_k = \boldsymbol{A}_k \boldsymbol{R}_k^{-1} \to \boldsymbol{I}(k \to \infty).$$

5.3.4 乘幂法和反幂法

例 5.19 设 $\boldsymbol{A}$ 的特征值为 $\lambda_1,\ \lambda_2,\ \cdots,\ \lambda_n$, 且 $|\lambda_1| > |\lambda_2| \geqslant \cdots \geqslant |\lambda_n|$, 相应的 n 个线性无关特征向量为 $\boldsymbol{v}_1,\ \boldsymbol{v}_2,\ \cdots,\ \boldsymbol{v}_n$, 则由式(5.4)所得到的序列 $\{\boldsymbol{z}_k\}$ 及 $\{m_k\}$ 分别有下列极限:

$$\lim_{k\to\infty} \boldsymbol{z}_k = \frac{\boldsymbol{v}_1}{\max(\boldsymbol{v}_1)},\quad \lim_{k\to\infty} m_k = \lambda_1.$$

分析 本题实际上是乘幂法的收敛性证明.

证 初始向量 $\boldsymbol{x}_0$ 可表示为 $\boldsymbol{x}_0 = \sum_{i=1}^{n} a_i \boldsymbol{v}_i$, 并假定 $a_1 \neq 0$, 则

$$\begin{aligned} \boldsymbol{z}_{k+1} = \frac{\boldsymbol{x}_{k+1}}{m_{k+1}} = \frac{\boldsymbol{A}\boldsymbol{z}_k}{\max(\boldsymbol{A}\boldsymbol{z}_k)} &= \frac{\boldsymbol{A} \cdot \dfrac{\boldsymbol{A}\boldsymbol{z}_{k-1}}{\max(\boldsymbol{A}\boldsymbol{z}_{k-1})}}{\max\left(\boldsymbol{A} \cdot \dfrac{\boldsymbol{A}\boldsymbol{z}_{k-1}}{\max(\boldsymbol{A}\boldsymbol{z}_{k-1})}\right)} \\ &= \frac{\boldsymbol{A}^2 \boldsymbol{z}_{k-1}}{\max(\boldsymbol{A}^2 \boldsymbol{z}_{k-1})} = \cdots = \frac{\boldsymbol{A}^{k+1} \boldsymbol{z}_0}{\max(\boldsymbol{A}^{k+1} \boldsymbol{z}_0)} = \frac{\boldsymbol{A}^{k+1} \boldsymbol{x}_0}{\max(\boldsymbol{A}^{k+1} \boldsymbol{x}_0)}. \end{aligned}$$

因此，

$$z_{k+1}=\frac{A^{k+1}x_0}{\max(A^{k+1}x_0)}=\frac{\sum_{i=1}^{n}a_iA^{k+1}v_i}{\max\left(\sum_{i=1}^{n}a_iA^{k+1}v_i\right)}=\frac{\sum_{i=1}^{n}a_i\lambda_i^{k+1}v_i}{\max\left(\sum_{i=1}^{n}a_i\lambda_i^{k+1}v_i\right)}$$

$$=\frac{a_1v_1+\sum_{i=2}^{n}a_i\left(\frac{\lambda_i}{\lambda_1}\right)^{k+1}v_i}{\max\left(a_1v_1+\sum_{i=2}^{n}a_i\left(\frac{\lambda_i}{\lambda_1}\right)^{k+1}v_i\right)}\to\frac{v_1}{\max(v_1)}\ (k\to\infty),$$

即 z_{k+1} 收敛于 $\frac{v_1}{\max(v_1)}$，且收敛比为 $\left|\frac{\lambda_2}{\lambda_1}\right|$，

$$m_{k+1}=\max(Az_k)=\frac{\max\left(A\sum_{i=1}^{n}a_i\lambda_i^kv_i\right)}{\max\left(\sum_{i=1}^{n}a_i\lambda_i^kv_i\right)}=\frac{\max\left(\sum_{i=1}^{n}a_i\lambda_i^{k+1}v_i\right)}{\max\left(\sum_{i=1}^{n}a_i\lambda_i^kv_i\right)}$$

$$=\lambda_1\cdot\frac{\max\left(a_1v_1+\sum_{i=2}^{n}a_i\left(\frac{\lambda_i}{\lambda_1}\right)^{k+1}v_i\right)}{\max\left(a_1v_1+\sum_{i=2}^{n}a_i\left(\frac{\lambda_i}{\lambda_1}\right)^{k}v_i\right)}\to\lambda_1(k\to\infty).$$

$\left(\right.$注意，当 $\frac{\lambda_i}{\lambda_1}$ 为复数时，由复数的三角表示可知 $k\to\infty$ 时仍有 $\left|\frac{\lambda_i}{\lambda_1}\right|^k\to 0\left.\right)$.

注　上述分析中假定了 $a_1\neq 0$，事实上由于迭代过程中舍入误差的影响，只要迭代次数足够多，最终会出现 $x_k=\sum_{i=1}^{n}b_{ki}v_i$ 有 $b_{k1}\neq 0$，因而可以得到上述结果，但在实际计算中，往往有对 x_0 的预先估计.

例 5.20　用乘幂法求矩阵 A 的按模最大特征值的近似值，取初始向量 $x_0=(1,1,1)^{\mathrm{T}}$，其中，$A=\begin{pmatrix}1&1.25&0\\0&2&0\\-1&1.25&3\end{pmatrix}$，精度 $\varepsilon\leqslant 10^{-7}$.

分析　本题属于常规的计算题，直接按照乘幂法迭代公式(5.4)计算即可.

解　按乘幂法迭代公式(5.4)，计算如下：

$x_0=(1,1,1)^{\mathrm{T}}$，$m_0=1$，$z_0=x_0$；

$x_1=Az_0=(2.25,2,3.25)^{\mathrm{T}}$，$m_1=3.25$，$z_1=(0.6923,0.6154,1)^{\mathrm{T}}$；

$x_2=Az_1=(1.4615,1.2308,3.0769)^{\mathrm{T}}$，$m_2=3.0769$，

$z_2=(0.475,0.4,1)^{\mathrm{T}}$；

$x_3=Az_2=(0.975,0.8,3.025)^{\mathrm{T}}$，$m_3=3.025$，$z_3=(0.322,0.264,1)^{\mathrm{T}}$；

…；

$\boldsymbol{x}_{28}=\boldsymbol{A}\boldsymbol{z}_{27}=(0.0006683,\ 0.00053463,\ 3.000000000)^{\mathrm{T}}$,

$m_{27}=3.000000000$, $\boldsymbol{z}_{27}=(0.00022276,\ 0.00017821,\ 1)^{\mathrm{T}}$.

因此,

$$\lambda_{\max}\approx m_{27}=3.000000000,$$

$$\boldsymbol{v}\approx\boldsymbol{z}_{27}=(0.00022276,\ 0.00017821,\ 1)^{\mathrm{T}}.$$

注 实际上，本题的矩阵 $\boldsymbol{A}$ 的按模最大的特征值是 $\lambda_{\max}=3.0$.

例 5.21 取平移量 $p=2.5$，用原点平移法求例 5.20 中矩阵 $\boldsymbol{A}$ 的按模最大的特征值，精度 $\varepsilon\leqslant10^{-7}$.

解 $\boldsymbol{A}-p\boldsymbol{I}=\begin{pmatrix}1.5&-1&1\\-1&0.5&-2\\1&-2&0.5\end{pmatrix}$，用带原点平移的乘幂法迭代公式(5.5)求矩阵 $\boldsymbol{A}-p\boldsymbol{I}$ 的特征值 $\mu_1=\lambda_1-p$，计算如下：

$\boldsymbol{x}_0=(1,\ 0,\ 0)^{\mathrm{T}}$, $m_0=1$, $\boldsymbol{z}_0=\boldsymbol{x}_0$;

$\boldsymbol{x}_1=(\boldsymbol{A}-p\boldsymbol{I})\boldsymbol{z}_0=(1.5,\ -1.0,\ 1.0)^{\mathrm{T}}$, $m_1=1.5$,

$\boldsymbol{z}_1=(1.0000000,\ -0.6666667,\ 0.6666667)^{\mathrm{T}}$;

$\boldsymbol{x}_2=(\boldsymbol{A}-p\boldsymbol{I})\boldsymbol{z}_1=(2.8333333,\ -2.6666667,\ 2.6666667)^{\mathrm{T}}$,

$m_2=2.8333333$, $\boldsymbol{z}_2=(1.0000000,\ -0.9411765,\ 0.9411765)^{\mathrm{T}}$;

$\boldsymbol{x}_3=(\boldsymbol{A}-p\boldsymbol{I})\boldsymbol{z}_2=(3.3823529,\ -3.3529412,\ 3.3529412)^{\mathrm{T}}$,

$m_3=3.3823529$, $\boldsymbol{z}_3=(1.0000000,\ -0.9913043,\ 0.9913043)^{\mathrm{T}}$;

…

$\boldsymbol{x}_{12}=(\boldsymbol{A}-p\boldsymbol{I})\boldsymbol{z}_{11}=(3.5000000,\ -3.5000000,\ 3.5000000)^{\mathrm{T}}$,

$m_{12}=3.5000000$, $\boldsymbol{z}_{12}=(1.0000000,\ -1.0000000,\ 1.0000000)^{\mathrm{T}}$.

因此,

$$\mu_{\max}\approx m_{12}=3.5000000,$$

$$\boldsymbol{v}\approx\boldsymbol{z}_{12}=(1.0000000,\ -1.0000000,\ 1.0000000)^{\mathrm{T}}.$$

从而 $\lambda_{\max}=6.0$.

评注 从本题可以看出，带原点平移的乘幂法可以加速收敛，但用这种方法必须对特征值的分布有所了解.

例 5.22 用反幂法求矩阵 $\boldsymbol{A}$ 的按模最小的特征值，其中,

$$\boldsymbol{A}=\begin{pmatrix}4&-1&1\\-1&3&-2\\1&-2&3\end{pmatrix},$$

精度 $\varepsilon\leqslant10^{-7}$.

分析 本题属于常规的计算题，直接按照反幂法迭代公式(5.6)计算即可.

解 用反幂法迭代公式(5.6)，计算如下：

$\boldsymbol{x}_0=(1,\ 1,\ 1)^{\mathrm{T}}$, $m_0=1$, $\boldsymbol{z}_0=\boldsymbol{x}_0$;

$Ax_1 = z_0$, $x_1 = (0.2777778, 1.0555556, 0.9444444)^T$,

$m_1 = 1.0555556$, $z_1 = (0.2631579, 1.0000000, 0.8947368)^T$;

$Ax_2 = z_1$, $x_2 = (0.0789474, 0.9736842, 0.9210526)^T$,

$m_2 = 09736842$, $z_2 = (0.0810811, 1.0000000, 0.9459459)^T$;

…

$Ax_{16} = z_{15}$, $x_{16} = (0.0000000, 1.0000000, 1.0000000)^T$,

$m_{16} = 1.000000$, $z_{16} = (0.000000, 1.000000, 1.000000)^T$.

因此,

$$\lambda_{\min} \approx \frac{1}{m_{16}} = 1.0, \quad v = (0, 1, 1)^T.$$

注　实际上本题的矩阵 $\boldsymbol{A}$ 的按模最小的特征值是 $\lambda_{\min} = 1.0$.

例 5.23　设 $\boldsymbol{A}$ 的特征值 $\lambda_i (i = 1, 2, \cdots, n)$ 满足

$$\lambda_1 = -\lambda_2 > |\lambda_3| \geqslant |\lambda_4| \geqslant \cdots \geqslant |\lambda_n|,$$

且它们对应的特征向量 $\boldsymbol{v}_i (i = 1, 2, \cdots, n)$ 线性无关, $0 < \mu < \lambda_1 - |\lambda_3|$. 试证: 对于适当选择的初始向量 $\boldsymbol{x}_0$, 用 $\boldsymbol{B} = \boldsymbol{A} + \mu \boldsymbol{E}$ 作乘幂法迭代得到的向量序列 $\{\boldsymbol{x}_k\}$ 收敛于 $\boldsymbol{v}_1$.

分析　本题要证明对 $\boldsymbol{B}$ 进行乘幂法迭代的收敛性, 如果我们能证明 $\boldsymbol{B}$ 对应于特征向量 $\boldsymbol{v}_1$ 的特征值是按模最大的, 则直接就可以利用乘幂法的收敛性的结论.

证　令 $\overline{\lambda}_i = \lambda_i + \mu \ (i = 1, 2, \cdots, n)$, 则 $\overline{\lambda}_i$ 为 $\boldsymbol{B}$ 的第 i 个特征值, 相应的特征向量为 v_i. 由 $\overline{\lambda}_i = \lambda_i + \mu$, $0 < \mu < \lambda_1 - |\lambda_3|$ 得

$$|\overline{\lambda}_2| = |\lambda_2 + \mu| = |-\lambda_1 + \mu| = |\lambda_1 - \mu| = \lambda_1 - \mu < \lambda_1 + \mu = \overline{\lambda}_1,$$

因此对于 $i = 3, 4, \cdots, n$,

$$|\overline{\lambda}_i| = |\lambda_i + \mu| \leqslant |\lambda_i| + \mu \leqslant |\lambda_3| + \mu < |\lambda_3| + (\lambda_1 - |\lambda_3|) = \lambda_1 < \overline{\lambda}_1,$$

即 $\overline{\lambda}_1$ 为 $\boldsymbol{B}$ 的按模最大的特征值, $\boldsymbol{v}_1$ 为对应于 $\overline{\lambda}_1$ 的特征向量, 故对 $\boldsymbol{B}$ 作乘幂法迭代所得到的向量序列收敛到 $\boldsymbol{v}_1$.

注　如果矩阵的其中几个特征值的模相等, 而不存在一个按模最大的, 则不能直接用乘幂法来计算. 本题说明我们可以将矩阵变形为新矩阵, 使得新矩阵有按模最大的特征值, 从而可以用乘幂法来求新矩阵的特征值和相应的特征向量, 而得到原矩阵的特征值和特征向量.

例 5.24　设 n 阶矩阵 $\boldsymbol{A}$ 的特征值都是实数, 满足条件

$$\lambda_1 > \lambda_2 \geqslant \lambda_3 \geqslant \cdots \geqslant \lambda_n.$$

证明: 为求 λ_1 而进行原点平移, 取 $p = \frac{1}{2}(\lambda_2 + \lambda_n)$ 时乘幂法收敛最快.

分析　对矩阵 $\boldsymbol{A}$ 作原点平移可以加速收敛, 但比值 $\frac{|\lambda_i - p|}{|\lambda_1 - p|} (i = 2, \cdots, n)$ 的大小决定收敛速度的快慢, 因此我们只要证明当 $p = \frac{1}{2}(\lambda_2 + \lambda_n)$ 时 $\frac{\max\limits_{2 \leqslant i \leqslant n} |\lambda_i - p|}{|\lambda_1 - p|}$ 取得最小

即可.

证 带原点位移的矩阵 $\boldsymbol{A}-p\boldsymbol{I}$ 的特征值为 λ_1-p，λ_2-p，…，λ_n-p，为求 λ_1，p，应满足

$$|\lambda_1-p|>|\lambda_i-p|,\quad i=2,3,\cdots,n. \tag{5.16}$$

要使乘幂法收敛最快，必须让收敛比

$$S(p)=\frac{\max\limits_{2\leqslant i\leqslant n}|\lambda_i-p|}{|\lambda_1-p|}=\frac{\max\{|\lambda_2-p|,|\lambda_n-p|\}}{|\lambda_1-p|}$$

取得最小. 由几何意义易知，只有 $|\lambda_2-p|=|\lambda_n-p|$ 即 $p=\frac{1}{2}(\lambda_2+\lambda_n)$ 时上式最小. 又

$$\frac{|\lambda_2-p|}{|\lambda_1-p|}=\frac{\lambda_2-\lambda_n}{2\lambda_1-\lambda_2-\lambda_n}=\frac{(\lambda_1-\lambda_n)-(\lambda_1-\lambda_2)}{(\lambda_1-\lambda_n)+(\lambda_1-\lambda_2)}<1,$$

因此，p 满足式(5.16)，故结论成立.

例 5.25 设 $\boldsymbol{A}$ 为 n 阶实对称矩阵，其特征值满足

$$|\lambda_1|>|\lambda_2|\geqslant|\lambda_3|\geqslant\cdots\geqslant|\lambda_n|,$$

对 $\boldsymbol{A}$ 做乘幂法运算 $\boldsymbol{x}_{k+1}=\boldsymbol{A}\boldsymbol{x}_k(k=1,2,\cdots)$，证明：

$$\frac{(\boldsymbol{A}\boldsymbol{x}_k,\boldsymbol{x}_k)}{(\boldsymbol{x}_k,\boldsymbol{x}_k)}=\lambda_1+O\left(\left|\frac{\lambda_2}{\lambda_1}\right|^{2k}\right).$$

证 由于 $\boldsymbol{A}$ 为 n 阶实对称矩阵，因此存在分别对应于特征值 λ_1，λ_2，…，λ_n 的 n 个规范正交的特征向量 $\boldsymbol{u}_1$，$\boldsymbol{u}_2$，…，$\boldsymbol{u}_n$. 取初始向量 $\boldsymbol{x}_0=\alpha_1\boldsymbol{u}_1+\alpha_2\boldsymbol{u}_2+\cdots+\alpha_n\boldsymbol{u}_n$，则

$$\begin{aligned}\boldsymbol{x}_k&=\boldsymbol{A}\boldsymbol{x}_{k-1}=\cdots=\boldsymbol{A}^k\boldsymbol{x}_0\\&=\lambda_1^k\alpha_1\boldsymbol{u}_1+\lambda_2^k\alpha_2\boldsymbol{u}_2+\cdots+\lambda_n^k\alpha_n\boldsymbol{u}_n,\end{aligned}$$

$$\begin{aligned}\frac{(\boldsymbol{A}\boldsymbol{x}_k,\boldsymbol{x}_k)}{(\boldsymbol{x}_k,\boldsymbol{x}_k)}&=\frac{\alpha_1{}^2\lambda_1{}^{2k+1}+\alpha_2{}^2\lambda_2{}^{2k+1}+\cdots+\alpha_n{}^2\lambda_n{}^{2k+1}}{\alpha_1{}^2\lambda_1{}^{2k}+\alpha_2{}^2\lambda_2{}^{2k}+\cdots+\alpha_n{}^2\lambda_n{}^{2k}}\\&=\lambda_1+O\left(\left|\frac{\lambda_2}{\lambda_1}\right|^{2k}\right).\end{aligned}$$

评注 一方面，$\frac{(\boldsymbol{A}\boldsymbol{x}_k,\boldsymbol{x}_k)}{(\boldsymbol{x}_k,\boldsymbol{x}_k)}$ 实际上就是矩阵 $\boldsymbol{A}$ 关于向量 $\boldsymbol{x}_k$ 的 Rayleigh 商 $\frac{\boldsymbol{x}_k^{\mathrm{T}}\boldsymbol{A}\boldsymbol{x}_k}{\boldsymbol{x}_k^{\mathrm{T}}\boldsymbol{x}_k}$，说明向量 $\boldsymbol{x}_k$ 的 Rayleigh 商给出特征值 λ_1 的较好的近似；另一方面，注意到 $O\left(\left|\frac{\lambda_2}{\lambda_1}\right|^{2k}\right)$ 比乘幂法中的 $O\left(\left|\frac{\lambda_2}{\lambda_1}\right|^{k}\right)$ 收敛于零的速度快，从而说明 Rayleigh 商是一种除原点平移法以外的另一种乘幂法的加速技术.

第6章　插　值　法

6.1　主要内容

本章要求理解插值法的概念，掌握多项式插值的方法，注意整体插值与分段插值的区别．主要是熟练掌握 Lagrange 插值、Newton 插值、差商的基本性质、Hermite 插值以及样条函数插值的方法，掌握各种插值方法误差估计的基本思想，了解 Lagrange 插值会出现的一些问题，以及学会使用插值法的思想方法解决一些与插值相关的问题.

6.2　知识要点

6.2.1　插值法的概念

1. 插值的定义

给定某一实区间 $[a, b]$ 上互异的 $n+1$ 个点 $x_0, x_1, \cdots, x_n$ 的函数值 $\{x_j, f(x_j)\}_{j=0}^{n}$ 或 $\{x_j, f^{(i)}(x_j)\}_{j=0}^{m}$ $(i=0, 1, \cdots, k_{j-1}, \sum_{j=0}^{m} k_j = n+1)$，求一个 n 次代数多项式 $p_n(x) \in \mathbf{P}_n$（其中 $\mathbf{P}_n$ 表示所有次数不超过 n 次的代数多项式集合，在强调所讨论的区间 $[a, b]$ 时，也记为 $\mathbf{P}_n[a, b]$）使得

$$p_n(x_j)=f(x_j), \quad j=0, 1, \cdots, n$$

或

$$p_n^{(i)}(x_j)=f^{(i)}(x_j), \quad j=0, 1, \cdots, m; \quad i=0, 1, \cdots, k_j. \tag{6.1}$$

其中 $p_n(x)$ 为插值多项式，$f(x)$ 为被插值函数；$[a, b]$ 为插值区间，点集 $\{x_j\}_{j=0}^{n}$ 为插值节点，式(6.1)为插值条件．当用 $x=x^*$ 处的函数值 $p_n(x^*)$ 近似 $f(x^*)$ 时，称 x^* 为插值点，称 $x^* \in (a, b)$ 时的插值为内插，否则称为外插.

将插值区间 $[a, b]$ 分成若干个小区间，在各个小区间上要求满足提出的插值条件的一类插值问题称为分段插值，若每个区间上的插值函数为代数多项式则称为分段多项式插值．样条函数插值就是分段插值.

定理 6.1　给定区间 $[a, b]$ 上互异的 $n+1$ 个点 $\{x_j\}_{j=0}^{n}$ 上的函数表格：$\{x_j, f(x_j)\}_{j=0}^{n}$，满足插值条件 $P_n(x_j)=f(x_j)$ $(j=0, 1, \cdots, n)$ 的 $p_n(x) \in \mathbf{P}_n$ 存在且唯一.

注 1　定理 6.1 仅仅给出了插值多项式 $p_n(x)$ 的存在唯一性，并没有给出如何求解

$p_n(x)$ 的一个有效的算法．教材中的证明使用了 Vandermonde 矩阵行列式非零的结论，但是求解 Vandermonde 矩阵并不是一个数值稳定的算法(读者可以进行如下的上机练习，对 $[-1, 1]$ 上给定的节点组 $\{x_i\}_{i=0}^n$，观察其对应的 $n+1$ 阶 Vandermonde 矩阵的谱的分布(使用 MATLAB 函数 svd)．取节点组为等距节点．Chebyshev 节点以及随机节点，n 可以从 10 到 30)，其内在的原因是标准基在 $\{1, x, \cdots, x^n\}$ 并不是 $\mathbf{P}_n$ 空间的一组稳定的基底(参考第 7 章注 3)．为了给出一种稳定的数值算法，我们将使用不同的基底(Lagrange 基底和 Newton 基底)，从而得到 Lagrange 插值方法和 Newton 插值方法.

2. Lagrange 插值和 Newton 插值

Lagrange 插值

$$L_n(x) = \sum_{j=0}^{n} f(x_j) l_j(x), \tag{6.2}$$

其中，$l_j(x) = \prod_{\substack{i=0 \\ i\neq j}}^{n} \frac{x - x_i}{x_j - x_i}$，$j = 0, 1, \cdots, n$ 称为 Lagrange 插值基函数.

Newton 插值

$$\begin{aligned} N_n(x) = & f(x_0) + f[x_0, x_1](x - x_0) + f[x_0, x_1, x_2](x - x_0)(x - x_1) \\ & + \cdots + f[x_0, x_1, \cdots, x_n]\prod_{i=0}^{n-1}(x - x_i), \end{aligned} \tag{6.3}$$

其中，$f[x_0, x_1, \cdots, x_j]$ 称为函数 $f(x)$ 在 $j+1$ 个节点 $x_0, x_1, \cdots, x_j$ 上的 j 阶差商.

定理 6.2 若 $f^{(n+1)}(x)$ 在 $[a, b]$ 上存在，在 $n+1$ 个点 $\{x_j\}_{j=0}^n \subseteq [a, b]$ 上对 $f(x)$ 的 n 次插值多项式 $P_n(x)$ 有误差估计式：

$$R(x) = f(x) - P_n(x) = \frac{f^{(n+1)}(\xi)}{(n+1)!}\prod_{i=0}^{n}(x - x_i), \tag{6.4}$$

其中，ξ 位于包含 $x_0, x_1, \cdots, x_n, x$ 的最小闭区间内部.

注 2 根据定理 6.1 给出的插值多项式的存在唯一性，因此定理 6.2 这个误差估计对 Lagrange 插值和 Newton 插值都成立．但这里的误差估计是一致的，并不能明确给出每个点的误差．我们利用差商的定义来给出一个带差商项的误差估计，可以用来估计每个点的误差(参考差商的性质 3).

3. 差商的基本性质

性质 1 差商可由相关节点上函数值线性表出

$$f[x_0, x_1, \cdots, x_k] = \sum_{j=0}^{k} f(x_j) \Big/ \prod_{\substack{i=0 \\ i\neq j}}^{k} (x_j - x_i).$$

性质 2 $f[x_0] = f(x_0)$，$f[x_0, \cdots, x_k] = \dfrac{f[x_1, \cdots, x_k] - f[x_0, \cdots, x_{k-1}]}{x_k - x_0}$.

性质 3 $f(x) - P_n(x) = \prod_{i=0}^{n}(x - x_i) f[x_0, \cdots, x_n, x]$，其中 $P_n(x)$ 是插值多项式.

性质4 若函数$f(x)$的$n+1$阶导数在区间$[a, b]$上存在，则

$$f[x_0, x_1, \cdots, x_n, x] = \frac{f^{(n+1)}(\zeta)}{(n+1)!},$$

其中，ζ位于包含$x_0, x_1, \cdots, x_n, x$的最小闭区间的内部.

注3 性质1说明了差商对点的对称性，性质2则解释了差商定义的由来，性质3给出了插值多项式余项的精确估计，性质4说明了差商与导数的关系．这些性质的证明请参考例6.6.

4. 重心公式

在实际应用中，给定了插值点和插值点上的函数值$\{x_i, f(x_i)\}_{i=0}^{n}$，如何快速稳定地求出插值多项式$P_n(x)$并不是一件显然的事情．为了比较精确地估计出$P_n(x)$，我们通常需要在非常细的网格下计算$P_n(x)$的数值$\left(\text{如计算出} P_n\left(a+\frac{b-a}{M}i\right), M=10^4, i=0, \cdots, M\right)$.
如果使用Lagrange插值的原始公式(6.2)，为了估计每一个函数值$P_n(x)$（或$L_n(x)$），我们需要进行$O(n^2)$的运算．但是在计算不同节点的函数值时，有大量的运算是重复运算，可以进行简化，一种流行的做法是使用重心公式(请看参考文献[30]和[31])．

首先，令$w_{n+1}(x) = \prod_{i=0}^{n}(x - x_i)$，则Lagrange基函数$l_j(x)$写为

$l_j(x) = w_{n+1}(x)w_j/(x - x_j)$，其中，$w_j$为常数：$w_j = \dfrac{1}{\prod_{k\neq j}(x_j - x_k)}$.

于是Lagrange插值多项式可以表示为

$$P_n = w_{n+1}(x)\sum_{j=0}^{n}\frac{w_j}{x - x_j}f(x_j).$$

此式称为第一类重心公式，进一步利用恒等式

$$1 = \sum_{j=0}^{n} l_j(x) = w_{n+1}(x)\sum_{j=0}^{n}\frac{w_j}{x - x_j},$$

得到$P_n(x) = \dfrac{\sum_{j=0}^{n}\frac{w_j}{x - x_j}f(x_j)}{\sum_{j=0}^{n}\frac{w_j}{x - x_j}}$.

这个式子称为第二类重心公式，这也是重心公式名词的由来．可以证明重心公式具有很好的数值稳定性(请看参考文献[30])，即使x靠近某个插值点x_j，P_n的数值精度依然可以达到机器精度.

5. Hermite 插值

我们只给出在每一个节点上插值和被插值函数的一阶导数以及函数值相等的Hermite

插值公式

$$H_{2m+1}(x)=\sum_{j=0}^{m}(f(x_j)h_j(x)+f'(x_j)g_j(x)),$$

其中,

$$h_j(x)=[1-2l_j(x_j)(x-x_j)]\ l_j^2(x),$$
$$g_j(x)=(x-x_j)l_j^2(x),\ j=0,1,\cdots,m,$$
$$l_j(x)=\prod_{i=0,\ i\neq j}^{m}\frac{x-x_i}{x_j-x_i},\ j=0,1,\cdots,m.$$

定理 6.3 满足插值条件 $H_{2m+1}^{(i)}(x_j)=f^{(i)}(x_j)$, $i=0,1$, $j=0,1,\cdots,m$ 的 $H_{2m+1}(x)$ 存在且唯一性.

定理 6.4 若函数 $f(x)$ 在 $[a,b]$ 上有 $2m+2$ 阶导数, 则满足定理 6.3 插值条件的插值多项式 $H_{2m+1}(x)$ 与 $f(x)$ 的误差估计为

$$R(x)=f(x)-H_{2m+1}(x)=\frac{1}{(2m+2)!}f^{(2m+2)}(\xi)\prod_{i=0}^{m}(x-x_i)^2,$$

其中, ξ 位于包含 x_0, x_1, $\cdots$, x_m, x 的最小闭区间的内部.

6.2.2 分段多项式插值

当我们采用等距节点做整体插值时, 会有 Runge 现象和很强的数值不稳定性(即 Lebesgue 常数呈指数增长), 参考本节第三部分. 如果用不等距节点(如 Chebyshev 点), 插值可部分避免这些问题, 但是如果被插值的函数不光滑甚至不连续时, 整体插值依然有误差的全局传播与不连续点的 Gibbs 现象等. 另一方面, 不等距节点的数值处理相对比较复杂, 为了克服理论和数值上的困难, 我们可以采用一种简单分段插值的处理方式.

1. 定义

将插值区间分划或分割成若干小区间, 由给出的插值条件所求的插值函数为分段多项式时的插值, 称为分段多项式插值.

区间 $[a,b]$ 关于节点 x_0, $x_1\cdots$, x_n 的一个分划或分割 π 记为

$$\pi:\ a=x_0<x_1<\cdots<x_{n-1}<x_n=b,$$

称 $\lambda=\max\limits_{1\leqslant i\leqslant n}\{|x_i-x_{i-1}|\}$ 为分划 π 的细度.

在每个小区间 $[x_{i-1},x_i]$ $(i=1,2,\cdots,n)$ 上做 Lagrange 插值, 称为分段 Lagrange 插值; 而做 Hermite 插值, 则称为分段 Hermite 插值.

最简单的分段 Lagrange 插值是分段线性插值, 而最简单的分段 Hermite 插值则为分段三次 Hermite 插值. 下面我们分别给出其误差估计.

定理 6.5 令 $f(x)$ 在 $[a,b]$ 上为二次连续可微函数, 分段线性 Lagrange 插值函数为 p_n, 则有

$$\begin{cases}\max\limits_{x\in[a,\,b]}|f(x)-p_n(x)|\leqslant\dfrac{\lambda^2}{8}\max\limits_{x\in[a,\,b]}|f''(x)|,\\ \left[\displaystyle\int_a^b|f^{(m)}(x)-p_n{}^{(m)}(x)|^2\mathrm{d}x\right]^{1/2}\leqslant C\lambda^{2-m}\left[\displaystyle\int_a^b|f''(x)|^2\mathrm{d}x\right]^{1/2},\ m=0,\ 1.\end{cases}$$

定理 6.6 令 $f\in C^4[a,\ b]$，$H_n(x)$ 为分段三次 Hermite 插值，则有

$$\max_{x\in[a,\,b]}|f(x)-H_n(x)|\leqslant\frac{\lambda^4}{384}\max_{x\in[a,\,b]}|f^{(4)}(x)|.$$

2. 三次样条插值

样条插值是分段多项式插值，分片线性插值也可以看成一次样条插值．最常用的样条插值是三次样条函数插值，其插值条件在内部节点 $x_1,\ x_2,\ \cdots,\ x_{n-1}$ 上要求 $S(x_j)=f(x_j)$，$j=1,\ 2,\ \cdots,\ n-1$，还要求在边界上满足：

固支边界条件是：$S(x_j)=f(x_j)$，$S'(x_j)=f'(x_j)=m_j$，$j=0,\ n$；

简支边界条件是：$S(x_j)=f(x_j)$，$S''(x_j)=f''(x_j)=M_j$，$j=0,\ n$；

还有周期边界条件等.

特别地，简支边界条件当取 $M_0=M_n=0$ 时称为自然边界条件，由此条件所得插值样条函数称为三次自然样条.

最常用的三次样条插值的求法有两种——三弯矩法和三转角法，分别对应于简支边界条件和固支边界条件.

1）三弯矩法

令 $M_j=S''(x_j)$ $(j=0,\ 1,\ 2,\ \cdots,\ n)$ 待定，且记 $h_j=x_{j+1}-x_j$ $(j=0,\ 1,\ \cdots,\ n-1)$，由三次样条函数隐含的条件

$$S'_+(x_j)=S'_-(x_j)\qquad(j=1,\ 2,\ \cdots,\ n-1),$$

可以建立三次样条插值的“三弯矩”公式为

$$h_{j-1}M_{j-1}+2(h_{j-1}+h_j)M_j+h_jM_{j+1}=-\frac{6}{h_{j-1}}(f_j-f_{j-1})+\frac{6}{h_j}(f_{j+1}-f_j),$$
$$j=1,\ 2,\ \cdots,\ n-1.\tag{6.5}$$

再利用简支边界条件，可得在每个小区间 $[x_j,\ x_{j+1}]$ $(j=0,\ 1,\ \cdots,\ n-1)$ 上三次插值样条函数的表达式为

$$S(x)=\frac{M_j}{6h_j}(x_{j+1}-x)^3+\frac{M_{j+1}}{6h_j}(x-x_j)^3+\left(f(x_j)-\frac{h_j^2}{6}M_j\right)\frac{x_{j+1}-x}{h_j}$$
$$+\left(f(x_{j+1})-\frac{h_j^2}{6}M_{j+1}\right)\frac{x-x_j}{h_j},\quad x\in[x_j,\ x_{j+1}].\tag{6.6}$$

2）三转角法

若令 $m_j=S'(x_j)$ $(j=0,\ 1,\ \cdots,\ n)$ 待定，且记 $h_j=x_{j+1}-x_j$ $(j=0,\ 1,\ \cdots,\ n-1)$，由三次样条函数隐含的条件

$$S''_+(x_j)=S''_-(x_j)\qquad(j=1,\ 2,\ \cdots,\ n-1),$$

可以建立三次样条函数插值的三转角公式为

$$h_j m_{j-1} + 2(h_{j-1} + h_j) m_j + h_{j-1} m_{j+1} = 3[h_{j-1}(f_{j+1} - f_j) + h_j(f_j - f_{j-1})],$$
$$j = 1, 2, \cdots, n-1. \tag{6.7}$$

再利用固支边界条件，可得在每个小区间 $[x_j, x_{j+1}]$ $(j = 0, 1, \cdots, n-1)$ 上三次插值样条函数的表达式为

$$S(x) = \frac{(x - x_j - h_j)^2}{h_j^2}\left(1 + 2\frac{x - x_j}{h_j}\right) f(x_j) + \left(\frac{x - x_j}{h_j}\right)^2 \left(3 - 2\frac{x - x_j}{h_j}\right) f(x_{j+1})$$
$$+ \frac{(x - x_j - h_j)^2}{h_j^2}(x - x_j) m_j + \frac{(x - x_j)^2 (x - x_j - h_j)}{h_j^2} m_{j+1}, \quad x \in [x_j, x_{j+1}]. \tag{6.8}$$

定理 6.7 令 $f(x) \in C^2[a, b]$，$S(x)$ 为三次自然样条函数，于是有

$$\int_a^b |S''(x)|^2 dx \leqslant \int_a^b |f''(x)|^2 dx,$$

等式成立当且仅当 $f(x) = S(x)$.

6.2.3 多项式插值的一些补充问题

前面定理 6.2 给出了插值多项式余项的误差估计，但是其并没有回答如下一个基本的问题：当插值的节点数目逐渐增大的时候，插值多项式 $P_n(x)$ 能否收敛到 $f(x)$？

这是一个非常有意义而且困难的问题，其答案取决于插值点的分布、函数 $f(x)$ 的性质以及在何种意义下收敛．我们在这一节要考虑两种常用的节点组(为简单起见，令插值区间 $[a, b]$ 为 $[-1, 1]$)：

- **等距节点组**：$x_i = -1 + \dfrac{2i}{n}$，$i = 0, \cdots, n$.
- Chebyshev 节点组：$x_j = -\cos\dfrac{(2j+1)\pi}{2(n+1)}$，$j = 0, \cdots, n$. 第一类

  $x_i = -\cos\dfrac{i\pi}{n}$，$i = 0, \cdots, n$. 第二类

在后面的章节中如果不做特殊说明，Chebyshev 节点组总是意味着第二类节点组.

1. Runge 现象

即使 $f(x)$ 非常光滑(例如属于 $C^\infty(R)$，或者在 $[a, b]$ 上实解析)，但是不能解析延拓到整个复平面，则等距节点的 Lagrange 插值仍然可能发散．这一现象由 Runge 在 1901 年首次发现，通常称 $f(x) = \dfrac{1}{1 + 25x^2}$ $(x \in [-1, 1])$ 为 Runge 函数(或 $f(x) = \dfrac{1}{1 + x^2}$ $(x \in [-5, 5])$)．我们在后面的例 6.13 中会发现 Runge 函数在 $[-5, 5]$ 的区间上做等距节点的插值，只能在 $(-r, r)$ 的区间上保证收敛 $(r \approx 3.63)$．进一步的，如果 $f(x)$ 的光滑性不够好，则等距节点的插值可能更加复杂．如 Bernstein 在 1912 年研究了函数 $f(x) = |x|$ 在 $[-1, 1]$ 上的等距节点上做多项式插值，他证明了除了 $x = 0$，± 1 三个点外，其他所有点都发散.

2. Lebesgue 常数

除了理论上的收敛性，我们还需要考虑数值稳定性．为了考察插值节点组的数值稳定性，我们需要引入 Lebesgue 常数的概念．

定义 6.8 令 X 为 $[a, b]$ 上 $n+1$ 个插值点构成的点集，定义 Lebesgue 常数 $\Lambda_n(X) = \sup \dfrac{\| p_n(x) \|_{C[a,b]}}{\| f \|_{C[a,b]}} = \| \sum_{i=0}^{n} l_i(x) \|$，其中，$l_i(x)$ 为 Lagrange 插值基函数．

定理 6.9 $\Lambda_n(X) = \sup\limits_{|y_i| \leqslant 1} \| p_n(x) \|_{C[a,b]}$，其中，$p_n(x)$ 为满足插值条件 $p_n(x_i) = y_i$ 的插值多项式．

详细的证明见例 6.14．

在给定插值节点组的情况下，Lagrange 插值构成了从 $\mathbb{R}^{n+1}(\{y_i\}_{i=0}^{n})$ 到 $\mathbf{P}_n(p_n(x))$ 的一个线性映射，Lebesgue 常数描述了 $(\mathbb{R}^{n+1}, \| \cdot \|_\infty)$ 到 $(\mathbf{P}_n(x), \| \cdot \|_{C[a,b]})$ 两个范数之间的等价常数．在数值计算中，Lebesgue 常数则描述了误差的放大倍数．

下面的定理显示了等距节点是一种非常不稳定的选择．

定理 6.10 令 $X = \left\{ \dfrac{i}{n},\ i = -n, \cdots, 0, \cdots, n \right\}$，则对应的 Lebesgue 常数 $\Lambda_{2n}(X) \geqslant \dfrac{4^{n-2}}{n^2}$．

证明请参见例 6.15．

关于 Lebesgue 常数还有下面一些非常精细的结论：

定理 6.11 (1)任给 $[-1, 1]$ 上的 $n+1$ 个点构成插值点集合 X，有

$\Lambda(X) \geqslant \dfrac{2}{\pi}\log(n+1) + C$，$C = \dfrac{2}{\pi}\left(r + \log\dfrac{4}{\pi}\right)$，$r$ 为 Euler 常数 ≈ 0.577．

(2)对于 $n+1$ 个 Chebyshev 点构成 X，有

$$\Lambda(X) \leqslant \frac{2}{\pi}\log(n+1) + 1.$$

(3)对于 $n+1$ 个等距节点构成 X，有

$$\Lambda(X) \sim \frac{2^{n+1}}{en\log n}.$$

注 4 这个定理的证明比较复杂，我们这里不做详述．证明见参考文献[30]的第 15.2 节以及那里所提到的相关文献．

从上面这个定理中我们可以发现 Chebyshev 点是我们能拿到的几乎最小的 Lebesgue 常数的点集．

3. 多项式插值的一些结论

由 Weierstrass 第一逼近定理，我们知道任意一个连续函数在 $[a, b]$ 上都可以由一系列的多项式在无穷模的意义下近似，那么这类多项式有没有可能是插值多项式呢？Marcinkiewicz 给出了正面的结论．

定理 6.12 （Marcinkiewicz 插值定理）对于任意连续函数 $f(x) \in C[a, b]$，$\forall \varepsilon > 0$，$\exists$ 节点 $\{x_i\}_{i=0}^{n}$，s. t. 其插值多项式 P_n 满足 $\| P_n - f \|_{C[a, b]} \leqslant \varepsilon$.

证明请参考第 7 章的例 7. 8.

反过来，如果插值节点固定，收敛性则需要插值函数的光滑性假设，如果节点取定为等距节点，我们知道即使 $f(x) \in C^{\infty}[a, b]$ 也不足以保证插值的收敛性（见 Runge 函数）. 但是如果取成 Chebyshev 节点，只需要 $f(x) \in BV[a, b]$（有界变差或绝对连续函数）就可以保证插值的收敛性. 见如下定理：

定理 6.13 如果 $f(x) \in BV[a, b]$，则 Chebyshev 插值多项式 $P_n(x)$ 有

$$\lim_{n\to\infty} \| P_n - f \|_{C[-1, 1]} \to 0.$$

证明见参考文献[30]的定理 7. 2.

如果插值函数仅有连续性条件，一般来说不会有统一的收敛性结论.

定理 6.14 （Faber 定理）对于给定的插值点 $\{x_j^n\}_{j=0}^{n}$，$n = 1, 2, \cdots$，都存在一个连续函数 f，使得插值多项式 $P_n(x)$ 在无穷模的意义下不会收敛到 $f(x)$.

此定理可以由共鸣定理和 Lebesgue 常数的下界估计得到，证明见参考文献[29].

6.3 典型例题

6.3.1 插值法

例 6.1 设函数 $f(x)$ 在区间 $[a, b]$ 上足够光滑，给定 $f(a)$，$f'(a)$，$f(b)$，求 $H(x) \in \boldsymbol{P}_2$，使得 $H^{(i)}(a) = f^{(i)}(a)$，$i = 0, 1$，$H(b) = f(b)$.

分析 本题是一个非标准的带导数插值问题，先证明 $H(x)$ 的存在唯一性，再来构造 $H(x)$. 但构造 $H(x)$ 的方法较多，这里提供了三种思路：第一种是利用 Newton 插值的思想；第二种是构造差商表求 $H(x)$；第三种是利用构造基函数的思想求 $H(x)$.

解 （1）先确定 $H(x)$ 的存在唯一性，设 $H(x) = C_0 + C_1 x + C_2 x^2$. 由插值条件可得关于 C_0，C_1，C_2 为未知数的线性方程组是

$$\begin{cases} C_0 + C_1 a + C_2 a^2 = f(a), \\ \qquad C_1 + 2C_2 a = f'(a), \\ C_0 + C_1 b + C_2 b^2 = f(b). \end{cases}$$

方程组系数矩阵 $\boldsymbol{A}$ 的行列式为

$$\det\boldsymbol{A} = \begin{vmatrix} 1 & a & a^2 \\ 0 & 1 & 2a \\ 1 & b & b^2 \end{vmatrix} = (b - a)^2.$$

$a \neq b$ 时，$\det\boldsymbol{A} \neq 0$，$H(x)$ 存在且唯一.

（2）构造 $H(x)$：

方法 1 利用 Newton 插值的思想，由于给定 $f(a)$ 和 $f'(a)$，因此可设 $x_0 = x_1 = a$，$x_2 = b$，

$$H(x)=C_0+C_1(x-a)+C_2(x-a)^2,$$

其中 C_0，C_1，C_2 待定．由插值条件 $H(a)=f(a)$，$H'(a)=f'(a)$，得 $C_0=f(a)$，$C_1=f'(a)$，再由 $H(b)=f(b)$ 有

$$f(a)+f'(a)(b-a)+C_2(b-a)^2=f(b).$$

故 $C_2=\dfrac{f(b)-f(a)-f'(a)(b-a)}{(b-a)^2}$，所以

$$H(x)=f(a)+f'(a)(x-a)+\frac{f(b)-f(a)-f'(a)(b-a)}{(b-a)^2}(x-a)^2.$$

方法2 构造差商表求 $H(x)$.

x_i	$f(x_i)$	$f[x_i, x_{i+1}]$	$f[x_i, x_{i+1}, x_{i+2}]$
a	$f(a)$		
a	$f(a)$	$f'(a)$	
b	$f(b)$	$\dfrac{f(b)-f(a)}{b-a}$	$\dfrac{\dfrac{f(b)-f(a)}{b-a}-f'(a)}{b-a}$

记 $f[a, a]=f'(a)$，由于 $\dfrac{f(b)-f(a)}{b-a}=f[a, b]$，因此

$$\frac{\dfrac{f(b)-f(a)}{b-a}-f'(a)}{b-a}=\frac{f[a, b]-f[a, a]}{b-a}=f[a, a, b].$$

所以

$$H(x)=f(a)+f[a, a](x-a)+f[a, a, b](x-a)^2.$$

注 这里定义重节点差商：

$$f[a, a]=\lim_{x\to a}f[x, a]=\lim_{x\to a}\frac{f(x)-f(a)}{x-a}=f'(a).$$

方法3 用构造基函数的方法求 $H(x)$．设

$$H(x)=h_0(x)f(a)+g_0(x)f'(a)+h_1(x)f(b),$$

其中 $h_0(x)$，$g_0(x)$，$h_1(x)$ 为满足下列条件的三个基函数：

$$h_0(a)=1,\quad g_0(a)=0,\quad h_1(a)=0,$$
$$h_0'(a)=0,\quad g_0'(a)=1,\quad h_1'(a)=0,$$
$$h_0(b)=0,\quad g_0(b)=0,\quad h_1(b)=1.$$

为此，可设

$$h_0(x)=(C_0+C_1x)\frac{x-b}{a-b},$$
$$g_0(x)=C_2(x-a)(x-b),$$
$$h_1(x)=C_3\left(\frac{x-a}{b-a}\right)^2,$$

其中 C_0，C_1，C_2，C_3 待定．由 $h_0(x)$，$g_0(x)$，$h_1(x)$ 满足的条件可求得

$$C_0=\frac{2a-b}{a-b},\quad C_1=-\frac{1}{a-b},\quad C_2=\frac{1}{a-b},\quad C_3=1.$$

所以

$$H(x)=\frac{2a-b-x}{(a-b)^2}(x-b)f(a)+\frac{(x-a)(x-b)}{a-b}f'(a)+\left(\frac{x-a}{b-a}\right)^2 f(b).$$

例 6.2 求一个次数不超过 4 次的代数多项式 $P_4(x)\in \mathbf{P}_4$，使得

$$P_4(0)=P_4'(0)=0,\quad P_4(1)=P_4'(1)=1,\quad P_4(2)=1.$$

分析 本题与例 6.1 类似，是一个非标准的插值问题，求解的方法较多，这里提供三种与例 6.1 不同的思路.

解法 1 $P_4(0)=P_4'(0)=0$，故可设

$$P_4(x)=x^2(C_0+C_1x+C_2x^2).$$

由插值条件 $P_4(1)=P_4'(1)=1$，$P_4(2)=1$ 可得关于 C_0，C_1，C_2 为未知数的线性方程组

$$\begin{cases}C_0+C_1+C_2=1,\\ 2C_0+3C_1+4C_2=1,\\ C_0+2C_2+4C_2=\dfrac{1}{4}.\end{cases}$$

容易求得 $C_2=\dfrac{9}{4}$，$C_3=-\dfrac{6}{4}$，$C_4=\dfrac{1}{4}$. 所以，$P_4(x)=\dfrac{1}{4}x^2\,(x-3)^2$.

解法 2 先构造 $P_2(x)$，使 $P_2(0)=0$，$P_2(1)=1$，$P_2(2)=1$，得

$$P_2(x)=-\frac{1}{2}x^2+\frac{3}{2}x.$$

然后设 $P_4(x)=P_2(x)+(Ax+B)(x-0)(x-1)(x-2)$，满足

$$P_4(0)=P_2(0)=0,\quad P_4(2)=P_2(2)=1,\quad P_4(1)=P_2(1)=1.$$

由剩余两个条件确定 A，B，即

$$\begin{cases}P_4'(0)=\dfrac{3}{2}+2B=0,\\ P_4'(1)=\dfrac{1}{2}-(A+B)=1.\end{cases}$$

解得 $A=\dfrac{1}{4}$，$B=-\dfrac{3}{4}$. 所以，$P_4(x)=\dfrac{1}{4}x^2\,(x-3)^2$.

解法 3 先求出满足 $H_3(0)=H_3'(0)=0$，$H_3(1)=H_3'(1)=1$ 的三次 Hermite 插值多项式.

$$H_3(x)=h_0(x)f(0)+h_1(x)f(1)+g_0(x)f'(0)+g_1(x)f'(1),$$

由于 $f(0)=f'(0)=0$，$f(1)=f'(1)=1$，故 $H_3(x)=h_1(x)+g_1(x)$，

$$l_1(x)=\frac{x-x_0}{x_1-x_0}=x\qquad(x_0=0,\quad x_1=1),$$

$$h_1(x)=[1-2l_1'(x_1)(x-x_1)]\,l_1^2(x)=(3-2x)x^2,$$

$$g_1(x)=(x-x_1)l_1^2(x)=(x-1)x^2.$$

所以，$H_3(x)=(3-2x)^2+(x-1)x^2=x^2(2-x)$.

再设 $P_4(x)=H_3(x)+Ax^2(x-1)^2$，保证

$$P_4(0)=P_4'(0)=H_3'(0)=H_3(0)=0,$$
$$P_4(1)=P_4'(1)=H_3(1)=H_3'(1)=1.$$

由 $P_4(2)=1$，确定 $A=\dfrac{1}{4}$，从而

$$P_4(x)=x^2(2-x)+\frac{1}{4}x^2(x-1)^2=\frac{1}{4}x^2(x-3)^2.$$

例 6.3 设函数 $f(x)\in C^2[a,b]$，且 $f(a)=f(b)=0$. 证明：

$$\max_{a\leqslant x\leqslant b}|f(x)|\leqslant\frac{1}{8}(b-a)^2\max_{a\leqslant x\leqslant b}|f''(x)|.$$

分析 本题有两种证明方法，一是由于线性插值误差估计中有 $f(x)$ 的二阶导数，因此可以考虑用线性插值来证明本题的结论；二是直接利用 Taylor 展开来证明.

证法 1 以 $x_0=a$，$x_1=b$ 对 $f(x)$ 做线性插值. 由于 $f(a)=f(b)=0$，所以 $L_1(x)=0$，由定理 6.2 的误差估计式

$$f(x)-L_1(x)=\frac{1}{2!}f''(\zeta)(x-a)(x-b),$$

可知 $|f(x)|\leqslant\dfrac{1}{2}|f''(\zeta)||(x-a)(x-b)|$. 因为 $f(x)\in C^2[a,b]$，所以

$$|f''(\zeta)|\leqslant\max_{a\leqslant x\leqslant b}|f''(x)|.$$

又 $|(x-a)(x-b)|$ 在 $x=\dfrac{a+b}{2}$ 处取得极大值，即

$$|(x-a)(x-b)|\leqslant\left|\frac{a+b}{2}-a\right|\left|\frac{a+b}{2}-b\right|\leqslant\frac{1}{4}|b-a|^2,$$

从而

$$\max_{a\leqslant x\leqslant b}|f(x)|\leqslant\frac{1}{8}(b-a)^2\max_{a\leqslant x\leqslant b}|f''(x)|.$$

证法 2 将 $f(a)$，$f(b)$ 在点 x 处 Taylor 展开，

$$0=f(a)=f(x)+f'(x)(a-x)+\frac{1}{2}f''(\zeta)(a-x)^2,\quad \zeta\in(a,b),$$

$$0=f(b)=f(x)+f'(x)(b-x)+\frac{1}{2}f''(\eta)(b-x)^2,\quad \eta\in(a,b).$$

将 $f(a)$ 的展开式乘以 $b-x$，$f(b)$ 的展开式乘以 $(x-a)$ 后两式相加得

$$(b-a)f(x)=-\frac{1}{2}[f''(\zeta)(a-x)^2(b-x)+f''(\eta)(b-x)^2(x-a)].$$

于是

$$(b-a)\max_{a\leqslant x\leqslant b}|f(x)|\leqslant\frac{1}{2}\max_{a\leqslant x\leqslant b}|f''(x)|\max_{a\leqslant x\leqslant b}|(b-a)(x-a)(b-x)|$$

$$\leqslant \frac{1}{8}(b-a)^3 \max_{a\leqslant x\leqslant b}|f''(x)|.$$

两边同除以 $b-a$，即得

$$\max_{a\leqslant x\leqslant b}|f(x)| \leqslant \frac{1}{8}(b-a)^2 \max_{a\leqslant x\leqslant b}|f''(x)|.$$

例 6.4 设函数 $l_0(x)$，$l_1(x)$，…，$l_n(x)$ 是以 x_0，x_1，…，x_n 为插值节点的 Lagrange 插值基函数，证明：

(1) $\sum\limits_{j=0}^{n} l_j(x) = 1$；

(2) $\sum\limits_{j=0}^{n} x_j^k l_j(x) = x^k$，$k=1, 2, \cdots, n$；

(3) $\sum\limits_{j=0}^{n} (x_j - x)^k l_j(x) = 0$，$k=1, 2, \cdots, n$；

(4) $\sum\limits_{j=0}^{n} l_j(0) x_j^k = \begin{cases} 0, & k=1, 2, \cdots, n, \\ (-1)^n x_0 x_1 \cdots x_n, & k=n+1. \end{cases}$

分析 直接利用 Lagrange 插值公式和误差估计式证明即可.

证 (1) 对 $f(x)=1$ 在 $\{x_j\}_{j=0}^{n}$ 上做 n 次 Lagrange 插值，此时

$$L_n(x) = \sum_{j=0}^{n} l_j(x) f(x_j) = \sum_{j=0}^{n} l_j(x),$$

而 $f^{(n+1)}(\xi)=0$，利用定理 6.2 的误差公式，可以得到 $R(x)=0$，从而 $L_n(x)=f(x)$，即 $\sum\limits_{j=0}^{n} l_j(x) = 1$.

(2) 对 $f(x)=x^k$ ($k=1, 2, \cdots, n$) 在 $\{x_j\}_{j=0}^{n}$ 上做 n 次 Lagrange 插值，$L_n(x) = \sum\limits_{j=0}^{n} x_j^k l_j(x)$.

同样地，由于 $f^{(n+1)}(\zeta)=0$，得到 $R(x)=0$，所以 $f(x)=L_n(x)$，即

$$\sum_{j=0}^{n} x_j^k l_j(x) = x^k (k=1, 2, \cdots, n).$$

(3) 将 $(x_j - x)^k$ 按二项式定理展开，

$$(x_j - x)^k = \sum_{i=0}^{k} (-1)^i C_k^i x_j^{k-i} x^i.$$

所以

$$\begin{aligned}\sum_{j=0}^{n} (x_j - x)^k l_j(x) &= \sum_{j=0}^{n} \sum_{i=0}^{k} (-1)^i C_k^i x^i x_j^{k-i} l_j(x) \\ &= \sum_{i=0}^{k} (-1)^i C_k^i x^i \sum_{j=0}^{n} x_j^{k-i} l_j(x) \quad \left(\sum_{j=0}^{n} x_j^{k-i} l_j(x) = x^{k-i} \right) \\ &= \sum_{i=0}^{k} (-1)^i C_k^i x^i \cdot x^{k-i} = (x-x)^k = 0.\end{aligned}$$

(4) 利用 (2) 的结论，有

$$\sum_{j=0}^{n} l_j(0)x_j^k = \left(\sum_{j=0}^{n} l_j(x)x_j^k\right)_{x=0} = x^k\big|_{x=0} = 0\ (k=1,\ 2,\ \cdots,\ n).$$

当 $k=n+1$ 时，令 $f(x)=x^{n+1}$，对 $f(x)$ 在节点 $\{x_j\}_{j=0}^{n}$ 上做 n 次 Lagrange 插值，得

$$L_n(x) = \sum_{j=0}^{n} x_j^{n+1} l_j(x).$$

误差值估计式为 $f(x)-L_n(x)=\dfrac{f^{(n+1)}(\xi)}{(n+1)!}\prod\limits_{i=0}^{n}(x-x_i)=\prod\limits_{i=0}^{n}(x-x_i)$，即

$$x^{n+1} - \prod_{i=0}^{n}(x-x_i) = \sum_{j=0}^{n} x_j^{n+1} l_j(x).$$

令 $x=0$，得 $\sum\limits_{j=0}^{n} l_j(0)x_j^{n+1} = (-1)^n x_0x_1\cdots x_n$.

例 6.5 已知 $l_0(x)=\prod\limits_{i=1}^{n}\dfrac{x-x_i}{x_0-x_i}$，$x_i$ 互异．证明：

$$l_0(x) = 1 + \frac{x-x_0}{x_0-x_1} + \frac{(x-x_0)(x-x_1)}{(x_0-x_1)(x_0-x_2)} + \cdots + \frac{(x-x_0)(x-x_1)\cdots(x-x_{n-1})}{(x_0-x_1)(x_0-x_2)\cdots(x_0-x_n)}.$$

分析 等式右端分了实际上是 Newton 插值的基函数：1，$x-x_0$，…，$(x-x_0)\cdots(x-x_{n-1})$，则只需要证明基函数前面的系数就是 $f(x)=l_0(x)$ 的各阶差商即可.

证 对 $f(x)=l_0(x)$ 在节点 x_0，x_1，…，x_n 处分别求各阶差商．

x_i	$l_0(x_i)$	一阶差商	二阶差商	…	n 阶差商
x_0	1				
x_1	0	$\dfrac{1}{(x_0-x_1)}$			
x_2	0	0	$\dfrac{1}{(x_0-x_1)\cdots(x_0-x_2)}$		
⋮	⋮	⋮	⋮		
x_n	0	0	0	…	$\dfrac{1}{(x_0-x_1)\cdots(x_0-x_n)}$

所以

$$N_n(x) = l_0(x_0) + \frac{1}{x_0-x_1}(x-x_0) + \frac{1}{(x_0-x_1)(x_0-x_2)}(x-x_0)(x-x_1) + \cdots$$
$$+ \frac{1}{(x_0-x_1)(x_0-x_2)\cdots(x_0-x_n)}(x-x_0)(x-x_1)\cdots(x-x_{n-1}).$$

例 6.6 证明差商的性质：

性质 1 $f[x_0,\ x_1,\ \cdots,\ x_k] = \sum\limits_{j=0}^{k} f(x_j) \Big/ \prod\limits_{\substack{i=0 \\ i\neq j}}^{k}(x_j-x_i).$

性质 2 $f[x_0]=f(x_0)$，$f[x_0, \cdots, x_k]=\dfrac{f[x_1, \cdots, x_k]-f[x_0, \cdots, x_{k-1}]}{x_k-x_0}$.

性质 3 $f(x)-P_n(x)=\prod\limits_{i=0}^{n}(x-x_i)f[x_0, \cdots, x_n, x]$，其中 $P_n(x)$ 是插值多项式.

性质 4 若函数 $f(x)$ 的 $n+1$ 阶导数在区间 $[a, b]$ 上存在，则

$$f[x_0, x_1, \cdots, x_n, x]=\frac{f^{(n+1)}(\zeta)}{(n+1)!},$$

其中 ζ 位于包含 x_0，x_1，$\cdots$，x_n，x 的最小闭区间的内部.

证 性质 1：由 Newton 插值基函数的性质有：

$$N_n(x)=N_{n-1}(x)+a_n(x-x_0)\cdots(x-x_{n-1}),\quad 其中\ a_n=f[x_0, \cdots, x_n].$$

由插值多项式的唯一性得，比较首项系数就可以得到性质 1.

性质 2：由性质 1 得差商与节点的排列次序无关，考察不同节点顺序得到两种 Newton 插值：

$$\begin{aligned}p_n(x)&=b_0+(x-x_n)b_1+\cdots+(x-x_n)\cdots(x-x_1)b_n\\&=a_0+(x-x_0)a_1+\cdots+(x-x_0)\cdots(x-x_{n-1})a_n\end{aligned}$$

比较首项系数得到 $a_n=b_n$，再比较次项系数得到性质 2.

性质 3：最后用 x 代替 x_{n+1}，可以得到性质 3.

性质 4：性质 4 则由性质 3 和定理 6.2 直接得到.

例 6.7 令 $f(x)=\dfrac{1}{x+c}$，$c\in\mathbb{C}$，证明 $f[x_0, \cdots, x_n]=(-1)^n\dfrac{1}{\prod\limits_{i=0}^{n}(x_i+c)}$.

分析 直接按照差商的定义用数学归纳法来证.

证 用数学归纳法.

当 $n=1$ 时，

$$f[x_0, x_1]=\frac{f(x_1)-f(x_0)}{x_1-x_0}=\frac{\dfrac{1}{x_1+c}-\dfrac{1}{x_0+c}}{x_1-x_0}=\frac{(-1)^1}{(x_1+c)(x_0+c)}.$$

当 $n=2$ 时，

$$f[x_0, x_1, x_2]=\frac{f[x_1, x_2]-f[x_0, x_1]}{x_2-x_0}=(-1)^2\frac{1}{(x_0+c)(x_1+c)(x_2+c)}.$$

设 $n\leqslant k$ 时成立，即

$$f[x_0, \cdots, x_k]=\frac{(-1)^k}{\prod\limits_{i=0}^{k}(x_i+c)}.$$

当 $n=k+1$ 时，

$$f[x_0, \cdots, x_{k+1}]=\frac{f[x_1, \cdots, x_{k+1}]-f[x_0, \cdots, x_k]}{x_{k+1}-x_0}$$

$$= \left[\frac{(-1)^k}{\prod_{i=1}^{k+1}(x_i+c)} - \frac{(-1)^k}{\prod_{i=0}^{k}(x_i+c)} \right] \Big/ (x_{k+1}-x_0)$$

$$= \frac{(-1)^{k+1}}{\prod_{i=0}^{k+1}(x_i+c)}$$

由归纳法得

$$f[x_0, \cdots, x_n] = (-1)^n \frac{1}{\prod_{i=0}^{n}(x_i+c)}.$$

例 6.8 若函数 $f(x) = a_0x^n + a_1x^{n-1} + \cdots + a_{n-1}x + a_n (a_0, a_n \neq 0)$ 有 n 个互异的实根 $x_1, x_2, \cdots, x_n$，证明：

$$\sum_{j=1}^{n} \frac{x_j^k}{f'(x_j)} = \begin{cases} a_{n-1}a_n^{-2}, & k=-2, \\ -a_n^{-1}, & k=-1, \\ 0, & 0 \leqslant k \leqslant n-2, \\ a_0^{-1}, & k=n-1. \end{cases}$$

分析 要利用差商的性质，左边的式子可看成函数值的线性组合.

证 因为 $f(x)$ 有 n 个互异的实根 $x_1, x_2, \cdots, x_n$，所以可得

$$f(x) = a_0 \prod_{i=1}^{n}(x-x_i), \quad f'(x_j) = a_0 \prod_{i=1, i\neq j}^{n}(x_j-x_i).$$

令 $\varphi(x) = x^k$，则由差商的性质 1 可知

$$\sum_{j=1}^{n} \frac{x_j^k}{f'(x_j)} = \frac{1}{a_0}\sum_{j=1}^{n} \frac{\varphi(x_j)}{\prod_{i=1, i\neq j}^{n}(x_j-x_i)} = \frac{1}{a_0}\varphi[x_1, \cdots, x_n],$$

又由差商与导数关系的性质 4 可知

$$\sum_{j=1}^{n} \frac{x_j^k}{f'(x_j)} = \frac{1}{a_0}\frac{\varphi^{(n-1)}(\xi)}{(n-1)!} = \begin{cases} 0, & 0 \leqslant k \leqslant n-2, \\ a_0^{-1}, & k=n-1. \end{cases}$$

当 $k=-1$ 时，$\varphi(x) = \frac{1}{x}$，由例 6.7 知，$\varphi[x_1, \cdots, x_n] = (-1)^{n-1}\frac{1}{x_1x_2\cdots x_n}$.

因此，$\sum_{j=1}^{n} \frac{x_j^{-1}}{f'(x_j)} = \frac{1}{a_0}\varphi[x_1, \cdots, x_n] = \frac{1}{a_0}(-1)^{n-1}\frac{1}{x_1x_2\cdots x_n}$.

又由多项式根与系数的关系可知，$\frac{a_n}{a_0} = (-1)^n x_1x_2\cdots x_n$，故

$$\sum_{j=1}^{n} \frac{x_j^{-1}}{f'(x_j)} = -a_n^{-1}.$$

当 $k=-2$ 时，$\varphi(x) = \frac{1}{x^2}$，可用归纳法证明：

$$\varphi[x_1\cdots x_n]=\frac{(-1)^{n-1}}{x_1^2x_2^2\cdots x_n^2}(x_1x_2\cdots x_{n-1}+x_1x_3\cdots x_n+\cdots+x_2x_3\cdots x_n).$$

由多项式根与系数的关系式，有

$$\frac{a_{n-1}}{a_0}=(-1)^{n-1}(x_1x_2\cdots x_{n-1}+x_1x_3\cdots x_n+\cdots+x_2x_3\cdots x_n),$$

$$\frac{a_n}{a_0}=(-1)^n x_1x_2\cdots x_n,$$

所以，$\sum_{j=1}^{n}\frac{x_j^{-2}}{f'(x_j)}=a_0^{-1}\varphi[x_1,\ \cdots,\ x_n]=a_{n-1}a_n^{-2}$.

例 6.9 设 $f(x)\in C^5[a,\ a+h]$. 对函数 $f(x)$ 做在 $x=a$, $x=a+h$ 的两点三次 Hermite 插值多项式 $H_3(x)$，即使 $H_3(x)$ 满足

$$H_3(a)=f(a),\quad H_3(a+h)=f(a+h),$$
$$H_3'(a)=f'(a),\quad H_3'(a+h)=f'(a+h),$$

并证明误差估计式的导数为

$$f'(x)-H_3'(x)=\frac{h^3}{12}t(t-1)(2t-1)f^{(4)}(a)+O(h^4),$$

其中，$x=a+th$, $t\in[0,\ 1]$.

解 用重节点差商求 $H_3(x)$，选差商表：

x_1	$f(x_i)$	一阶差商	二阶差商	三阶差商
a	$f(a)$			
a	$f(a)$	$f'(a)$		
$a+h$	$f(a+h)$	$\frac{f(a+h)-f(a)}{h}$	A	
$a+h$	$f(a+h)$	$f'(a+h)$	C	B

其中，

$$A=\frac{f(a+h)-f(a)-f'(a)h}{h^2},\quad C=\frac{hf'(a+h)-f(a+h)+f(a)}{h^2},$$

$$B=\frac{hf'(a+h)-2f(a+h)+2f(a)+hf'(a)}{h^3}.$$

由此得

$$H_3(x)=f(a)+f'(a)(x-a)+A(x-a)^2+B(x-a)^2(x-a-h).$$

现考虑导数的误差估计，对 $H_3(x)$ 求导得

$$H_3'(x)=f'(a)+2A(x-a)+3B(x-a)^2-2B(x-a)h.$$

将函数 $f(x)$ 在 $x=a$ 处展开成 Taylor 公式，

$$f(x)=f(a)+f'(a)(x-a)+\frac{f''(a)}{2!}(x-a)^2+\frac{1}{3!}f^{(3)}(a)(x-a)^3$$
$$+\frac{1}{4!}f^{(4)}(a)(x-a)^4+O(h^5).$$

所以

$$f'(x)=f'(a)+f''(a)(x-a)+\frac{1}{2!}f^{(3)}(a)(x-a)^2+\frac{f^{(4)}(a)}{3!}(x-a)^3+O(h^4).$$

因为 $x=a+th$，所以

$$H_3'(a+th)=f'(a)+2Ath+3Bt^2h^2-2Bth^2,$$
$$f'(a+th)=f'(a)+f''(a)th+\frac{1}{2!}f^{(3)}(a)t^2h^2+\frac{1}{3!}f^{(4)}(a)t^3h^3+O(h^4),$$

而

$$2Ath=2\frac{f(a+h)-f(a)-f'(a)h}{h}t,$$
$$3Bt^2h^2-2Bth^2=\frac{hf'(a+h)-2f(a+h)+2f(a)+hf'(a)}{h}t(3t-2),$$

将 $f(a+h)$，$f'(a+h)$ 在 $x=a$ 处展开成 Taylor 公式，

$$f(a+h)=f(a)+f'(a)h+\frac{f''(a)}{2!}h^2+\frac{1}{3!}f^{(3)}(a)h^3+\frac{1}{4!}f^{(4)}(a)h^4+O(h^5),$$
$$f'(a+h)=f'(a)+f''(a)h+\frac{1}{2!}f^{(3)}(a)h^2+\frac{1}{3!}f^{(4)}(a)h^3+O(h^4).$$

为此

$$2hAt=thf''(a)+\frac{th^2}{3}f^{(3)}(a)+\frac{th^3}{12}f^{(4)}(a)+O(h^4),$$
$$Bth^2(3t-2)=\frac{1}{2}f^{(3)}(a)t^2h^2+\frac{1}{4}f^{(4)}(a)t^2h^3-\frac{1}{3}th^2f^{(3)}(a)-\frac{1}{6}th^3f^{(4)}(a)+O(h^4).$$

进而有 $f'(x)-H_3'(x)=\dfrac{h^3}{12}f^{(4)}(a)t(t-1)(2t-1)+O(h^4)$.

例 6.10 利用 Lagrange 插值多项式证明：

(1) $\dfrac{1}{m-n}=\sum\limits_{k=0}^{n}(-1)^{n-k}\dfrac{C_m^nC_n^k}{m-k}$， $m>n$；

(2) $\dfrac{m}{m-n}=\sum\limits_{k=0}^{n}(-1)^{n-k}\dfrac{k}{m-k}C_m^nC_n^k$， $m>n$.

证 (1) 设 $f(x)=1$，$x_k=k(k=0,1,\cdots,n)$. 由于

$$\sum_{k=0}^{n}l_k(x)=1,\quad l_k(x)=\prod_{\substack{i=0\\i\neq k}}^{n}\frac{x-i}{k-i},$$

所以

$$\sum_{k=0}^{n}\frac{x(x-1)\cdots(x-n)}{(x-k)k!\ (-1)^{n-k}(n-k)!}=1.$$

令 $x=m$，代入上式，得

$$\sum_{k=0}^{n}\frac{m(m-1)\cdots(m-n)}{(m-k)k!\ (-1)^{n-k}(n-k)!}$$

$$=\sum_{k=0}^{n}\frac{(-1)^{n-k}}{m-k}\cdot\frac{m(m-1)\cdots(m-n+1)}{n!}\cdot\frac{n(n-1)\cdots(n-k+1)(n-k)!}{(n-k)!\ k!}(m-n)$$

$$=\sum_{k=0}^{n}\frac{(-1)^{n-k}}{m-k}C_m^nC_n^k(m-n)=1.$$

而 $m>n$，从而

$$\frac{1}{m-n}=\sum_{k=0}^{n}\frac{1}{m-k}(-1)^{n-k}C_m^nC_n^k.$$

(2)由例6.4可知 $\sum_{k=0}^{n}l_k(x)x_k=x$，即

$$x=\sum_{k=0}^{n}\frac{x(x-1)\cdots(x-n)x_k}{(x-k)k!\ (-1)^{n-k}(n-k)!}.$$

令 $x=m$，代入上式，得 $m=\sum_{k=0}^{n}\frac{(-1)^{n-k}k}{m-k}C_m^nC_n^k(m-n)$，即

$$\frac{m}{m-n}=\sum_{k=0}^{n}(-1)^{n-k}C_m^nC_n^k\frac{k}{m-k}.$$

6.3.2 分段插值

例 6.11 设函数 $y=f(x)$ 在节点 $x=0, 1, 2, 3$ 处的函数值均为零，试分别求满足下列边界条件下的三次样条插值函数 $S(x)$：

(1) $f'(0)=1$，$f'(3)=0$；　　(2) $f''(0)=1$，$f''(3)=0$.

分析 本题主要为了练习求三次样条插值函数的三转角方法和三弯矩方法.

解 (1) 取 x_i 处的一阶导数 m_i 作为参数，$i=1, 2$，$h_i=1$.

由三转角方程(6.7)式得到

$$\begin{cases}m_0+4m_1+m_2=0,\\ m_1+4m_2+m_3=0.\end{cases}$$

由于 $m_0=f'(0)=1$，$m_3=f'(3)=0$，从而

$$\begin{cases}4m_1+m_2=-1,\\ m_1+4m_2=0.\end{cases}$$

解得 $m_1=-\frac{4}{15}$，$m_2=\frac{1}{15}$.

由式(6.8)可得三次样条函数 $S(x)$ 的表达式为

$$S(x)=\begin{cases}\frac{1}{15}x(x-1)(15-11x), & x\in[0,1],\\ \frac{1}{15}(x-1)(x-2)(7-3x), & x\in[1,2],\\ \frac{1}{15}(x-3)^2(x-2), & x\in[2,3].\end{cases}$$

(2)取 x_i 处的二阶导数 $M_i(i=1,2)$ 作为参数，由三弯矩方程式(6.5)，得

$$\begin{cases}M_0+4M_1+M_2=0,\\ M_1+4M_2+M_3=0.\end{cases}$$

由于 $M_0=f''(0)=1$， $M_3=f''(3)=0$，代入方程组可得

$$\begin{cases}4M_1+M_2=-1,\\ M_1+4M_2=0.\end{cases}$$

解得 $M_1=-\frac{4}{15}$，$M_2=\frac{1}{15}$.

由(6.6)可得三次样条函数 $S(x)$ 的表达式为

$$S(x)=\begin{cases}\frac{1}{90}x(1-x)(19x-26), & x\in[0,1],\\ \frac{1}{90}(x-1)(x-2)(5x-12), & x\in[1,2],\\ \frac{1}{90}(3-x)(x-2)(x-4), & x\in[2,3].\end{cases}$$

例 6.12 设 $x_1<x_2<\cdots<x_n$，三次样条函数

$$S(x)=a_0+a_1x+\sum_{j=1}^{n}c_j(x-x_j)_+^3$$

当在 $(-\infty, x_1)$ 和 $(x_n, +\infty)$ 上变为一次多项式时，称为三次自然样条．证明：当且仅当系数 c_j 满足下列关系 $\sum_{j=1}^{n}c_j=0$，$\sum_{j=1}^{n}c_jx_j=0$ 时，$S(x)$ 才是三次自然样条.

证 由半截单项式定义，当 $x\in(-\infty, x_1)$ 时，$(x-x_j)_+^3=0$，$j=1, 2, \cdots, n$，而当 $x\in(x_n, +\infty)$ 时，$(x-x_j)_+^3=(x-x_j)^3$，$j=1, 2, \cdots, n$. 为此

$$\begin{aligned}S(x)&=a_0+a_1x+\sum_{j=1}^{n}c_j(x-x_j)^3\\&=a_0+a_1x+\sum_{j=1}^{n}c_j(x^3-3x^2x_j+3xx_j^2-x_j^3)\\&=a_0+a_1x+\Big(\sum_{j=1}^{n}c_j\Big)x^3+3x\sum_{j=1}^{n}c_jx_j^2-3\Big(\sum_{j=1}^{n}c_jx_j\Big)x^2-\sum_{j=1}^{n}c_jx_j^3.\end{aligned}$$

由上式右端明显可知，当且仅当 $\sum_{j=1}^{n}c_j=0$ 时，$S(x)$ 中令 x^3 的项消失，当 $\sum_{j=1}^{n}c_jx_j=0$ 时，含 x^2 的项消失，故 $S(x)$ 变为一次多项式，即 $S(x)$ 成为三次自然样条.

例 6.13 令 Runge 函数$f(x)=\dfrac{1}{1+x^2}$，$x\in[-5,5]$，考察$[-5,5]$上等距节点插值多项式$p_n(x)$，证明：当$x\in(-r,r)$时，$p_n(x)\to f(x)$；当$r<|x|<5$时，$p_n(x)$发散，其中$r\approx 3.63$.

证 **第一步**：计算余项$R_n(x)=f(x)-p_n(x)$，利用差商的性质 3 得到$R_n(x)=w_n(x)f[x_0,\cdots,x_n,x]$，其中，$w_n(x)=\prod\limits_{i=0}^{n}(x-x_i)$.

$\dfrac{1}{x^2+1}=\dfrac{1}{2\mathrm{i}}\left(\dfrac{1}{x-\mathrm{i}}-\dfrac{1}{x+\mathrm{i}}\right)$（此处 i 为虚数单位），所以

$$f[x_0,\cdots,x_n,x]=\frac{1}{2\mathrm{i}}\left(\left(\frac{1}{x-\mathrm{i}}\right)[x_0,\cdots,x_n,x]-\left(\frac{1}{x+\mathrm{i}}\right)[x_0,\cdots,x_n,x]\right).$$

由例 6.7 的结论得

$$\left(\frac{1}{x-\mathrm{i}}\right)[x_0,\cdots,x_n,x]=(-1)^{n+1}\frac{1}{(x-\mathrm{i})\prod\limits_{j=0}^{n}(x_j-\mathrm{i})},$$

$$\left(\frac{1}{x+\mathrm{i}}\right)[x_0,\cdots,x_n,x]=(-1)^{n+1}\frac{1}{(x+\mathrm{i})\prod\limits_{j=0}^{n}(x_j+\mathrm{i})}.$$

由$\{x_n\}$的对称性得

$$(x+\mathrm{i})\prod_{j=0}^{n}(x_j+\mathrm{i})=\begin{cases}(x+\mathrm{i})\,\mathrm{i}\prod\limits_{j=0}^{m}(-1-x_j^2), & n=2m\\(x+\mathrm{i})\prod\limits_{j=0}^{m}(-1-x_j^2), & n=2m+1\end{cases}$$

$$(x-\mathrm{i})\prod_{j=0}^{n}(x_j-\mathrm{i})=\begin{cases}-(x-\mathrm{i})\,\mathrm{i}\prod\limits_{j=0}^{m}(-1-x_j^2), & n=2m\\(x-\mathrm{i})\prod\limits_{j=0}^{m}(-1-x_j^2), & n=2m+1\end{cases}$$

所以，$f[x_0,\cdots,x_n,x]=(-1)^{n+1}(-1)^{m+1}f(x)\dfrac{1}{\prod\limits_{j=0}^{m}(1+x_j^2)}\cdot\begin{cases}1, & n=2m+1,\\x, & n=2m.\end{cases}$

另外，由对称性还可得，$w_n(x)=\prod\limits_{j=0}^{n}(x-x_j)=\prod\limits_{j=0}^{m}(x^2-x_j^2)\cdot\begin{cases}1, & n=2m+1,\\\dfrac{1}{x}, & n=2m.\end{cases}$

相乘，得

$$R_n(x)=(-1)^{n+1}(-1)^{m+1}f(x)g_n(x),$$

其中，$g_n(x)=\prod\limits_{j=0}^{m}\dfrac{x^2-x_j^2}{1+x_j^2}$，$f(x)$是$[-5,5]$上的有界函数，所以$R_n(x)$与$g_n(x)$具有相

同的敛散性. 下面只需考虑 $g_n(x)$ 的收敛性即可.

第二步：考虑 $g_n(x)$ 的收敛性，令步长 $h=\frac{10}{n}$. 由于 $g_n(x)$ 为偶函数，我们只需考虑 $x\in[0,5]$. 分两种情况：$x\in[0,r)$ 和 $x\in(r,5]$，其中，r 在第三步中确定.

当 $x\in[0,r)$ 时，取足够小的 δ，我们有：

$$
\begin{aligned}
|g_n(x)| = |g_n^{\delta}(x)|\,|g_n^{-\delta}(x)| &= \prod_{|x_i+x|\geqslant\delta}\frac{|x^2-x_i^2|}{1+x_i^2}\cdot\prod_{|x_i+x|\leqslant\delta}\frac{|x^2-x_i^2|}{1+x_i^2}\\
&\leqslant \prod_{|x_i+x|\geqslant\delta}\frac{|x^2-x_i^2|}{1+x_i^2} = |g_n^{\delta}(x)|.
\end{aligned}
$$

而 $h\ln|g_n^{\delta}| = h\sum\limits_{|x_i+x|\geqslant\delta}\ln\left|\frac{x^2-x_i^2}{1+x_i^2}\right|$，右端由 Riemann 积分的定义知其收敛到

$$
\begin{cases}
\displaystyle\int_{-5}^{-x-\delta}\ln\left|\frac{x^2-s^2}{1+s^2}\right|\mathrm{d}s+\int_{-x+\delta}^{0}\ln\left|\frac{x^2-s^2}{1+s^2}\right|\mathrm{d}s, & x>0,\\
\displaystyle\int_{-5}^{-\delta}\ln\left|\frac{0-s^2}{1+s^2}\right|\mathrm{d}s, & x=0.
\end{cases}
$$

因为 $\int_{-5}^{0}\ln\left|\frac{x^2-s^2}{1+s^2}\right|\mathrm{d}s$ 为有意义的定积分，于是 $\lim\limits_{\delta\to0}\lim\limits_{n\to\infty}h\ln|g_n^{\delta}(x)| = \int_{-5}^{0}\ln\left|\frac{x^2-s^2}{1+s^2}\right|\mathrm{d}s = S(x)<0$.

由 r 的定义和第三步中的结论我们知道 $\exists\delta>0$，N，s. t. $n>N$ 时有 $h\ln|g_n^{\delta}(x)|<\frac{1}{2}S(x)<0$，$|g_n(x)|\leqslant|g_n^{\delta}(x)|\leqslant e^{\frac{S(x)}{2h}}\to0$.

当 $x\in(r,5]$ 时，我们先证明下面的引理.

引理：$\forall x\in(r,5]$，$\exists q_n\in\mathrm{N}$，$q_n\to\infty$，s. t. $\min\limits_{p\in Z}\left|x-\frac{p}{q_n}\right|\geqslant\frac{1}{q_n^2}$.

证　若 x 为有理数，令 $x=\frac{m}{n}$，取 q_n 为 $>n$ 的素数，则 $\left|x-\frac{p}{q}\right| = \left|\frac{m}{n}-\frac{p}{q}\right| = \left|\frac{mq-np}{nq}\right|\geqslant\frac{1}{nq}>\frac{1}{q^2}$；若 x 为无理数，将其写为 $x=a_0a_1a_2a_3a_4\cdots$ 则对任意 $a_k\neq0(k>1)$，取 $q=10^{k-1}$，有 $\left|x-\frac{p}{10^{k-1}}\right|\geqslant0.0\cdots0a_k\cdots\geqslant\frac{1}{10^k}\geqslant\frac{1}{10^{2(k-1)}}$.

证毕.

下面来证明 $\forall x\in(r,5]$，存在子列 n_k，s. t. $g_{n_k}(x)\to\infty$.

由引理知 $\exists n_k\to\infty$，s. t. $|x+x_j|>\frac{h^2}{100}$，$\forall j$，$\left(h=\frac{10}{n_k}\right)$，下面来证明 $h\ln|g_{n_k}(x)| = \sum\limits_{j=0}^{m}\left|\frac{x^2-x_j^2}{1+x_j^2}\right|h\to\int_{-5}^{0}\ln\left|\frac{x^2-s^2}{1+s^2}\right|\mathrm{d}s$.

注意到 $\ln\left|\frac{x^2-x_j^2}{1+x_j^2}\right| = \ln|x+x_j|+\ln|x-x_j|-\ln|1+x_j|^2$，后两项显然收敛，只需考

虑第一项带有瑕点的情况.

$\forall\delta$ 充分小的正常数 $\lim\limits_{m\to\infty}\sum\limits_{|x+x_j|\geq\delta}\ln|x+x_j|h=\int_{-5}^{-x-\delta}+\int_{-x+\delta}^{0}\ln|x+s|\mathrm{d}s$，而当 $h<\delta$ 时，有

$$\sum_{|x+x_j|<\delta}\ln|x+x_j|h\leqslant 2h\left|\ln\frac{h^2}{100}\right|+\sum_{h\leqslant|x+x_j|<\delta}\ln|x+x_j|h$$
$$\leqslant 2h\left|\ln\frac{h^2}{100}\right|+2\left|\int_0^{\delta}\ln\eta\mathrm{d}\eta\right|=O(\delta|\ln\delta|)$$

令 $\delta\to 0^+$，我们有 $\lim\limits_{n_k\to\infty}h\ln|g_{n_k}(x)|=\int_{-5}^{0}\ln\left|\frac{x^2-s^2}{1+s^2}\right|\mathrm{d}s=S(x)>0$，于是

$|g_{n_k}(x)|>\mathrm{e}^{\frac{S(x)}{2h}}\to\infty$.

第三步：我们需要估计 $\int_{-5}^{0}\ln\left|\frac{x^2-s^2}{1+s^2}\right|\mathrm{d}s$ 的性质.

令 $S(x)=\int_{-5}^{0}\ln\left|\frac{x^2-s^2}{1+s^2}\right|\mathrm{d}s$，则有

$$S(x)=(5+x)\ln(5+x)+(5-x)\ln(5-x)-5\ln 26-2\arctan 5,$$

$$S'(x)=\ln(5+x)+1-\ln(5-x)-1=\ln\frac{5+x}{5-x}>0.$$

当 $x\in(0,5)$ 时，$S(x)$ 有唯一的零点 r（因 $S(0)<0$，$S(5)>0$），经过计算（数值计算，如牛顿法或二分法）可得 $r\approx 3.63$.

例 6.14 给定 $n+1$ 个插值点构成的点集 $X=\{x_i\}_{i=0}^{n}\subseteq[a,b]$，证明下面的两种 Lebesgue 常数的定义是等价的.

(1) $\Lambda_n^{(1)}(X)=\max\limits_{x\in[a,b]}\sum\limits_{i=0}^{n}|l_i(x)|$，其中 $l_i(x)$ 为 Lagrange 基函数；

(2) $\Lambda_n^{(2)}(X)=\sup\limits_{|y_i|\leqslant 1}\max\limits_{x\in[a,b]}|p_n(x)|$，其中，$p_n(x)$ 为满足 $p_n(x_i)=y_i$ 的不超过 n 次的插值多项式.

证 由于 $\sum\limits_{i=0}^{n}|l_i(x)|$ 为连续函数，$\exists c\in[a,b]$，

$$\text{s.t.}\ \max_{x\in[a,b]}\sum_{i=0}^{n}|l_i(x)|=\sum_{i=0}^{n}|l_i(c)|=\sum_{i=0}^{n}s_il_i(c),\ \text{其中}\ s_i=\mathrm{sgn}\,l_i(c),$$

于是可以取 $y_i=s_i$，则 $p_n(x)=\sum\limits_{i=0}^{n}s_il_i(x)$，$\Lambda_n^{(1)}(X)=\sum\limits_{i=0}^{n}s_il_i(c)=p_n(c)\leqslant\max\limits_{x\in[a,b]}|p_n(x)|\leqslant\Lambda_n^{(2)}(X)$.

反过来，$\forall\{y_i\}_{i=0}^{n}\subseteq[-1,1]$，令其产生的插值多项式 $p_n(x)$ 在 $c\in[a,b]$ 上取到最大模，则 $|p_n(c)|=\left|\sum\limits_{i=0}^{n}y_il_i(c)\right|\leqslant\sum\limits_{i=0}^{n}|y_i||l_i(c)|\leqslant\sum\limits_{i=0}^{n}|l_i(c)|\leqslant\Lambda_n^{(1)}(X)$，于是有 $\max\limits_{x\in[a,b]}|p_n(x)|\leqslant\Lambda_n^{(1)}(X)$，注意到这一不等式对所有的 $\{y_i\}_{i=0}^{n}\subseteq[-1,1]$ 都成立，于是有 $\Lambda_n^{(2)}(X)\leqslant\Lambda_n^{(1)}(X)$.

证毕.

例 6.15　X 为 $[-1,\ 1]$ 上等距节点集：$X=\left\{\frac{i}{n},\ i=-n,\ \cdots,\ 0,\ \cdots,\ n\right\}$. 证明其对应的 Lebesgue 常数满足 $\Lambda_{2n}(X)\geqslant\frac{4^{n-2}}{n^2}$.

分析　我们使用定义.

证　显然 $\Lambda_{2n}(X)=\max\limits_{x\in[-1,\ 1]}\sum\limits_{i=-n}^{n}|l_i(x)|\geqslant\left|l_0\left(1-\frac{1}{2n}\right)\right|$，其中

$$l_0(x)=\frac{\prod\limits_{j\neq 0}(x-x_j)}{\prod\limits_{j\neq 0}(x_0-x_j)},\ x_j=\frac{j}{n},\ j=-n,\ \cdots,\ 0,\ \cdots,\ n,$$

于是有：

$$\left|l_0\left(1-\frac{1}{2n}\right)\right|=\left|\frac{\left(1-\frac{1}{2n}-1\right)\left(1-\frac{1}{2n}-\frac{n-1}{n}\right)\cdots\left(1-\frac{1}{2n}-\frac{1}{n}\right)\left(1-\frac{1}{2n}+\frac{1}{n}\right)\cdots\left(1-\frac{1}{2n}+1\right)}{(0-1)\left(0-\frac{n-1}{n}\right)\cdots\left(0-\frac{1}{n}\right)\left(0+\frac{1}{n}\right)\cdots\left(0+\frac{n-1}{n}\right)(0+1)}\right|$$

$$=\frac{(4n-1)!!}{2^{2n}(n!)^2(2n-1)}=\frac{(4n)!}{4^{2n}(2n)!(n!)^2(2n-1)}.$$

由 Stirling 公式：$n!=e^{\theta_n}\sqrt{2n\pi}\left(\frac{n}{e}\right)^n$，其中 $\theta_n\in\left(\frac{1}{12n+1},\ \frac{1}{12n}\right)$，得到

$$\Lambda_{2n}(X)\geqslant\frac{1}{e^{\frac{5}{24n}}}\cdot\frac{4^{4n}\left(\frac{n}{e}\right)^{4n}\sqrt{8\pi n}}{4^{2n}2^{2n}\left(\frac{n}{e}\right)^{4n}2\pi n\sqrt{2\pi 2n}(2n-1)}\geqslant\frac{\sqrt{2}4^n}{e^{5/24}4\pi n^2}>\frac{4^{n-2}}{n^2}.$$

证毕.

第7章 函数逼近

7.1 主要内容

本章要求了解正交多项式的定义及其基本性质，熟练掌握 Chebyshev 多项式的定义、主要性质及其应用；理解 $C[a, b]$ 空间中最佳一致逼近的存在唯一性及其充要条件；会应用交错点组或 Chebyshev 多项式最小模性质求低次最佳一致逼近多项式；理解内积空间中最佳平方逼近的含义，会求最佳平方逼近元；了解离散情形的最佳平方逼近的相关理论和求解方法.

7.2 知识要点

7.2.1 正交多项式及其应用

1. 正交多项式的定义及其性质

1)定义

定义 7.1 给定权函数 $\rho(x)$ 非负，可积，几乎处处非零. 若 $\int_a^b \rho(x)f(x)g(x)\mathrm{d}x = 0$，则称函数 $f(x)$ 和 $g(x)$ 在区间 $[a, b]$ 上带权 $\rho(x)$ 正交.

2)主要性质

请参考相关的教材，以及例 7.1 和例 7.2. 常见的正交多项式有 Legendre 多项式、Laguerre 多项式、Hermite 多项式、Chebyshev 多项式等. 下面重点讨论的是 Chebyshev 多项式.

2. Chebyshev 多项式

1)定义

定义 7.2 称 $T_n(x) = \cos(n\arccos x)$， $|x| \leqslant 1$ 为 n 次 Chebyshev 多项式.

定义 7.3(交错点组) 若函数 $f(x)$ 在其定义域的某一区间 $[a, b]$ 上存在 n 个点 $(x_k)_{k=1}^n$，使得

(a) $|f(x_k)| = \max\limits_{a\leqslant x\leqslant b} |f(x)| = \|f(x)\|_\infty$， $k = 1, 2, \cdots, n$；

(b) $-f(x_k) = f(x_{k+1})$， $k = 1, 2, \cdots, n-1$，

则称点集 $(x_k)_{k=1}^n$ 为函数 $f(x)$ 在区间 $[a, b]$ 上的一个交错点组，点 x_k $(1 \leqslant k \leqslant n)$ 称为交错点组的点.

2）Chebyshev 多项式的几个主要性质

性质 7.1　$\{T_k(x)\}_{k=0}^{\infty}$ 为在区间 $[-1, 1]$ 上带权函数 $\rho(x) = (1-x^2)^{-\frac{1}{2}}$ 的正交多项式序列，且

$$(T_n, T_m) = \int_{-1}^{1} \frac{T_n(x) T_m(x)}{\sqrt{1-x^2}} \mathrm{d}x = \begin{cases} 0, & m \neq n, \\ \pi, & m = n = 0, \\ \dfrac{\pi}{2}, & m = n \neq 0. \end{cases}$$

性质 7.2　n 次 Chebyshev 多项式 $T_n(x)$ 在区间 $(-1, 1)$ 上有 n 个互异的零点：

$$x_k = \cos\left(\frac{2k-1}{2n}\pi\right) (k = 1, 2, \cdots, n).$$

性质 7.3　n 次 Chebyshev 多项式 $T_n(x)$ 在区间 $[-1, 1]$ 上存在由 $n+1$ 个点 $t_k = \cos\left(\dfrac{k}{n}\pi\right)$ $(k = 0, 1, \cdots, n)$ 组成的交错点组.

性质 7.4（Chebyshev 多项式最小模性质）　在区间 $[-1, 1]$ 上所有首项系数为 1 的 n 次多项式集合 $\tilde{\mathbf{P}}_n[-1, 1]$ 中，首项系数为 1 的 n 次 Chebyshev 多项式 $T_n^*(x)$ 的无穷模为最小，即 $\| T_n^*(x) \|_\infty \leqslant \| \tilde{p}_n(x) \|_\infty$ 对任意 $\tilde{p}_n(x) \in \tilde{\mathbf{P}}_n[-1, 1]$ 成立，参考最佳一致逼近.

7.2.2　$C[a, b]$ 空间中的最佳一致逼近

1. 最佳一致逼近元的定义

在 $\mathbf{P}_n[a, b]$ 中，若存在一个元素 $p_n^*(x)$，使不等式

$$\| f(x) - p_n^*(x) \|_\infty \leqslant \| f(x) - p_n(x) \|_\infty$$

对任意的 $p_n(x) \in \mathbf{P}_n[a, b]$ 成立，其中 $f(x) \in C[a, b]$，则称 $p_n^*(x)$ 为 $f(x)$ 的最佳一致逼近元.

2. 最佳一致逼近元相关的定理

定理 7.1（最佳一致逼近元的存在唯一性）　对任意的 $f(x) \in C[a, b]$，在 $\mathbf{P}_n[a, b]$ 中都存在且唯一存在对 $f(x)$ 的最佳一致逼近元 $p_n^*(x)$，即存在唯一的 $p_n^*(x) \in \mathbf{P}_n[a, b]$，使得不等式

$$\| f(x) - p_n^*(x) \|_\infty = \inf_{p_n \in \mathrm{P}_n} \{ \| f(x) - p_n(x) \|_\infty \}$$

成立.

定理 7.2（最佳一致逼近元的充要条件）　$p_n^*(x) \in \mathbf{P}_n[a, b]$ 为对 $f(x) \in C[a, b]$ 的最佳一致逼近元的充要条件是误差曲线函数 $f(x) - p_n^*(x)$ 在区间 $[a, b]$ 上存在一个至少

由 $n+2$ 个点组成的交错点组.

3. 简单的最佳一致逼近多项式的求解

(1)当 $f(x)$ 为 $[-1, 1]$ 上的 $n+1$ 次多项式时，求 $f(x)$ 在 $\mathbf{P}_n[-1, 1]$ 中的最佳一致逼近多项式，则可以利用 Chebyshev 多项式最小模性质来求解.

(2)求一次或二次最佳一致逼近多项式时，要用下面关于交错点组的定理.

定理 7.3 设 $p_n^*(x) \in \mathbf{P}_n[a, b]$ 为对 $f(x) \in C[a, b]$ 的最佳一致逼近元. 若 $f^{(n+1)}(x)$ 在区间 $[a, b]$ 上不变号，则 $x=a$ 和 b 为误差曲线函数 $f(x)-p_n^*(x)$ 在区间 $[a, b]$ 上交错点组中的点.

注 1：计算给定函数 $f(x)$ 的最佳一致逼近多项式最重要的算法为 Remez 算法. Remez 算法基于最佳一致交错点组的性质，其算法描述如下：

(1)给定交错点组的初始猜测(通常使用 Chebyshev 点)；

(2)对于给定的点组 $\{x_i\}_{i=0}^{n+1}$，找出多项式 $p_n(x) \in \mathbf{P}_n$ 以及实数 E，s. t. $p_n(x_i)-f(x_i)=(-1)^i E$，$i=0, \cdots, n+1$；

(3)更新节点组：在每个 x_i 的附近使用一个局部极大或局部极小点 $\hat{x}_i$ 来代替，这样可以保证每个新的节点的误差都不小于 $|E|$；

(4)检查停机准则，停机或回到(2)进行循环.

我们可以证明第 2 步是适定的(见例 7.14)，第 3 步可以采用牛顿法来求极值. 第 4 步的停机准则可以用更新节点上插值误差的最大/小值之间的距离来确定.

注 2：最佳一致逼近的求解相对于插值来说会困难很多. 但是如果插值点取成 Chebyshev 点，利用定理 6.11，可以知道插值的误差和最佳一致逼近的误差仅相差 $\frac{2}{\pi}\ln n$ 倍. 当 $n=10^6$ 时，此倍数还不到 10 倍. 在实际问题中，Chebyshev 点插值完全可以得到类似最佳一致逼近的效果. 这种做法称为接近最佳逼近(near-best approximation).

7.2.3 内积空间 $V[a, b]$ 中的最佳平方逼近

1. 最佳平方逼近元的定义

设 X 为线性内积空间，X 中 $n+1$ 个线性无关元 $\varphi_0, \varphi_1, \cdots, \varphi_n$ 张成 X 的子空间，记为 Φ，即 $\Phi=\mathrm{Span}\{\varphi_0, \varphi_1, \cdots, \varphi_n\}$. 对任意的 $g \in X$，在 X 的子空间 Φ 中，若存在一个元素 $S^* \in \Phi$，使不等式

$$\|g-S^*\|_2 \leqslant \|g-S\|_2$$

对任意 $S \in \Phi$ 成立，则称 S^* 为对 $g \in X$ 的最佳平方逼近元.

2. 最佳平方逼近元相关的定理

定理 7.4(最佳平方逼近元的存在唯一性) 设 X 为线性内积空间，由 X 的线性无关元 $\varphi_0, \varphi_1, \cdots, \varphi_n$ 张成的线性空间 Φ 为 X 的子空间，对任意 $g \in X$，存在且唯一存在 $S^* \in$

Φ 为对 g 的最佳平方逼近元.

定理 7.5(最佳平方逼近元的充要条件) 设 X 为线性内积空间, $\Phi \subseteq X$, $S^* \in \Phi = \text{Span}\{\varphi_0, \varphi_1, \cdots, \varphi_n\}$ 为对 $g \in X$ (线性内积空间)的最佳平方逼近元的充要条件是 $g - S^*$ 与一切 $\varphi_j(j=0, 1, \cdots, n)$ 正交, 即

$$(g - S^*, \varphi_j) = 0, \quad j = 0, 1, \cdots, n.$$

3. 最佳平方逼近多项式的求解

设最佳平方逼近元 $S^* = \sum_{j=0}^{n} c_j^* \varphi_j \in \Phi$, 则求 S^* 的问题实际上为求组合系数 $c_j^*(j = 0, 1, \cdots, n)$ 的问题.

由最佳平方逼近元充要条件(定理 7.5), 可以得到关于组合系数为未知数的线性方程组

$$\left(\sum_{j=0}^{n} c_j^* \varphi_j, \varphi_i\right) = (\varphi_i, g), \quad i = 0, 1, \cdots, n.$$

用矩阵式表示为

$$\begin{pmatrix} (\varphi_0, \varphi_0) & (\varphi_0, \varphi_1) & \cdots & (\varphi_0, \varphi_n) \\ (\varphi_1, \varphi_0) & (\varphi_1, \varphi_1) & \cdots & (\varphi_1, \varphi_n) \\ \vdots & \vdots & & \vdots \\ (\varphi_n, \varphi_0) & (\varphi_n, \varphi_1) & \cdots & (\varphi_n, \varphi_n) \end{pmatrix} \begin{pmatrix} c_0^* \\ c_1^* \\ \vdots \\ c_n^* \end{pmatrix} = \begin{pmatrix} (\varphi_0, g) \\ (\varphi_1, g) \\ \vdots \\ (\varphi_n, g) \end{pmatrix}.$$

上述方程组称为法方程组. 其中矩阵

$$\Phi = \begin{pmatrix} (\varphi_0, \varphi_0) & (\varphi_0, \varphi_1) & \cdots & (\varphi_0, \varphi_n) \\ (\varphi_1, \varphi_0) & (\varphi_1, \varphi_1) & \cdots & (\varphi_1, \varphi_n) \\ \vdots & \vdots & & \vdots \\ (\varphi_n, \varphi_0) & (\varphi_n, \varphi_1) & \cdots & (\varphi_n, \varphi_n) \end{pmatrix} \text{称为 Gram 矩阵.}$$

注 3: 如果用 $\mathbf{P}_n$ 空间的标准基底 $\{1, x, x^2, \cdots, x^n\}$, 在 $[0, 1]$ 上做最佳平方逼近(权为 1), 需要求解 Gram 矩阵为 Hilbert 矩阵的线性方程组. 直接求解这样的线性方程组是数值不稳定的. 为了得到稳定的数值方法, 我们可以采用正交多项式作为基底. 如果取成带不同权的正交多项式, Gram 矩阵通常为满秩矩阵, 但是其条件数一般都不大.

4. 离散最佳平方逼近

在许多实际问题中, 我们只能估计 $f(x)$ 在某些点的值. 如何利用这些离散点找到最佳平方逼近可以表达为下面的优化问题:

$$\min_{p \in P_n} \sum_{i=0}^{m} \rho_i \, |p(x_i) - f(x_i)|^2.$$

首先注意到当 $m \geqslant n$ 时, 存在唯一的最佳平方逼近. 其求解方法类似于连续情形, 给定 Gram 矩阵 $\Phi_{ij} = \sum_{k=0}^{m} \rho_k \varphi_i(x_k) \varphi_j(x_k)$, $b_j = \sum_{i=0}^{m} \rho_i \varphi_j(x_i) f(x_i)$, 这里 $\{\varphi_i\}_{i=0}^{n}$ 构成 $\mathbf{P}_n$ 的一

组基底，通过求解方程 $\Phi c=b$ 得到系数.

注意到当 $m=n$ 时，等价于插值．当 $m>n$ 时，插值会得到一个超定的线性方程组. 为了保证解的存在性，我们可以使用最小二乘法，这就等价于离散情况的最佳平方逼近(权函数为 1).

如果给定的节点数目足够多(如 $m\geqslant n^2$)，则等距节点也不会带来数值不稳定性(读者可以上机练习：利用正交多项式作为基底，实现离散最佳平方逼近，分别考虑如下几种离散点组的情形：$m=O(n)$（如 $m=2n$）时均匀点组和 Chebyshev 点组以及 $m=O(n^2)$ 时类似点组的情况).

5. 插值与最佳逼近相关的定理

给定权函数 $\rho(x)$ 为可积的正函数，带权的平方可积空间定义为：

$L_\rho^2(a,\ b)\triangleq\left\{f:\ \int_a^b\rho(x)f^2(x)\mathrm{d}x<+\infty\right\}$，范数和内积分别定义为 $\|f\|_{L_\rho^2}^2\triangleq\int_a^b\rho f^2$，$\langle f,\ g\rangle_\rho=\int_a^b\rho fg$. 则 $\forall f\in L_\rho^2(a,\ b)$，$\forall a\in\mathbf{N}$，其最佳平方逼近(带权 $\rho(x)$)都有意义．并且 $f(x)$ 有如下广义 Fourier 展开：$f\sim\sum_{k=0}^{+\infty}\tilde{f}_kp_k$，其中，$p_k$ 是在权 $\rho(x)$ 下的正交多项式，$\tilde{f}_k=\dfrac{\langle f,\ p_k\rangle_\rho}{\langle p_k,\ p_k\rangle_\rho}$ 为广义 Fourier 系数，符号 ~ 表示右端在 L_ρ^2 的意义下收敛到 $f(x)$，即 $\lim_{n\to\infty}\|f-\sum_{k=0}^{n}\tilde{f}_kp_k\|_{L_\rho^2}\to 0$.

如果已知 f 的广义 Fourier 展开，则其截断函数 $f_n=\sum_{k=0}^{n}\tilde{f}_kp_k$ 满足最佳平方逼近的性质．下面我们主要考虑 Chebyshev 多项式展开的收敛性.

为了得到逐点的收敛性，还需要 f 有更好的光滑性条件．事实上，只要 f 是 Lip 连续函数，其 Chebyshev 节点插值因为不需要计算积分，求解起来相对更方便一些.

给定 f，令 p_n 和 f_n 分别为 Chebyshev 节点的插值多项式和截断函数，则有如下定理.

定理 7.6 令 $f\in C[-1,\ 1]$ 存在直到 s 阶导数(分片存在)，前 $s-1$ 阶导数均绝对连续，第 s 阶导数具有有界变差，其变差为 V，则有

$$\|f-f_n\|_{C[-1,\ 1]}\leqslant\frac{2V}{\pi s\ (n-s)^s},\quad \|f-p_n\|_{C[-1,\ 1]}\leqslant\frac{4V}{\pi s\ (n-s)^s}.$$

若 f 在 $[-1,\ 1]$ 上实解析，则 $\exists\rho>1$，s.t.

$$\|f-f_n\|_{C[-1,\ 1]}+\|f-p_n\|_{C[-1,\ 1]}\leqslant c\rho^{-n}\ \|f\|_{C[-1,\ 1]}.$$

证明见参考文献[30].

7.3 典型例题

7.3.1 正交多项式及其应用

例 7.1 证明：对于给定的区间 $[a,\ b]$ 和权函数 $\rho(x)\geqslant 0$，首项系数为 1 的正交多

项式序列唯一.

证　设 $\{\varphi_n\}_{n=0}^{\infty}$ 和 $\{\psi_n\}_{n=0}^{\infty}$ 为区间 $[a, b]$ 上带权函数 $\rho(x)$ 的任意两个正交多项式序列，这里 $\varphi_n, \psi_n \in \mathbf{P}_n$，且首项系数为 1，故 $\varphi_n(x) - \psi_n(x) \in \mathbf{P}_{n-1}$，$\varphi_n(x) - \psi_n(x)$ 可由 $\{\varphi_j\}_{j=0}^{n-1}$ 也可由 $\{\psi_j\}_{j=0}^{n-1}$ 线性表出. 又由正交性，可知

$$(\varphi_n - \psi_n, \varphi_n) = 0 \quad 及 \quad (\varphi_n - \psi_n, \psi_n) = 0.$$

为此有

$$(\varphi_n, \varphi_n) = (\varphi_n, \psi_n), \quad (\psi_n, \psi_n) = (\varphi_n, \psi_n).$$

将上两式左右两边分别相加、移项，得

$$(\varphi_n, \varphi_n) - 2(\varphi_n, \psi_n) + (\psi_n, \psi_n) = 0.$$

按内积定义，上式为

$$\int_a^b \rho(x)\varphi_n^2(x)\,\mathrm{d}x - 2\int_a^b \rho(x)\varphi_n(x)\psi_n(x)\,\mathrm{d}x + \int_a^b \rho(x)\psi_n^2(x)\,\mathrm{d}x = 0.$$

整理得

$$\int_a^b \rho(x)\,(\varphi_n(x) - \psi_n(x))^2\mathrm{d}x = 0.$$

由于 $\rho(x) \geqslant 0$ 且等于零的点有限，故只有

$$\varphi_n(x) - \psi_n(x) \equiv 0, \quad 即\ \varphi_n(x) = \psi_n(x), \quad n = 1, 2, \cdots$$

又由 $\varphi_n(x)$ 和 $\psi_n(x)$ 的任意性，可知区间 $[a, b]$ 上带权函数 $\rho(x)$ 的首项系数为 1 的正交多项式序列唯一.

例 7.2　给定权函数 $\rho(x) > 0$，令首项系数为 1 的正交多项式 p_n，则 p_n 满足以下性质：

(1) $\mathrm{Span}\{p_0, \cdots, p_n\} = \mathbf{P}_n$，$p_{n+1} \perp \mathbf{P}_n$；

(2) $p_{n+1} = (x - \alpha_n)p_n - \beta_n p_{n-1}$，$\alpha_n = \dfrac{\langle xp_n, p_n\rangle_\rho}{\langle p_n, p_n\rangle_\rho}$，$\beta_n = \dfrac{\langle p_n, p_n\rangle_\rho}{\langle p_{n-1}, p_{n-1}\rangle_\rho}$；

(3) p_n 在 (a, b) 上有 n 个互不相同的实根，并且 $p_n(x)$ 和 $p_{n+1}(x)$ 的根相间(即：令 $\{x_i^n\}_{i=1}^{n}$ 和 $\{x_i^{n+1}\}_{i=1}^{n+1}$ 为 $p_n(x)$ 和 $p_{n+1}(x)$ 的根，则有 $a < x_1^{n+1} < x_1^n < x_2^{n+1} < x_2^n < \cdots < x_n^{n+1} < x_n^n < x_{n+1}^{n+1} < b$).

证　性质(1)是显然的. 我们来看性质(2). 由于 p_n 的首项系数均为 1，我们有 $xp_n - p_{n+1} \in P_n$，令其为 $\sum\limits_{i=0}^{n} C_i p_i$，对于 $i \leqslant n-2$，左右同时和 p_i 做内积，注意到正交性，得到 $\langle p_i, p_i\rangle_\rho C_i = \langle xp_n - p_{n+1}, p_i\rangle_\rho = \langle p_n, xp_i\rangle_\rho - \langle p_{n+1}, p_i\rangle_\rho$，注意到 $xp_i \in \mathbf{P}_{n-1}$，于是右端为 0，从而 $C_i = 0$，$i = 0, \cdots, n-2$.

于是有 $xp_n - p_{n+1} = C_n p_n + C_{n-1}p_{n-1}$.

两边同时和 p_n 做内积得到 $C_n = \dfrac{\langle xp_n, p_n\rangle_\rho}{\langle p_n, p_n\rangle_\rho}$，两边同时和 p_{n-1} 做内积得到 $\langle p_{n-1}, p_{n-1}\rangle_\rho C_{n-1} = \langle xp_n - p_{n+1}, p_{n-1}\rangle_\rho = \langle p_n, xp_{n-1}\rangle_\rho = \langle p_n, p_n\rangle_\rho + \langle p_n, xp_{n-1} - p_n\rangle_\rho$，而 $xp_{n-1} - p_n \in \mathbf{P}_{n-1}$，于是 $C_{n-1} = \dfrac{\langle p_n, p_n\rangle_\rho}{\langle p_{n-1}, p_{n-1}\rangle_\rho}$. 性质(2)得证.

下面先证明 $p_n(x)$ 在 (a, b) 上有 n 个实根．令 $p_n(x)$ 在 (a, b) 上的全部实根为 x_1，…，x_k(可重复)，则 $p_n(x)=(x-x_1)\cdots(x-x_k)q(x)$，其中，$x_i\in(a, b)$，$q(x)\in\mathbf{P}_{n-k}$ 在 (a, b) 上无实根．从而 $q(x)$ 在 (a, b) 上恒正(或恒负)．若 $k<n$，取 $w(x)=(x-x_1)\cdots(x-x_k)\in\mathbf{P}_k$，则

$$0=\langle p_n, w\rangle_\rho=\int_a^b\rho(x)(x-x_1)^2\cdots(x-x_k)^2q(x)\mathrm{d}x$$

从而得到 $q(x)\equiv 0$，矛盾．类似地，可以证明 $p_n(x)$ 没有重根．若 x_1 为其重根，则 $p_n(x)=(x-x_1)^2(x-x_3)\cdots(x-x_k)$，取 $w(x)=(x-x_3)\cdots(x-x_n)$，再做内积后得到矛盾．最后我们用归纳法证明 $p_n(x)$ 和 $p_{n+1}(x)$ 的根相间.

当 $n=1$ 时，由 $p_2(x)=(x-\alpha_1)p_1(x)-\beta_1p_0(x)$，$x'_1$为 $p_1(x)=0$ 的根，则得到 $p_2(x'_1)=-\beta_1p_0(x'_1)=-\beta_1<0$，而 p_2 是首项为 1 的二次多项式，在 (a, b) 之外没有实根，于是 $p_2(a)>0$，$p_2(b)>0$. 所以，$p_2(x)$ 的两个实根分别位于 (a, x'_1) 和 (x'_1, b) 中，即证明了结论．下面我们来进行归纳：假设 $n=k$ 时成立，即 $a<x_1^{k+1}<x_1^k<\cdots<x_k^{k+1}<x_k^k<x_{k+1}^{k+1}<b$. 我们需要证明 $n=k+1$ 时成立.

首先，注意到 $p_k(x)$ 在从 b 到 a 上的符号分别为

$$\operatorname{sgn}p_k(x)=\begin{cases}(-1)^{k-i}, & 在(x_i^k, x_{i+1}^k),\\ 1, & 在(x_k^k, b],\\ (-1)^k, & 在[a, x_1^k),\end{cases}$$

我们来观察 $p_{k+2}(x)$ 在点 x_i^{k+1} 以及 a，b 两点的符号.

注意到 $x_i^{k+1}\in(x_{i-1}^k, x_i^k)$，$i=2$，…，$k$，$x_1^{k+1}\in(a, x_1^k)$，$x_{k+1}^{k+1}\in(x_k^k, b)$，以及 $p_{k+2}(x)=(x-\alpha_{k+1})p_{k+1}(x)-\beta_{k+1}p_k(x)$，$p_{k+1}(x_i^{k+1})=0$，所以 $p_{k+2}(x_i^{k+1})$ 和 $p_k(x_i^{k+1})$ 异号，于是得 $\operatorname{sgn}p_{k+2}(x_i^{k+1})=(-1)^{k-i}$. 最后，因为 $\operatorname{sgn}p_{k+2}(b)=1$，$\operatorname{sgn}p_{k+2}(a)=(-1)^{k+2}=(-1)^k$，得到 $p_{k+2}(x)$ 在 $(a, x_1^{k+1}, \cdots, x_{k+1}^{k+1}, b)$ 这些点的符号是交错的，从而证明了结论.

例 7.3 求区间 [0, 1] 上，带权函数 $\rho(x)=-\ln x$ 的正交多项式序列的前三项.

分析 我们知道，任何线性无关组都可以正交化．由线性代数可知，$\{1, x, \cdots, x^n, \cdots\}$ 是一个线性无关组，将此无关组正交化可得到正交多项式序列.

$$(f, g)=\int_a^b\rho(x)f(x)g(x)\mathrm{d}x,\quad \|g(x)\|_2=(g, g)^{\frac{1}{2}}.$$

记正交化所得正交多项式序列为 $\{g_k(x)\}_{k=0}^{\infty}$. 正交化步骤：

第一步 设 $g_0(x)=1$，$e_0=\dfrac{g_0(x)}{\|g_0(x)\|_2}$，显然 $(e_0, e_0)=1$.

令 $g_1(x)=x-(x, e_0)e_0$，这样，

$$\begin{aligned}(g_1(x), e_0)&=(x-(x, e_0)e_0, e_0)=(x, e_0)-(x, e_0)(e_0, e_0)\\&=(x, e_0)-(x, e_0)=0,\end{aligned}$$

$$e_1=\frac{g_1(x)}{\|g_1(x)\|_2}.$$

第二步　令 $g_2(x)=x^2-(x^2,\ e_0)e_0-(x^2,\ e_1)e_1$，此时，由于 $(e_0,\ e_1)=0$，可知

$$(g_2(x),\ e_0)=(x^2-(x^2,\ e_0)e_0-(x^2,\ e_1)e_1,\ e_0)$$
$$=(x^2,\ e_0)-(x^2,\ e_0)=0.$$

同理，$(g_2(x),\ e_1)=0$，求出 $e_2=\dfrac{g_2(x)}{\|g_2(x)\|_2}$.

第三步　依此类推，令

$$g_k(x)=x^k-(x^k,\ e_0)e_0-(x^k,\ e_1)e_1-\cdots-(x^k,\ e_{k-1})e_{k-1},$$

求出 $e_k=\dfrac{g_k(x)}{\|g_k(x)\|_2}$.

……

便得到区间 $[a,\ b]$ 上带权函数 $\rho(x)$ 的正交多项式序列 $\{g_k(x)\}_{k=0}^{\infty}$ 和标准正交列 $\{e_k(x)\}_{k=0}^{\infty}$.

解　在本题中，$\rho(x)=-\ln x$，区间 $[a,\ b]=[0,\ 1]$，内积定义为

$$(f,\ g)=\int_a^b(-\ln x)f(x)g(x)\mathrm{d}x.$$

令 $g_0(x)=1$，

$$(g_0,\ g_0)=\int_0^1(-\ln x)\mathrm{d}x=(-x\ln x)\Big|_0^1+\int_0^1\mathrm{d}x=1,$$

$$\left(\lim_{x\to0}x\ln x=\lim_{x\to0}\frac{\ln x}{1/x}=\lim_{x\to0}\frac{1/x}{-1/x^2}=-\lim_{x\to0}x=0\right),$$

$$e_0=\frac{g_0(x)}{\|g_0(x)\|_2}=1.$$

令 $g_1(x)=x-(x,\ e_0)e_0$，

$$(x,\ e_0)=\int_0^1x(-\ln x)\mathrm{d}x=\int_0^1(-\ln x)\mathrm{d}\frac{x^2}{2}$$
$$=-\left(\frac{x^2}{2}\ln x\right)\Big|_0^1+\frac{1}{2}\int_0^1x\mathrm{d}x=\frac{1}{4}.$$

所以，$g_1(x)=x-\dfrac{1}{4}$，

$$(g_1,\ g_1)=\int_0^1\left(x-\frac{1}{4}\right)^2(-\ln x)\mathrm{d}x$$
$$=\int_0^1-x^2\ln x\mathrm{d}x+\int_0^1\frac{1}{2}x\ln x\mathrm{d}x-\int_0^1\frac{1}{16}\ln x\mathrm{d}x$$
$$=\frac{1}{9}-\frac{1}{8}+\frac{1}{16}=\frac{7}{144}.$$

$$e_1=\frac{g_1(x)}{\|g_1(x)\|_2}=\frac{12}{\sqrt{7}}\left(x-\frac{1}{4}\right).$$

令 $g_2(x)=x^2-(x^2,\ e_0)e_0-(x^2,\ e_1)e_1$，则 $(x^2,\ e_0)=\dfrac{1}{9}$，$(x^2,\ e_1)=\dfrac{5}{12\sqrt{7}}$，所以，

$$g_2(x)=x^2-\frac{1}{9}-\frac{5}{12\sqrt{7}}\times\frac{12}{\sqrt{7}}\left(x-\frac{1}{4}\right)=x^2-\frac{5}{7}x+\frac{17}{252}.$$

7.3.2 $C[a, b]$空间中的最佳一致逼近

例7.4 选取常数 a，b，使得 $\max\limits_{0\leqslant x\leqslant 1}|e^x-ax-b|$ 达到最小.

分析 本题实际上是求函数$f(x)=e^x$ 在区间 $[0, 1]$ 上的一次最佳一致逼近多项式，可以通过交错点的求解建立关于 a，b 的线性方程组加以求解.

解 记最佳一次逼近多项式为 $p_1(x)=ax+b$，由定理7.2，$f(x)-p_1(x)$ 在区间 $[0, 1]$ 上存在一个至少由3个点组成的交错点组.

由$f''(x)=e^x>0$，$x\in[0, 1]$，一方面由定理7.3可知 $x_0=0$，$x_2=1$ 是误差曲线交错点中的点，另外的交错点在 $(0, 1)$ 内.

另一方面，$f'(x)$ 在 $(0, 1)$ 内单调上升，从而$f'(x)-p_1'(x)$ 在 $(0, 1)$ 内只有一个零点，即$f(x)-p_1(x)$ 在 $(0, 1)$ 内只有一个驻点. 也就是说，$f(x)-p_1(x)$ 在 $(0, 1)$ 内只有一个交错点，不妨记为 x_1，

显然$f'(x_1)-p_1'(x_1)=0$，即 $e^{x_1}=a$. 又由交错点的定义，有

$$f(x_0)-p_1(x_0)=-(f(x_1)-p_1(x_1)),$$
$$f(x_0)-p_1(x_0)=f(x_2)-p_1(x_2),$$

即

$$\begin{cases}1-b=-e^{x_1}+ax_1+b,\\1-b=e-a-b,\\e^{x_1}=a.\end{cases}$$

解得

$$a=e-1,\quad x_1=\ln(e-1),\quad b=\frac{1}{2}[e-(e-1)\ln(e-1)].$$

从而得到所需解.

例7.5 设函数$f(x)=\dfrac{1}{3+x}$，求函数$f(x)$ 在区间 $[-1, 1]$ 上的一次最佳一致逼近多项式.

分析 此题解法与例7.4类似.

解 由于

$$f''(x)=\frac{2}{(3+x)^3}>0,\quad x\in[-1, 1],$$

由定理7.3可知，$x_1=-1$，$x_3=1$ 为$f(x)-p_1^*(x)$ 交错点组中的点，另一个交错点记为 $x_2\in(-1, 1)$，且记$p_1^*(x)=ax+b$，则有 $[f(x)-p_1^*(x)]'_{x=x_2}=0$. 因此$f'(x_2)=a$，即

$$\frac{1}{(3+x)^2}=-a.$$

由交错点的定义，可以建立以 a，b，x_2 为未知数的方程组，为

$$\begin{cases} -a(3+x_2)^2=1, \\ \dfrac{1}{3+x_1}-ax_1-b=-\left(\dfrac{1}{3+x_2}-ax_2-b\right), \\ \dfrac{1}{3+x_2}-ax_2-b=-\left(\dfrac{1}{3+x_3}-ax_3-b\right). \end{cases}$$

用 $x_1=-1$，$x_3=1$ 代入方程组，为

$$\begin{cases} -a(3+x_2)^2=1, \\ \dfrac{1}{2}+a-b=ax_2+b-\dfrac{1}{3+x_2}, \\ \dfrac{1}{4}+a+b=-ax_2-b+\dfrac{1}{3+x_2}. \end{cases}$$

由后两个方程可得 $a=-\dfrac{1}{8}$. 将 $a=-\dfrac{1}{8}$ 代入第一个方程得 $x_2=\sqrt{8}-3$（$-\sqrt{8}-3$ 舍去）. 将 $a=-\dfrac{1}{8}$，$x_2=\sqrt{8}-3$ 代入第二个方程得 $b=\dfrac{\sqrt{8}}{8}$. 故

$$p_1^*(x)=-\frac{1}{8}x+\frac{\sqrt{8}}{8}.$$

例 7.6　设 $f(x)\in C[a,b]$，试证明：$f(x)$ 的零次最佳一致逼近多项式为 $p_0(x)=\dfrac{1}{2}(M+m)$，其中，M，m 为函数 $f(x)$ 在区间 $[a,b]$ 上的最大值和最小值.

证　由于 $f(x)\in C[a,b]$，所以存在 x_1，$x_2\in[a,b]$，使得 $f(x_1)$，$f(x_2)$ 成为 $f(x)$ 在 $[a,b]$ 上的最大、最小值. 分别记为 $M=f(x_1)$，$m=f(x_2)$.

若 $M=m$，则 $f(x)\equiv C$，$P_0(x)=C=f(x)$.

当 $M\neq m$，$x_1\neq x_2$ 时，

$$f(x_1)-p_0(x_1)=M-\frac{M+m}{2}=\frac{1}{2}(M-m),$$

$$f(x_2)-p_0(x_2)=m-\frac{M+m}{2}=-\frac{1}{2}(M-m).$$

而在 $[a,b]$ 上，

$$\|f(x)-p_0(x)\|_\infty=\max_{a\leqslant x\leqslant b}\left|f(x)-\frac{M+m}{2}\right|=\frac{|M-m|}{2}.$$

按交错点组的定义 7.3，x_1，x_2 为交错点组中的点，因此误差曲线函数 $f(x)-p_0(x)$ 在区间 $[a,b]$ 上至少存在由两点组成的交错点组.

由最佳一致逼近元的充要条件（定理 7.2）可知，$p_0(x)=\dfrac{M+m}{2}$ 为对 $f(x)$ 的零次最佳一致逼近多项式.

例 7.7　设 $f(x)$ 是区间 $[-a,a]$ 上的连续函数（$a>0$），它在该区间上的最佳一致逼近多项式记为 $p_n^*(x)$，证明：

(1)当$f(x)$为偶函数时，$p_n^*(x)$也是偶函数；

(2)当$f(x)$为奇函数时，$p_n^*(x)$也是奇函数.

分析 利用最佳一致逼近多项式$p_n^*(x)$的唯一性，当$f(x)$为偶函数时，只需证明

$$\max_{-a\leqslant x\leqslant a}|f(x)-p_n^*(x)|=\max_{-a\leqslant x\leqslant a}|f(x)-p_n^*(-x)|$$

成立，则$p_n^*(x)$为偶函数；而$f(x)$为奇函数时只需证明

$$\max_{-a\leqslant x\leqslant a}|f(x)-p_n^*(x)|=\max_{-a\leqslant x\leqslant a}|f(x)+p_n^*(x)|,$$

则$p_n^*(x)$为奇函数.

证 (1) 因为$p_n^*(x)$为函数$f(x)$在$[-a, a]$上的最佳一致逼近多项式，利用变换$t=-x$，则当$f(x)$为偶函数时，

$$\begin{aligned}\max_{-a\leqslant x\leqslant a}|f(x)-p_n^*(x)|&=\max_{-a\leqslant t\leqslant a}|f(-t)-p_n^*(-t)|=\max_{-a\leqslant t\leqslant a}|f(t)-p_n^*(-t)|\\&=\max_{-a\leqslant x\leqslant a}|f(x)-p_n^*(-x)|.\end{aligned}$$

故$p_n^*(-x)$也是$[-a, a]$上函数$f(x)$的最佳一致逼近多项式.

由最佳一致逼近多项式的唯一性可知，$p_n^*(-x)=p_n^*(x)$，故$p_n^*(x)$为偶函数.

(2)当$f(x)$为奇函数时，同理，

$$\begin{aligned}\max_{-a\leqslant x\leqslant a}|f(x)-p_n^*(x)|&=\max_{-a\leqslant t\leqslant a}|f(-t)-p_n^*(-t)|=\max_{-a\leqslant t\leqslant a}|-(f(t)+p_n^*(-t))|\\&=\max_{-a\leqslant x\leqslant a}|f(x)+p_n^*(-x)|.\end{aligned}$$

故$p_n^*(-x)=-p_n^*(x)$，即$p_n^*(x)$为奇函数.

例 7.8 证明 Marcinkiewicz 定理：给定$f(x)\in C[-1, 1]$，$\forall\varepsilon>0$，$\exists n$和$\{x_i^n\}_{i=0}^n\subseteq[-1, 1]$，s. t. 在$\{x_i^n\}_{i=0}^n$上的插值多项式$p_n(x)$满足$\|f-p_n\|_{C[-1, 1]}\leqslant\varepsilon$.

证 由 Weierstrass 第一逼近定理知：$\lim\limits_{n\to+\infty}\min\limits_{p\in\mathbf{P}_n}\|f-p\|_{C[-1, 1]}=0$，于是$\forall\varepsilon>0$，$\exists n\in\mathbb{N}$，s. t. $\min\limits_{p\in\mathbf{P}_n}\|f-p\|_{C[-1, 1]}\leqslant\varepsilon$.

令$p_n^*(x)$为f的最佳一致逼近，且$E_n=\|f-p_n^*(x)\|_{C[-1, 1]}$，若$E_n=0$，则结论自然成立. 否则，由 Chebyshev 交错点组定理知$\exists n+2$个交错点组$\{z_i\}_{i=0}^{n+1}\subseteq[-1, 1]$，使得$f(x)-p_n^*(x)$在$\{z_i\}$上交错等于$\pm E$.

因为$f(x)-p_n^*(x)\in C[-1, 1]$，于是$\exists n+1$个点$\{x_i\}_{i=0}^n$ s. t. $f(x_i)-p_n^*(x_i)=0$，其中，$x_i\in(z_i, z_{i+1})$，$i=0, \cdots, n$，这就表明了p_n^*是由$\{x_i\}_{i=0}^n$所确定的插值多项式.

7.3.3 内积空间 $V[a, b]$ 中的最佳平方逼近

例 7.9 求函数$f(x)=e^x$在区间$[0, 1]$上的一次最佳平方逼近多项式，其中权函数$\rho(x)=1$.

分析 这是一个求最佳平方逼近多项式的基本题，有三种方法可以求解.

解法 1 求出内积并解法方程组.

$\Phi=\mathrm{Span}\{1, x\}$，设$\varphi_0=1$，$\varphi_1=x$；记一次最佳平方逼近多项式为$p_1^*(x)=a_0+a_1x$. 内积是

$$(\varphi_0, \varphi_0)=\int_0^1 1\mathrm{d}x=1,\quad(\varphi_0, \varphi_1)=\int_0^1 x\mathrm{d}x=\frac{1}{2},$$

$$(\varphi_1,\ \varphi_1)=\int_0^1 x^2\mathrm{d}x=\frac{1}{3},\quad (\varphi_0,\ f)=\int_0^1 \mathrm{e}^x\mathrm{d}x=\mathrm{e}-1,$$

$(\varphi_1,\ f)=\int_0^1 x\mathrm{e}^x\mathrm{d}x=1$，法方程组为

$$\begin{cases}a_0+\dfrac{1}{2}a_1=\mathrm{e}-1,\\[2mm] \dfrac{1}{2}a_0+\dfrac{1}{3}a_1=1.\end{cases}$$

解得

$$a_0=4\mathrm{e}-10\approx 0.873\,12731,\quad a_1=18-6\mathrm{e}\approx 1.690\,30903.$$

从而一次最佳平方逼近多项式为

$$p_1^*(x)=0.873\,12731+1.690\,309\,03x.$$

解法2 求出正交多项式解法方程组.

在[0, 1]上求出带权1的正交多项式,

$$g_0^*(x)=1,\quad g_1^*(x)=x-\frac{1}{2},\quad (g_0^*,\ g_0^*)=1,$$

$$(g_1^*,\ g_1^*)=\int_0^1\left(x-\frac{1}{2}\right)^2\mathrm{d}x=\frac{1}{12},$$

$$(g_0^*,\ f)=\int_0^1 1\cdot \mathrm{e}^x\mathrm{d}x=\mathrm{e}-1,$$

$$(g_1^*,\ f)=\int_0^1\left(x-\frac{1}{2}\right)\mathrm{e}^x\mathrm{d}x=\frac{3}{2}-\frac{\mathrm{e}}{2}.$$

所以

$$a_0=\frac{(g_0^*,\ f)}{(g_0^*,\ g_0^*)}=\mathrm{e}-1\approx 1.718281828,$$

$$a_1=\frac{(g_1^*,\ f)}{(g_1^*,\ g_1^*)}=\frac{\dfrac{3}{2}-\dfrac{\mathrm{e}}{2}}{\dfrac{1}{12}}=18-6\mathrm{e}\approx 1.69030903.$$

从而一次最佳平方逼近多项式为

$$p_1^*(x)=1.718\,281828+1.690\,30903\left(x-\frac{1}{2}\right).$$

解法3 将[0, 1]变换到[−1, 1]上，用Legendre多项式求解.

令 $x=\dfrac{1}{2}(1+t)$，$x\in[0,\ 1]$；$t\in[-1,\ 1]$，$\mathrm{e}^x=\mathrm{e}^{\frac{1+t}{2}}$. 零次和一次Legendre多项式分别为 $g_0^*=1$，$g_1^*=t$.

$$(g_0^*,\ g_0^*)=\int_{-1}^1 1\mathrm{d}t=2,\ (g_1^*,\ g_1^*)=\int_{-1}^1 t^2\mathrm{d}t=\frac{2}{3},$$

$$(g_0^*,\ f)=\int_{-1}^1 \mathrm{e}^{\frac{1}{2}(1+t)}\,\mathrm{d}t=2(\mathrm{e}-1),\qquad (g_1^*,\ f)=\int_{-1}^1 t\mathrm{e}^{\frac{1}{2}(1+t)}\,\mathrm{d}t=6-2\mathrm{e}.$$

从而

$$a_0=\frac{(g_0^*,f)}{(g_0^*,g_0^*)}=\frac{2(\mathrm{e}-1)}{2}\approx 1.718281828,$$

$$a_1=\frac{(g_1^*,f)}{(g_1^*,g_1^*)}=\frac{6-2\mathrm{e}}{\frac{2}{3}}=9-3\mathrm{e}\approx 0.845154515.$$

在 $[-1,1]$ 上的一次最佳平方逼近多项式为

$$\overline{p_1^*}(x)=1.718\,281828+0.845\,154\,515t.$$

用 $t=2x-1$ 代入，得 $[0,1]$ 的一次最佳平方逼近多项式

$$\begin{aligned}p_1^*(x)&=1.718281828+0.845154515(2x-1)\\&=0.873127313+1.69030903x.\end{aligned}$$

例 7.10 求函数 $f(x)=x^2$ 在 $[-1,1]$ 上的一次最佳平方逼近多项式 ($\rho(x)=1$).

解 因为区间为 $[-1,1]$，权函数为 $\rho(x)=1$，可取正交多项式 Legendre 多项式 $g_0^*=1$，$g_1^*=x$，

$$(g_0^*,g_0^*)=\int_{-1}^{1}1\mathrm{d}x=2,\ (g_1^*,g_1^*)=\int_{-1}^{1}x^2\mathrm{d}x=\frac{2}{3},$$

$$(g_0^*,f)=\int_{-1}^{1}x^2\mathrm{d}x=\frac{2}{3},\ (g_1^*,f)=\int_{-1}^{1}x^3\mathrm{d}x=0.$$

从而

$$a_0=\frac{(g_0^*,f)}{(g_0^*,g_0^*)}=\frac{1}{3},\ a_1=\frac{(g_1^*,f)}{(g_1^*,g_1^*)}=\frac{0}{2/3}=0.$$

所求一次最佳平方逼近多项式为 $p_1^*(x)=\dfrac{1}{3}$.

例 7.11 确定参数 a，b，c，使积分

$$\int_{-1}^{1}\left[\sqrt{1-x^2}-(ax^2+bx+c)\right]^2\frac{\mathrm{d}x}{\sqrt{1-x^2}}$$

取得最小值，并求该最小值.

分析 这是一个差的平方带权函数 $\rho(x)=\dfrac{1}{\sqrt{1-x^2}}$ 的积分最小问题，所以确定二次多项式中参数 a，b，c 也就是求函数 $f(x)=\sqrt{1-x^2}$ 在区间 $[-1,1]$ 上带权函数 $\rho(x)=\dfrac{1}{\sqrt{1-x^2}}$ 的二次最佳平方逼近多项式的情形.

解 由于权函数为 $\rho(x)=\dfrac{1}{\sqrt{1-x^2}}$，区间 $[a,b]=[-1,1]$，因此，可以选取 Chebyshev 正交多项式序列前三项 $T_0(x)$，$T_1(x)$，$T_2(x)$ 作为正交基函数求解. 此时 $T_0(x)=1$，$T_1(x)=x$，$T_2(x)=2x^2-1$；且由其正交性有

$$(T_i,\ T_j)=\begin{cases}0, & i\neq j,\\ \dfrac{\pi}{2}, & i=j\neq 0,\\ \pi, & i=j=0,\end{cases}$$

进一步计算$f(x)$与基函数的内积有

$$(f,\ T_0)=\int_{-1}^{1}\frac{1}{\sqrt{1-x^2}}\sqrt{1-x^2}\,\mathrm{d}x=2,$$

$$(f,\ T_1)=\int_{-1}^{1}\frac{1}{\sqrt{1-x^2}}\sqrt{1-x^2}\,x\mathrm{d}x=0,$$

$$(f,\ T_2)=\int_{-1}^{1}\frac{1}{\sqrt{1-x^2}}\sqrt{1-x^2}\,(2x^2-1)\,\mathrm{d}x=-\frac{2}{3}.$$

从而所求二次最佳平方逼近多项式为

$$\begin{aligned}p_2^*(x)&=\frac{(f,\ T_0)}{(T_0,\ T_0)}T_0+\frac{(f,\ T_1)}{(T_1,\ T_1)}T_1+\frac{(f,\ T_2)}{(T_2,\ T_2)}T_2\\&=\frac{2}{\pi}+0-\frac{4}{3\pi}(2x^2-1)=-\frac{8}{3\pi}x^2+\frac{10}{3\pi}.\end{aligned}$$

这样，三个参数分别是$a=-\dfrac{8}{3\pi}$，$b=0$，$c=\dfrac{10}{3\pi}$.

另外，所求积分值的最小值，就是函数$f(x)$与$p_2^*(x)$差的2-范数的平方：

$$\|f(x)-p_2^*(x)\|_2^2=(f(x)-p_2^*(x),\ f(x)-p_2^*(x)).$$

由最佳平方逼近元的充要条件可知$f(x)-p_2^*(x)$与$T_0(x)$，$T_1(x)$，$T_2(x)$都正交，从而与$p_2^*(x)$也正交．故

$$\begin{aligned}\|f-p_2^*\|_2^2&=(f-p_2^*,\ f)=(f,\ f)-(f,\ p_2^*)\\&=\int_{-1}^{1}(\sqrt{1-x^2})^2\frac{\mathrm{d}x}{\sqrt{1-x^2}}-\left(f,\ \sum_{i=0}^{2}\frac{(f,\ T_i)}{(T_i,\ T_i)}T_i\right)\\&=\int_{-1}^{1}(\sqrt{1-x^2})^2\frac{\mathrm{d}x}{\sqrt{1-x^2}}-\sum_{i=0}^{2}\frac{(f,\ T_i)^2}{(T_i,\ T_i)}\\&=\frac{\pi}{2}-\left(\frac{4}{\pi}+0+\frac{8}{9\pi}\right)=\frac{\pi}{2}-\frac{44}{9\pi}\\&\approx 0.01461466.\end{aligned}$$

例 7.12　已知函数值表$f(-2)=3$，$f(-1)=0$，$f(0)=2$，$f(1)=3$，$f(2)=1$. 用直线$a+bx$对函数做离散情形的最佳平方逼近.

分析　连续情形时，取$\varphi_0=1$，$\varphi_1=x$，$\Phi=\mathrm{Span}\{1,\ x\}$，待定参数$a$，$b$由求解法方程组

$$\begin{cases}(\varphi_0,\ \varphi_0)a+(\varphi_0,\ \varphi_1)b=(\varphi_0,\ f),\\(\varphi_1,\ \varphi_0)a+(\varphi_1,\ \varphi_1)b=(\varphi_1,\ f)\end{cases}$$

得出．但本题f不是连续情形，而是一个向量：$\boldsymbol{f}=(3,\ 0,\ 2,\ 3,\ 1)^{\mathrm{T}}$，内积就相应为向量

的内积．因此，选取 $\boldsymbol{\varphi}_0=(1,1,1,1,1)^{\mathrm{T}}$，$\boldsymbol{\varphi}_1=(-2,-1,0,1,2)^{\mathrm{T}}$，$(\boldsymbol{\varphi}_i,\boldsymbol{\varphi}_j)=\boldsymbol{\varphi}_i^{\mathrm{T}}\cdot\boldsymbol{\varphi}_j$，$(\boldsymbol{\varphi}_i,f)=\boldsymbol{\varphi}_i^{\mathrm{T}}\cdot \boldsymbol{f}$.

解 取 $\boldsymbol{\varphi}_0=(1,1,1,1,1)^{\mathrm{T}}$，$\boldsymbol{\varphi}_1=(-2,-1,0,1,2)^{\mathrm{T}}$，$\boldsymbol{f}=(3,0,2,3,1)^{\mathrm{T}}$. 求出内积：

$$(\boldsymbol{\varphi}_0,\boldsymbol{\varphi}_0)=5,\ (\boldsymbol{\varphi}_1,\boldsymbol{\varphi}_1)=10,\ (\boldsymbol{\varphi}_0,\boldsymbol{\varphi}_1)=0,$$
$$(\boldsymbol{\varphi}_0,\boldsymbol{f})=9,\ (\boldsymbol{\varphi}_1,\boldsymbol{f})=-1,$$

所以法方程组为

$$\begin{cases}5a+0\cdot b=9,\\ 0\cdot a+10\cdot b=-1.\end{cases}$$

解得 $a=\dfrac{9}{5}$，$b=-\dfrac{1}{10}$，所求直线为 $y=\dfrac{9}{5}-\dfrac{x}{10}$.

例 7.13 考察 Chebyshev 节点 $x_i=\cos\dfrac{i}{n}\pi$，$i=0,\cdots,n$，则重心公式中的权 $w_i=\dfrac{1}{\prod\limits_{j\neq i}(x_i-x_j)}=\dfrac{2^{n-1}}{n}(-1)^i\cdot\begin{cases}1, & 1\leqslant i\leqslant n-1,\\ \dfrac{1}{2}, & i=0,n.\end{cases}$

证 我们首先观测到一个事实，令 $w(x)=\prod\limits_{i=0}^{n}(x-x_i)$，则 $w_i(x)=\dfrac{1}{w'(x_i)}$，于是只须估计 $w'(x_i)$ 的值即可．令 $T_n(x)=\cos n\arccos x$ 为 Chebyshev 多项式，则其首项系数为 2^{n-1}，注意到 $T_{n+1}(x)-T_{n-1}(x)$ 的根，比较首项系数，得 $w(x)=\dfrac{1}{2^n}(T_{n+1}(x)-T_{n-1}(x))$.

而 $T'_{n+1}(x)-T'_{n-1}(x)=-2\dfrac{\mathrm{d}}{\mathrm{d}\alpha}(\sin n\alpha\sin\alpha)\dfrac{\mathrm{d}\alpha}{\mathrm{d}x}$

$$=-2(\sin n\alpha\cos\alpha+n\cos n\alpha\sin\alpha)\frac{\mathrm{d}\alpha}{\mathrm{d}x},\quad \forall x\in(-1,1).$$

同时，由于 $x=\cos\alpha$，所以 $-\sin\alpha\dfrac{\mathrm{d}\alpha}{\mathrm{d}x}=1$，$\forall x\in(-1,1)$．当 $i=1,\cdots,n-1$ 时有 $\sin n\alpha_i=0$，从而有 $T'_{n+1}(x)-T'_{n-1}(x)=-2n\cos n\alpha_i\sin\alpha_i\dfrac{\mathrm{d}\alpha}{\mathrm{d}x}\Big|_{x_i}=(-1)^i2n$. 当 $x=\pm1$ 时，不能直接使用链式法则(因为此时 $\dfrac{d\alpha}{\mathrm{d}x}$ 发散)，但是由多项式导数的连续性，我们可以考虑极限过程．下面仅考察 $x=1$(即 $\alpha=0$)的情况，$x=-1$ 的情况可用类似方法证明.

$$\begin{aligned}T'_{n+1}(1)-T'_{n-1}(1)&=\lim_{x\to1^-}-2(\sin n\alpha\cos\alpha+n\cos n\alpha\sin\alpha)\frac{\mathrm{d}\alpha}{\mathrm{d}x}\\&=\lim_{x\to1^-}-2\left(\frac{\sin n\alpha}{\sin\alpha}\cos\alpha+n\cos n\alpha\right)\sin\alpha\frac{\mathrm{d}\alpha}{\mathrm{d}x}\\&=\lim_{x\to0^+}2\left(\frac{\sin n\alpha}{\sin\alpha}\cos\alpha+n\cos n\alpha\right)=4n.\end{aligned}$$

综合上面的结论可得证.

例 7.14　给定$f(x)$和$\{x_i\}_{i=0}^{n+1}\subseteq[a,b]$为互不相同的点组，证明存在唯一的多项式$p_n\in\mathbf{P}_n$和$E\in\mathbb{R}$，s.t. $f(x_i)-p_n(x_i)=(-1)^iE$.

证　先证明存在性. 取p_n'为满足$p_n'(x_i)=f(x_i)$，$i=0,\cdots,n$的插值多项式，$p_n^2(x)$为$p_n^2(x_i)=(-1)^i$，$i=0,\cdots,n$的多项式，取$E=\dfrac{p_n'(x_{n+1})-f(x_{n+1})}{p_n^2(x_{n+1})+(-1)^n}$，由于$p_n^2(x_{n+1})$和$(-1)^n$同号，故$E$有意义. 令$p(x)=p_n'(x)-p_n^2(x)E$，则$f(x_i)-p_n(x_i)=(-1)^iE$，$i=0,\cdots,n$，对于$x_{n+1}$点有

$$
\begin{aligned}
f(x_{n+1})-p_n(x_{n+1})&=f(x_{n+1})-p_n'(x_{n+1})+p_n^2(x_{n+1})E\\
&=(-1)^{n+1}E+E((-1)^n+p_n^2(x_{n+1}))+(f(x_{n+1})-p_n'(x_{n+1}))\\
&=(-1)^{n+1}E.
\end{aligned}
$$

再证明唯一性. 只需证$f(x_i)=0$，$i=0,\cdots,n$时只有零解即可.

令p_n和E满足$p_n(x_i)=(-1)^{i+1}E$，若$E=0$，则$p_n\equiv0$，若$E\neq0$，则p_n在$\{x_i\}_{i=0}^{n+1}$点分别取交替符号，于是存在至少$n+1$个根，则与$p_n\equiv0$矛盾.

例 7.15　给定$f(x)\in C[-1,1]$，令$p_n^*(x)$为$f(x)$的n次多项式最佳一致逼近，且$E_n^*=\|f-p_n^*\|_{C[-1,1]}$.

(1)给定$X=\{x_i\}_{i=0}^{n}\subseteq[-1,1]$为不同的点组，$p_n$为$f$在$\{x_i\}_{i=0}^{n}$的插值多项式，证明$\|p_n-f\|_{C[-1,1]}\leqslant(\Lambda_n(X)+1)E_n^*$；

(2)如果$q_n\in\mathbf{P}_n$ s.t. $q_n(x)-f(x)$在$\{z_i\}_{i=0}^{n+1}\subseteq[-1,1]$上符号相错，则有

$\|p_n-f\|_{C[-1,1]}\leqslant\alpha E_n^*$，其中，$\alpha=\dfrac{\|f-p_n\|_{C[-1,1]}}{\min|f(z_i)-p_n(z_i)|}\geqslant1$.

证明　(1)注意到$p_n-p_n^*$是函数$f-p_n^*$的插值多项式，由 Lebesgue 常数的定义：$\Lambda_n(X)=\sup\limits_{f\neq0}\dfrac{\|p_n\|_{C[-1,1]}}{\|f\|_{C[-1,1]}}$，得到

$$
\|p_n-p_n^*\|_{C[-1,1]}\leqslant\Lambda_n(X)\ \|f-p_n^*\|_{C[-1,1]}.
$$

由三角不等式易得：$\|p_n-f\|_{C[-1,1]}\leqslant(\Lambda_n(X)+1)E_n^*$.

(2)如果能证明$\min\limits_i|f(z_i)-p_n(z_i)|\leqslant E_n^*$，则很容易得到

$$
\|p_n-f\|_{C[-1,1]}\leqslant\|f-p_n\|_{C[-1,1]}\cdot\frac{E_n^*}{\min|f(z_i)-p_n(z_i)|}=\alpha E_n^*.
$$

用反证法，假定$\min\limits_i|f(z_i)-p_n(z_i)|>E_n^*$，则有

$(f(z_i)-p_n(z_i))-(f(z_i)-p_n^*(z_i))$仍然和$f(z_i)-p_n(z_i)$同号.

所以$p_n^*(x)-p_n(x)$变号$n+1$次，与有$n+1$个根矛盾. 结论得证.

第8章　数值积分

8.1　主要内容

本章首先讲解数值求积公式代数精确度的概念和插值型求积公式的基本思想，然后介绍几个低阶的 Newton-Cotes 公式(包括梯形公式、Simpson 公式和 Cotes 公式)及其截断误差的表达式，以及复化型求积公式的思想及推导．最后介绍求积公式外推法的思想以及 Romberg 积分公式和 Gauss 型求积公式的构造方法.

8.2　知识要点

8.2.1　数值求积公式及其代数精确度

已知积分区间 n 个点 $(x_k)_{k=1}^{n}$ 上的函数值 $\{f(x_k)\}_{k=1}^{n}$，给出 n 个求积系数 $\{A_k\}_{k=1}^{n}$，将和 $I_n(f)=\sum\limits_{k=1}^{n}A_kf(x_k)$ 作为积分

$$I(f)=\int_a^b\rho(x)f(x)\,\mathrm{d}x \tag{8.1}$$

的近似值，即

$$I(f)\approx\sum_{k=1}^{n}A_kf(x_k)$$

或

$$I(f)=\sum_{k=1}^{n}A_kf(x_k)+R(\rho,f)=I_n(f)+R(\rho,f). \tag{8.2}$$

称公式(8.2)为 n 个节点的求积公式，$R(\rho,f)$ 为求积公式的误差.

若对函数 $f(x)=1,\ x,\ x^2,\ \cdots,\ x^n$ 时，求积公式精确成立(即误差 $R(\rho,f)=0$)，而当 $f(x)=x^{n+1}$ 时，求积公式不精确成立(即误差 $R(\rho,x^{n+1})\neq0$)，则称其具有 n 次代数精确度.

8.2.2　插值型求积公式

1. 插值型求积公式

考虑积分

$$I(f)=\int_a^b f(x)\,\mathrm{d}x, \tag{8.3}$$

给定一组节点 $a\leqslant x_0<x_1<\cdots<x_n\leqslant b$. 做$f(x)$ 的 n 次 Lagrange 插值多项式

$$L_n(x)=\sum_{k=0}^{n} f(x_k)l_k(x). \tag{8.4}$$

用 $L_n(x)$ 代替式(8.3)右端被积函数$f(x)$，得到

$$I_{n+1}(f)=\int_a^b L_n(x)\,\mathrm{d}x=\sum_{k=0}^{n}\left(\int_a^b l_k(x)\,\mathrm{d}x\right)f(x_k)=\sum_{k=0}^{n}A_k f(x_k), \tag{8.5}$$

其中，$A_k=\int_a^b l_k(x)\,\mathrm{d}x$，$i=1,2,\cdots,n$. 称式(8.5)为插值型求积公式.

2. Newton-Cotes 求积公式

若求积节点为等距节点，记 $h=\dfrac{b-a}{n}$，$x_j=a+jh$，$j=0,1,2,\cdots,n$，则

$$I(f)=I_{n+1}(f)+R(1,f)=(b-a)\sum_{k=0}^{n}C_k^{(n)}f(x_k)+R(1,f), \tag{8.6}$$

其中，

$$C_k^{(n)}=\frac{(-1)^{n-k}}{k!\,(n-k)!\,n}\int_0^n\prod_{i=0,\ i\neq k}^{n}(t-i)\,\mathrm{d}t,\quad k=0,1,2,\cdots,n,$$

称为 Cotes 求积系数. 式(8.6)称为 Newton-Cotes 求积公式.

1) $n=1$ 时的梯形求积公式

若取 $x_0=a$，$x_1=b$，$n=1$，由 Cotes 系数公式计算得 $C_0^{(1)}=C_1^{(1)}=\dfrac{1}{2}$，得到求积公式

$$T(f)=\frac{b-a}{2}(f(a)+f(b)). \tag{8.7}$$

称 $T(f)$ 为梯形公式. 其截断误差

$$R(1,f)=-\frac{h^3}{12}f''(\eta),\qquad h=b-a,\qquad a\leqslant\eta\leqslant b.$$

2) $n=2$ 时的 Simpson 求积公式

若取 $x_0=a$，$x_1=\dfrac{a+b}{2}$，$x_2=b$，$n=2$，由 Cotes 系数公式计算得 $C_0^{(2)}=C_2^{(2)}=\dfrac{1}{6}$，$C_1^{(2)}=\dfrac{2}{3}$，得到求积公式

$$S(f)=\frac{b-a}{6}\left(f(a)+4f\left(\frac{a+b}{2}\right)+f(b)\right). \tag{8.8}$$

称 $S(f)$ 为 Simpson 公式. 其截断误差

$$R(1,f)=-\frac{h^5}{90}f^{(4)}(\eta),\quad h=\frac{b-a}{2},\quad a\leqslant\eta\leqslant b.$$

3) $n=4$ 时的 Cotes 求积公式

若将区间 $[a,\ b]$ 四等分，取

$$x_0=a,\quad x_1=a+\frac{b-a}{4},\quad x_2=\frac{a+b}{2},\quad x_3=a+\frac{3}{4}(b-a),\quad x_4=b$$

得到 Cotes 求积公式

$$C(f)=\frac{b-a}{90}[7f(a)+32f(x_1)+12f(x_2)+32f(x_3)+7f(b)]$$

其截断误差

$$R(1,\ f)=-\frac{8h^7}{945}f^{(6)}(\eta),\ h=\frac{b-a}{4},\ \eta\in[a,\ b].$$

8.2.3 复化型求积公式

将积分区间 $[a,\ b]$ 分割成 n 个子区间 $[x_i,\ x_{i+1}]\ (i=0,\ 1,\ \cdots,\ n-1)$，即

$$I(f)=\sum_{i=0}^{n-1}\int_{x_i}^{x_{i+1}}f(x)\,\mathrm{d}x,$$

然后在每个子区间上用相同的求积公式，即称为复化型求积公式.

1. 复化梯形求积公式

记 $h=\dfrac{b-a}{n}$，求积节点为 $x_j=a+jh,\ j=0,\ 1,\ 2,\ \cdots,\ n$，复化梯形求积公式为

$$T_n(f)=\frac{h}{2}\Big(f(a)+2\sum_{i=1}^{n-1}f(a+ih)+f(b)\Big).\tag{8.9}$$

误差估计为

$$I(f)-T_n(f)=-\frac{b-a}{12}h^2f''(\eta),\qquad a\leqslant\eta\leqslant b.$$

2. 复化 Simpson 求积公式

记 $h=\dfrac{b-a}{2n}$，求积节点为 $x_j=a+jh,\ j=0,\ 1,\ 2,\ \cdots,\ 2n$，复化 Simpson 求积公式为

$$S_n(f)=\sum_{j=0}^{n}\frac{h}{3}(f(x_{2j-2})+4f(x_{2j-1})+f(x_{2j})).\tag{8.10}$$

误差估计为

$$I(f)-S_n(f)=-\frac{b-a}{180}h^4f^{(4)}(\eta),\qquad a\leqslant\eta\leqslant b.$$

8.2.4 Romberg 积分方法

1. Richardson 外推法

设 $h\neq0$，$F(h)$ 是关于步长 h 逼近数 F^* 的近似公式，则逼近 F^* 的误差为 $O(h^k)$ 的

递推公式

$$F_k(h)=F_{k-1}\left(\frac{h}{2}\right)+\frac{F_{k-1}\left(\frac{h}{2}\right)-F_{k-1}(h)}{2^{k-1}-1},\quad F_1(h)=F(h),\quad k=2,3,\cdots,n,$$

称为关于步长 h 的外推公式.

2. Romberg 积分方法

将上述的 Richardson 外推法应用于复化梯形求积公式，就得到了 Romberg 积分方法．即将区间逐次分半 $j-1$ 次，误差为 $O(h^{2j})$ 的外推公式

$$T_k^{(j)}=T_k^{(j-1)}+\frac{T_k^{(j-1)}-T_{k-1}^{(j-1)}}{4^{j-1}-1},\quad k=2,3,\cdots,n,\quad j=2,3,\cdots,k,$$

其中，

$$T_1^{(1)}=\frac{b-a}{2}(f(a)+f(b)),$$

$$\begin{aligned}T_2^{(2)}&=\frac{b-a}{4}\left(f(a)+f(b)+2f\left(a+\frac{b-a}{2}\right)\right)\\&=\frac{1}{2}T_1^{(1)}+\frac{b-a}{2}f\left(\frac{a+b}{2}\right).\end{aligned}$$

8.2.5 Gauss 型求积公式

定义 8.1　n 点求积公式(8.2)具有 $2n-1$ 次代数精确度(或称为具有最高的代数精确度)时，称为 Gauss 型求积公式.

定理 8.1　n 点求积公式(8.2)中的 n 个求积节点 $(x_k)_{k=1}^n$ 取在区间 $[a,b]$ 上带权函数 $\rho(x)$ 的 n 次正交多项式 $g_n(x)$ 的 n 个根时称为 Gauss 型求积公式.

定理 8.2　Gauss 型求积公式的求积系数 $\{A_k\}_{k=1}^n$ 大于零.

定理 8.3　若 $f(x)\in C^{2n}[a,b]$，则 n 点 Gauss 型求积公式的误差估计 $R(\rho,f)$ 为

$$R(\rho,f)=\frac{f^{(2n)}(\eta)}{(2n)!}\int_a^b\rho(x)\prod_{k=1}^n(x-x_k)^2\mathrm{d}x.$$

最常用的 Gauss 型求积公式是 Gauss-Legendre 公式，如果是带权的广义积分，就可以利用 Gauss-Chebyshev 公式、Gauss-Laguerre 公式和 Gauss-Hermite 公式等，这些正交多项式都可以从数学手册中查到.

8.3 典型例题详解

8.3.1 数值求积公式及其代数精确度

例 8.1　确定参数 λ，使求积公式

$$\int_0^h f(x)\mathrm{d}x\approx\frac{h}{2}[f(0)+f(h)]+\lambda h^2[f'(0)-f'(h)],$$

代数精确度尽量高，并指出其代数精确度.

分析 这类题目通常从求积公式代数精确度的定义出发，即先列出参数满足的代数方程组，并解出这些待定参数．然后对所确定的求积公式判断其具有的代数精确度.

解 当$f(x)=1$时，显然精确成立；

当$f(x)=x$时，$\int_0^h x\mathrm{d}x=\frac{h^2}{2}=\frac{h}{2}[0+h]+\lambda h^2[1-1]$；

当$f(x)=x^2$时，$\int_0^h x^2\mathrm{d}x=\frac{h^3}{3}=\frac{h}{2}[0+h^2]+\lambda h^2[0-2h]=\frac{h^3}{2}-2\lambda h^3\Rightarrow\lambda=\frac{1}{12}$；

当$f(x)=x^3$时，$\int_0^h x^3\mathrm{d}x=\frac{h^4}{4}=\frac{h}{2}[0+h^3]+\frac{1}{12}h^2[0-3h^2]$；

当$f(x)=x^4$时，$\int_0^h x^4\mathrm{d}x=\frac{h^5}{5}\neq\frac{h}{2}[0+h^4]+\frac{1}{12}h^2[0-4h^3]=\frac{h^5}{6}$；

所以，其代数精确度为3.

例 8.2 设有计算积分$I(f)=\int_0^1\frac{f(x)}{\sqrt{x}}\mathrm{d}x$的一个积分公式

$$I(f)=af\left(\frac{1}{5}\right)+bf(1)+R\left(\frac{1}{\sqrt{x}},f\right).$$

(1)求a，b使以上求积公式的代数精确度尽可能高，并指出所达到的最高代数精确度.

(2)如果$f(x)\in C^3[0,1]$，试给出该求积公式的截断误差.

分析 本题是一个带权$\rho(x)=\frac{1}{\sqrt{x}}$的求积公式．求积节点已确定，根据代数精确度的定义求待定系数a，b. 一旦确定了求积系数，则可根据代数精确度的次数n构造$f(x)$的n次 Hermite 插值公式，并由 Hermite 插值多项式余项与权函数乘积的积分推导出求积公式的余项.

解 (1) 当$f(x)=1$时，左$=\int_0^1\frac{1}{\sqrt{x}}\mathrm{d}x=2$，右$=a+b$；

当$f(x)=x$时，左$=\int_0^1\frac{x}{\sqrt{x}}\mathrm{d}x=\frac{2}{3}$，　右$=\frac{1}{5}a+b$.

要使求积公式至少具有1次代数精确度，当且仅当

$$\begin{cases}a+b=2,\\ \frac{1}{5}a+b=\frac{2}{3}.\end{cases}$$

解得$a=\frac{5}{3}$，$b=\frac{1}{3}$. 于是得到求积公式

$$I(f)=\frac{5}{3}f\left(\frac{1}{5}\right)+\frac{1}{3}f(1)+R\left(\frac{1}{\sqrt{x}},f\right).$$

当$f(x)=x^2$时，左$=\int_0^1\frac{x^2}{\sqrt{x}}\mathrm{d}x=\frac{2}{5}$，右$=\frac{2}{5}$；

当 $f(x)=x^3$ 时，左 $=\int_0^1 \frac{x^3}{\sqrt{x}}\mathrm{d}x=\frac{2}{7}$，右 $=\frac{26}{75}$，左 $\neq$ 右.

所以 $a=\frac{5}{3}$，$b=\frac{1}{3}$，所得求积公式具有最高代数精确度，为 2 次.

(2)作 2 次多项式 $H(x)$ 满足

$$H\left(\frac{1}{5}\right)=f\left(\frac{1}{5}\right),\quad H'\left(\frac{1}{5}\right)=f'\left(\frac{1}{5}\right),\quad H(1)=f(1),$$

则有

$$f(x)-H(x)=\frac{1}{3!}f'''(\xi)\left(x-\frac{1}{5}\right)^2(x-1),$$

$$\int_0^1 \frac{H(x)}{\sqrt{x}}\mathrm{d}x=\frac{5}{3}H\left(\frac{1}{5}\right)+\frac{1}{3}H(1)=\frac{5}{3}f\left(\frac{1}{5}\right)+\frac{1}{3}f(1).$$

于是求积公式的截断误差为

$$\begin{aligned}\int_0^1 \frac{f(x)}{\sqrt{x}}\mathrm{d}x-\left(\frac{5}{3}f\left(\frac{1}{5}\right)+\frac{1}{3}f(1)\right)&=\int_0^1 \frac{f(x)}{\sqrt{x}}\mathrm{d}x-\int_0^1 \frac{H(x)}{\sqrt{x}}\mathrm{d}x=\int_0^1 (f(x)-H(x))\frac{\mathrm{d}x}{\sqrt{x}}\\&=\int_0^1 \frac{1}{6}f'''(\xi)\left(x-\frac{1}{5}\right)^2(x-1)\frac{\mathrm{d}x}{\sqrt{x}}\\&=\frac{1}{6}f'''(\eta)\int_0^1 \left(x-\frac{1}{5}\right)^2(x-1)\frac{\mathrm{d}x}{\sqrt{x}}\\&=-\frac{16}{1575}f'''(\eta),\quad \eta\in(0,1).\end{aligned}$$

评注　本题中推导余项表达式时用二次 Hermite 插值多项式作为中介工具，这是本题的难点.

例 8.3　求证：求积公式 $\int_a^b f(x)\mathrm{d}x\approx\sum_{i=0}^{n}A_k f(x_k)$ 的代数精确度不超过 $2n+1$ 次.

证　令 $g(x)=(x-x_0)^2(x-x_1)^2\cdots(x-x_n)^2$，

则有 $\int_a^b g(x)\mathrm{d}x>0$，但是 $\sum_{i=0}^{n}A_k g(x_k)=0$. 因此，$\int_a^b g(x)\mathrm{d}x\neq\sum_{i=0}^{n}A_k g(x_k)$

这就说明找到了一个 $2n+2$ 次多项式，使得求积公式不精确成立，因此证明了具有 $n+1$ 个节点的求积公式代数精确度不超过 $2n+1$ 次.

评注　n 点求积公式(8.2)的代数精确度不超过 $2n-1$ 次．这也为后面理解 Gauss 型求积公式做了铺垫.

8.3.2　插值型求积公式

例 8.4　证明：求积公式

$$\int_a^b f(x)\mathrm{d}x\approx\sum_{j=0}^{n}A_j f(x_j)$$

为插值型求积公式的充分必要条件是它的代数精度至少为 n 次.

证　先证必要性．假定此求积公式是插值型的，故求积余项为

$$R_n[f]=\int_a^b \frac{f^{(n+1)}(\xi)}{(n+1)!}\omega_{n+1}(x)\mathrm{d}x$$

当 $f(x)$ 为任意次数不超过 n 次的多项式时，有 $f^{(n+1)}(x)\equiv 0$. 因此

$$R_n[f]=0.$$

也就是说，求积公式精确成立．因此代数精度至少为 n 次.

再证充分性．如果求积公式

$$\int_a^b f(x)\mathrm{d}x \approx A_0f(x_0)+A_1f(x_1)+\cdots+A_nf(x_n)$$

至少具有 n 次代数精度，则当 $f(x)$ 分别取 n 次多项式 $l_0(x)$，$l_1(x)$，…，$l_n(x)$ 时，求积公式精确成立．比如取 $f(x)=l_j(x)$，代入得

$$\begin{aligned}\int_a^b l_j(x)\mathrm{d}x &= A_0l_j(x)+A_1l_j(x)+\cdots+A_nl_j(x)\\ &= A_j,\ j=0,\ 1,\ \cdots,\ n.\end{aligned}$$

因此，求积公式为插值型的．

例 8.5　下列的求积公式

$$\int_0^3 f(x)\mathrm{d}x \approx \frac{3}{2}[f(1)+f(2)]$$

是否为插值型求积公式？其代数精度是多少？

解　因为 $f(x)$ 在求积节点 1、2 处的插值多项式为

$$p(x)=\frac{x-2}{1-2}\times f(1)+\frac{x-1}{2-1}\times f(2),$$

$$\int_0^3 p(x)\mathrm{d}x=\frac{3}{2}[f(1)+f(2)].$$

因此，此求积公式为插值型求积公式，其代数精度为 1.

例 8.6　下面讨论 Newton-Cotes 公式的数值稳定性，即计算 $f(x_j)$ 时的舍入误差对计算结果产生的影响．假设 $f(x_j)$ 的舍入误差为 ε_j，即

$$f^*(x_j)=f(x_j)+\varepsilon_j,$$

这里 $f^*(x_j)$ 为精确值，$f(x_j)$ 为带有误差 ε_j 的近似值，则

$$\begin{aligned}|I^*-I| &= \left|(b-a)\sum_{j=0}^{n}C_j^{(n)}f^*(x_j)-(b-a)\sum_{j=0}^{n}C_j^{(n)}f(x_j)\right|\\ &= \left|(b-a)\sum_{j=0}^{n}C_j^{(n)}\varepsilon_j\right|\\ &\leqslant (b-a)\varepsilon\sum_{j=0}^{n}\left|C_j^{(n)}\right|,\end{aligned}$$

其中，$\varepsilon=\max\limits_{0\leqslant j\leqslant n}|\varepsilon_j|$. 当 $n\leqslant 7$ 时，Cotes 系数都为正，这时

$$|I^*-I|=(b-a)\varepsilon\sum_{j=0}^{n}\left|C_j^{(n)}\right|=(b-a)\varepsilon.$$

说明计算过程中的舍入误差不会扩大．但是当 $n>7$ 后，Cotes 系数出现负数，且

$\sum_{j=0}^{n}|C_j^{(n)}|$ 是无界的（$n\to\infty$ 时），因此计算结果的误差 $|I^* - I|$ 不能得到控制，可见高阶的 Newton-Cotes 公式是不稳定的，实际计算中一般只是用 $n > 7$ 等份时的 Newton-Cotes 公式.

8.3.3　复化型求积公式

例 8.7　用复化梯形公式及复化 Simpson 公式计算积分 $\int_0^1 e^{-x}dx$ 的近似值时，要求截断误差的绝对值不超过 $\frac{1}{2}\times 10^{-4}$，问分别应将区间[0，1]分成多少等份?

解　$f(x)=e^{-x}$，求出导数 $f''(x)=e^{-x}$ 及 $f^{(4)}(x)=e^{-x}$，于是

$$\max_{0\leqslant x\leqslant 1}|f''(x)|=1,\quad \max_{0\leqslant x\leqslant 1}|f^{(4)}(x)|=1.$$

若用复化梯形公式时，则

$$|R_T[f]|=\frac{1}{12}h^2|f''(\eta)|\leqslant \frac{h^2}{12}.$$

要使 $|R_T[f]|\leqslant \frac{1}{2}\times 10^{-4}$，只需 $\frac{1}{12}h^2\leqslant \frac{1}{2}\times 10^{-4}$. 因此

$$h\leqslant 0.02449,\quad n=\frac{1}{h}\geqslant 40.8.\ (\text{取 } n=41)$$

即需将[0，1]分成 $n=41$ 等份.

若用复化 Simpson 公式，则

$$|R_s[f]|==\frac{1}{180}h^4|f^{(4)}(\eta)|\leqslant \frac{h^4}{180}\leqslant \frac{1}{2}\times 10^{-4}.$$

因此

$$h\leqslant 0.308,\quad n=\frac{1}{h}\geqslant 3.247(\text{取 } n=4),$$

即为了达到相同的精度，用复化 Simpson 公式时，只需将[0，1]分成 $n=4$ 等份即可.

例 8.8　求证：复化梯形公式与复化 Simpson 公式有如下关系：

$$S_n=\frac{1}{3}(4T_{2n}-T_n).$$

证　考察积分 $I=\int_a^b f(x)dx$. 将 $[a,b]$ 等分成 n 个小区间，记

$$h=\frac{b-a}{n},\quad x_i=a+ih,\quad x_{i+\frac{1}{2}}=x_i+\frac{1}{2}h.$$

则复化梯形公式为

$$T_n=\sum_{i=0}^{n-1}\frac{h}{2}(f(x_i)+f(x_{i+1})),$$

$$T_{2n}=\sum_{i=0}^{n-1}\frac{h}{4}(f(x_i)+f(x_{i+\frac{1}{2}}))+\sum_{i=0}^{n-1}\frac{h}{4}(f(x_{i+\frac{1}{2}})+f(x_{i+1}))$$

$$= \sum_{i=0}^{n-1} \frac{h}{4}(f(x_i) + 2f(x_{i+\frac{1}{2}}) + f(x_{i+1})).$$

复化 Simpson 公式为

$$S_n = \sum_{i=0}^{n-1} \frac{h}{6}(f(x_i) + 4f(x_{i+\frac{1}{2}}) + f(x_{i+1})).$$

于是,

$$\begin{aligned}\frac{1}{3}(4T_{2n} - T_n) &= \frac{4}{3}\sum_{i=0}^{n-1} \frac{h}{4}(f(x_i) + 2f(x_{i+\frac{1}{2}}) + f(x_{i+1})) - \frac{1}{3}\sum_{i=0}^{n-1} \frac{h}{2}(f(x_i) + f(x_{i+1}))\\ &= \sum_{i=0}^{n-1} \frac{h}{6}(f(x_i) + 4f(x_{i+\frac{1}{2}}) + f(x_{i+1}))\\ &= S_n.\end{aligned}$$

得证.

评注 还可验证复化 Simpson 公式与复化 Cotes 公式的关系:

$$C_n = \frac{1}{15}(16S_{2n} - S_n).$$

例 8.9 若函数 $f(x)$ 在 $[a, b]$ 上可积，试证明：复化梯形以及复化 Simpson 求积公式之值，当 $n \to \infty$ 时收敛于积分值 $\int_a^b f(x)\,dx$.

分析 定积分的定义是本题的关键. 复化梯形公式是 $n+1$ 个节点函数值的线性组合，推出与定积分定义和式的关系即得证. 复化 Simpson 求积公式的证明可利用与复合梯形公式的关系.

解 将 $[a, b]$ n 等分，记 $h = \frac{b-a}{n}$, $x_i = a + ih$, $0 \leqslant i \leqslant n$. 则复化梯形公式为

$$T_n = \sum_{i=0}^{n-1} \frac{h}{2}(f(x_i) + f(x_{i+1})).$$

由积分的定义知: $\lim\limits_{n\to\infty} h\sum\limits_{i=0}^{n-1} f(x_i) = \int_a^b f(x)\,dx$, 因而

$$\begin{aligned}\lim_{n\to\infty} T_n &= \lim_{n\to\infty}\sum_{i=0}^{n-1} \frac{h}{2}(f(x_i) + f(x_{i+1}))\\ &= \frac{1}{2}\left(\lim_{n\to\infty} h\sum_{i=0}^{n-1} f(x_i) + \lim_{n\to\infty} h\sum_{i=1}^{n} f(x_i)\right)\\ &= \frac{1}{2}\left(\int_a^b f(x)\,dx + \int_a^b f(x)\,dx\right) = \int_a^b f(x)\,dx.\end{aligned}$$

又知复化梯形公式与复化 Simpson 公式的关系为

$$S_n = \frac{1}{3}(4T_{2n} - T_n),$$

进而有

$$\lim_{n\to\infty} S_n = \lim_{n\to\infty}\left(\frac{4}{3}T_{2n} - T_n\right) = \frac{4}{3}\lim_{n\to\infty} T_{2n} - \frac{1}{3}\lim_{n\to\infty} T_n$$

$$= \frac{4}{3}\int_a^b f(x)\,dx - \frac{1}{3}\int_a^b f(x)\,dx = \int_a^b f(x)\,dx.$$

8.3.4　Romberg 积分方法

例 8.10　记 $T(h)$ 为 $f(x)$ 关于积分步长 h 的复化梯形公式之积分近似值．证明：

$$\int_0^1 \sqrt{x}\,dx = T(h) + a_1 h^{\frac{3}{2}} + a_2 h^2 + a_3 h^4 + \cdots + a_n h^{2(n-1)} + \cdots,$$

其中，a_1，a_2，$\cdots$，a_n，$\cdots$ 是与 h 无关的常数，为了加速收敛，如何利用此结果进行外推计算？

解　(1) 记 $x_i = ih$，$h = \dfrac{b-a}{n}$. 易知

$$\begin{cases} \displaystyle\int_0^h f(x)\,dx = \frac{h}{2}(f(0) + f(h)) + \frac{1}{6}h^{\frac{3}{2}}, \\ \displaystyle\int_h^1 f(x)\,dx = h\left(\frac{f(h)}{2} + \frac{f(1)}{2} + \sum_{i=2}^{n-1} f(x_i)\right) - \frac{h^2}{12}(f'(1) - f'(h)) \\ \displaystyle\qquad + \frac{h^4}{720}(f'''(1) - f'''(h)) + \cdots. \end{cases}$$

注意到有 $h^2 f'(h) = \dfrac{1}{2}h^{\frac{3}{2}}$，$h^4 f'''(h) = \dfrac{15}{8}h^{\frac{3}{2}}$，$\cdots$，于是可将二式相加，得

$$\int_0^1 f(x)\,dx = h\left(\frac{f(0)}{2} + \frac{f(1)}{2} + \sum_{i=1}^{n-1} f(x_i)\right) + Ah^{\frac{3}{2}} - \frac{h^2}{12}f'(1) + \frac{h^4}{720}f'''(1) + \cdots,$$

其中，A 是与 h 无关的常数，即

$$\int_0^1 \sqrt{x}\,dx = T(h) + a_1 h^{\frac{3}{2}} + a_2 h^2 + a_3 h^4 + \cdots + a_n h^{2(n-1)} + \cdots$$

(2) 真值 $\displaystyle\int_0^1 \sqrt{x}\,dx = \frac{2}{3} = 0.666\,6666\cdots$.

按外推法原理，我们可得到如下的外推公式：

$$\begin{cases} T_k^{(2)} = \dfrac{4T_k^{(1)} - \sqrt{2}\,T_{k-1}^{(1)}}{4-\sqrt{2}}, & k = 2,\ 3,\ 4,\ 5, \\ T_k^{(3)} = \dfrac{4T_k^{(2)} - T_{k-1}^{(2)}}{3}, & k = 3,\ 4,\ 5, \\ T_k^{(4)} = \dfrac{16T_k^{(3)} - T_{k-1}^{(3)}}{15}, & k = 4,\ 5, \\ T_k^{(5)} = \dfrac{64T_k^{(4)} - T_{k-1}^{(4)}}{63}, & k = 5. \end{cases}$$

其计算结果如下：

k	$T_k^{(1)}$	$T_k^{(2)}$	$T_k^{(3)}$	$T_k^{(4)}$	$T_k^{(5)}$
1	0.5				
2	0.60355339	0.660189408			
3	0.643283046	0.665011916	0.666619418		
4	0.658130221	0.666250410	0.666663241	0.666666162	
5	0.663581196	0.666562433	0.666666440	0.666666653	0.666666661

评注 本题给出了一个很好的求 $\int_0^1 \sqrt{x}\,dx$ 的方法．如果读者试图直接用常规的 Romberg 求积法来计算，得到的计算结果如下表，容易看出结果很差：

k	$T_k^{(1)}$	$T_k^{(2)}$	$T_k^{(3)}$	$T_k^{(4)}$	$T_k^{(5)}$
1	0.5				
2	0.60355339	0.638071186			
3	0.64383046	0.656526264	0.657756602		
4	0.658130221	0.663079279	0.663516146	0.663607567	
5	0.663581196	0.665398187	0.66555278	0.665585107	0.665592862

例 8.11 试举一个不适合直接用 Romberg 方法求积分值的例子.

解 对 Romberg 求积法，要注意它是以欧拉-麦克劳林公式为前提的．它要求被积函数在区间上充分光滑，且 $f^{(2k+1)}(a) \neq f^{(2k+1)}(b)$，$k = 0, 1, 2, \cdots, n$.

换言之，它完全依赖于展开式

$$\int_a^b f(x)\,dx = T_n + a_2h^2 + a_4h^4 + \cdots + a_{2k-2}h^{2k-2} + O(h^{2k}),$$

其中，a_2，a_4，$\cdots$，a_{2k-2} 都是与 h 无关的非零常数．如果中间有缺项的话，用外推法就会有错.

这种函数很容易构造．例如，取积分区间为 $[0, 1]$，$g(x) = \dfrac{1}{1+x^2}$. 作

$$f(x) = g(x) + \frac{1}{2}\left(x^2 - x + \frac{1}{6}\right)(g'(0) - g'(1)),$$

则

$$f'(x) = g'(x) + \frac{1}{2}(2x - 1)(g'(0) - g'(1)),$$

从而有

$$f'(0) = g'(0) + \frac{1}{2}(0 - 1)(g'(0) - g'(1)) = \frac{1}{2}(g'(0) + g'(1)),$$

$$f'(1)=g'(1)+\frac{1}{2}(2-1)(g'(0)-g'(1))=\frac{1}{2}(g'(0)+g'(1)),$$

即有 $f'(0)=f'(1)$，故此时 $f(x)$ 的展开式中不含 h^2 的项. 若用 Romberg 方法就不正确了.

注　$f(x)=\dfrac{x}{1+x^2}+\dfrac{x^2}{2}$，$f(x)=\sqrt{x}$ 等，都是这样的函数.

例 8.12　用 Romberg 求积法求 $I=\int_0^1 \frac{4}{1+x^2}\mathrm{d}x$.

解　令 $f(x)=\dfrac{4}{1+x^2}$，则有

$$T_1^{(1)}=\frac{1}{2}(f(0)+f(1))=\frac{1}{2}(4+2)=3,$$

$$T_2^{(1)}=\frac{1}{2}T_1^{(1)}+\frac{1}{2}f\left(\frac{1}{2}\right)=3.1,$$

$$T_2^{(2)}=\frac{4T_2^{(1)}-T_1^{(1)}}{3}=3.133333,$$

$$T_3^{(1)}=\frac{1}{2}T_2^{(1)}+\frac{1}{4}\left(f\left(\frac{1}{4}\right)+f\left(\frac{3}{4}\right)\right)=3.138989,$$

$$T_3^{(2)}=\frac{4T_3^{(1)}-T_2^{(1)}}{3}=3.141569,$$

$$\cdots.$$

计算结果如下表：

k	$T_k^{(1)}$	$T_k^{(2)}$	$T_k^{(3)}$	$T_k^{(4)}$
1	3			
2	3.1	3.133333		
3	3.131177	3.141569	3.142118	
4	3.138989	3.141593	3.141595	3.141586
5	3.140942	3.141593	3.141593	3.141593
6	3.141430	3.141593	3.141593	3.141593

注　实际上，真值

$$I=\int_0^1 \frac{4}{1+x^2}\mathrm{d}x=4\arctan x\Big|_0^1=\pi=3.1415926\cdots.$$

故可以取 $I\approx 3.141593$，其误差也不超过 $\frac{1}{2}\times 10^{-5}$.

8.3.5 Gauss 型求积公式

例 8.13 设求积公式 $\int_a^b f(x)\mathrm{d}x \approx \sum_{k=1}^{n} A_k f(x_k)$ 为 Gauss 型求积公式，$\omega_n(x) = (x - x_1)(x - x_2)\cdots(x - x_n)$.

(1)问给定的求积公式的代数精度是多少次？

(2)证明：对任意次数小于等于 $n-1$ 的多项式 $q(x)$，必有 $\int_a^b q(x)\omega_n(x)\mathrm{d}x = 0$;

(3)证明：$A_i > 0$，$i = 1, 2, \cdots, n$.

解 (1)给定的求积公式的代数精度为 $2n-1$ 次.

(2)取 $f(x) = q(x)\omega_n(x)$，则 $f(x)$ 是次数 $\leqslant 2n-1$ 的多项式，代入公式得

$$\int_a^b q(x)\omega_n(x)\mathrm{d}x = \sum_{k=1}^{n} A_k q(x_k)\omega_n(x_k) = 0.$$

(3)取 $f(x) = \prod_{\substack{j=1 \\ j\neq i}}^{n} (x - x_j)^2$，代入公式得

$$\int_a^b f(x)\mathrm{d}x = \sum_{k=1}^{n} A_k f(x_k) = A_i f(x_i) > 0,\ \text{所以}\ A_i > 0,\quad i = 1, 2, \cdots, n.$$

例 8.14 设求积公式 $P_1(x)$ 是 $f(x)$ 的以 $\left(1 - \frac{\sqrt{3}}{3}\right)$，$\left(1 + \frac{\sqrt{3}}{3}\right)$ 为插值节点的一次插值多项式，

(1)试由 $P_1(x)$ 导出求积分 $I = \int_0^2 f(x)\mathrm{d}x$ 的一个插值型求积公式.

(2)推导此求积公式的截断误差，并问此求积公式是否为 Gauss 型求积公式.

解 (1) 以 $x_0 = 1 - \frac{\sqrt{3}}{3}$，$x_1 = 1 + \frac{\sqrt{3}}{3}$ 为求积节点，可推得求积系数分别为

$$A_0 = \int_0^2 l_0(x)\mathrm{d}x = 1,\ A_1 = \int_0^2 l_1(x)\mathrm{d}x = 1.$$

于是可得求积公式为：

$$I = \int_0^2 f(x)\mathrm{d}x \approx f\left(1 - \frac{\sqrt{3}}{3}\right) + f\left(1 + \frac{\sqrt{3}}{3}\right) = I_1.$$

(2)可以验证求积公式具有三次代数精度，故为 Gauss 型求积公式，其误差为

$$\begin{aligned}
I - I_1 &= \int_0^2 \frac{f^{(4)}(\eta)}{4!}\left(x - \left(1 - \frac{\sqrt{3}}{3}\right)\right)^2\left(x - \left(1 + \frac{\sqrt{3}}{3}\right)\right)^2 \mathrm{d}x \\
&= \frac{f^{(4)}(\xi)}{4!}\int_0^2 \left(x - \left(1 - \frac{\sqrt{3}}{3}\right)\right)^2\left(x - \left(1 + \frac{\sqrt{3}}{3}\right)\right)^2 \mathrm{d}x \\
&= \frac{f^{(4)}(\xi)}{4!}\int_0^2 \left((x-1)^2 - \frac{1}{3}\right)^2 \mathrm{d}x \\
&= \frac{f^{(4)}(\xi)}{4!}\,\frac{8}{45} = \frac{1}{135} f^{(4)}(\xi).
\end{aligned}$$

例 8.15　试确定三点 Gauss-Legendre 求积公式 $\int_{-1}^{1} f(x)\,\mathrm{d}x \approx \sum_{k=0}^{2} A_k f(x_k)$ 的 Gauss 点 x_k 与系数 A_k，并用三节点 Gauss-Legendre 求积公式计算积分 $\int_{1}^{3} \sqrt{x}\,\mathrm{d}x$.

解　由三次 Legendre 多项式 $p_3(x) = \frac{1}{2}(5x^3 - 3x)$ 得到 Gauss 点：

$$x_0 = -\frac{\sqrt{15}}{5},\quad x_1 = 0,\quad x_2 = \frac{\sqrt{15}}{5},$$

再由代数精度得

$$\begin{cases} A_0 + A_1 + A_2 = \int_{-1}^{1} 1\mathrm{d}t = 2, \\ -\frac{\sqrt{15}}{5}A_0 + \frac{\sqrt{15}}{5}A_2 = \int_{-1}^{1} x\mathrm{d}t = 0, \\ \frac{3}{5}A_0 + \frac{3}{5}A_2 = \int_{-1}^{1} x^2\mathrm{d}t = \frac{2}{3} \end{cases}$$

即

$$\begin{cases} A_0 + A_1 + A_2 = 2, \\ A_0 - A_2 = 0, \\ A_0 + A_2 = 10/9. \end{cases}$$

解得

$$A_0 = \frac{5}{9},\quad A_1 = \frac{8}{9},\quad A_2 = \frac{5}{9},$$

所以三点 Gauss-Legendre 求积公式为：

$$\int_{-1}^{1} f(x)\,\mathrm{d}x \approx \frac{5}{9}f\left(-\frac{\sqrt{15}}{5}\right) + \frac{8}{9}f(0) + \frac{5}{9}f\left(\frac{\sqrt{15}}{5}\right).$$

对积分 $\int_{1}^{3} \sqrt{x}\,\mathrm{d}x$，需要做变换 $x = t + 2$ 将积分区间[1，3]变换成[−1，1]，因此

$$\begin{aligned}\int_{1}^{3} \sqrt{x}\,\mathrm{d}x &= \int_{-1}^{1} \sqrt{t+2}\,\mathrm{d}t \\ &\approx \frac{5}{9}\sqrt{2 - \frac{\sqrt{15}}{5}} + \frac{8}{9}\sqrt{2} + \frac{5}{9}\sqrt{2 + \frac{\sqrt{15}}{5}} = 2.79746.\end{aligned}$$

例 8.16　做适当变形，利用 Gauss-Laguerre 求积公式计算下列积分的近似值：

$$\int_{0}^{+\infty} \mathrm{e}^{-2x}\ln(1+x)\,\mathrm{d}x.$$

解　首先做分部积分，得到：

$$\begin{aligned} I &= \int_{0}^{+\infty} \mathrm{e}^{-2x}\ln(1+x)\,\mathrm{d}x \\ &= \frac{1}{2}\mathrm{e}^{(-2x)}\ln(1+x)\Big|_{0}^{+\infty} + \int_{0}^{+\infty} \frac{\mathrm{e}^{-2x}}{2+2x}\mathrm{d}x, \end{aligned}$$

由于 $\lim\limits_{x\to+\infty} \mathrm{e}^{-2x}\ln(1+x) = \lim\limits_{x\to+\infty} \frac{1}{2\mathrm{e}^{2x}(1+x)} = 0$，所以有

$$I = \int_{0}^{+\infty} \frac{\mathrm{e}^{-2x}}{2+2x}\mathrm{d}x.$$

令 $z=2x$，得到

$$I=\int_0^{+\infty}\frac{e^{-z}}{4+2z}dz.$$

记 $f(z)=\dfrac{1}{4+2z}$，则由三节点的 Gauss-Laguerre 公式得到求积节点和求积系数分别为

$$x_0=0.4157745568,\ x_1=2.2942803063,\ x_2=6.2899450829,$$
$$A_0=0.7110930099,\ A_1=0.2785177336,\ A_2=0.0103892565.$$

因此，$I=\sum_{i=0}^{2}A_if(x_i)\approx 0.1802222.$

若用五节点 Gauss-Laguerre 公式，则有

$$I=\sum_{i=0}^{4}A_if(x_i)=0.5217556106\cdot f(0.2635603197)+\cdots+0.0000233700\cdot f(12.6408008443)$$
$$\approx 0.1806328.$$

例 8.17 做适当变换，利用五节点 Gauss-Legendre 公式来求下列定积分的近似值：

$$\int_0^1\frac{1}{x^{3/2}}\arctan x\,dx.$$

解 首先做分部积分，得：

$$\begin{aligned}I&=\int_0^1\frac{1}{x^{3/2}}\arctan x\,dx\\&=-2x^{-\frac{1}{2}}\cdot\arctan x\,\Big|_0^1+\int_0^1 2x^{-\frac{1}{2}}\frac{1}{x^2+1}dx.\end{aligned}$$

利用洛必达法则，得到 $\lim\limits_{x\to 0}(x^{-\frac{1}{2}}\cdot\arctan x)=\lim\limits_{x\to\infty}\dfrac{\frac{1}{x^2+1}}{\frac{1}{2}x^{-\frac{1}{2}}}=0$，因此

$$I=\int_0^1\frac{1}{x^{3/2}}\arctan x\,dx=-2\cdot\frac{\pi}{4}+\int_0^1 2x^{-\frac{1}{2}}\frac{1}{x^2+1}dx.$$

然后令 $x=2t^2$，则有

$$I=-2\cdot\frac{\pi}{4}+\int_0^1 2t^{-1}\frac{2t}{t^4+1}dt=-\frac{\pi}{2}+\int_0^1\frac{4}{t^4+1}dt$$

再令 $t=\dfrac{1+x}{2}$，$x\in[-1,1]$，则有

$$I=\int_{-1}^{1}\left[\frac{2}{1+\left(\frac{x+1}{2}\right)^4}-\frac{\pi}{4}\right]dx.$$

记 $f(x)=\dfrac{2}{1+\left(\frac{x+1}{2}\right)^4}-\dfrac{\pi}{4}$，则由五节点求积公式，得到求积节点和求积系数如下表：

k	x_k	A_k	$f(x_k)$
0	0.9061798459	0.2369298851	0.3103992079
1	−0.9061798459	0.2369298851	1.2145921518
2	0.5384693101	0.4786286705	0.6959353258
3	−0.5384693101	0.4786286705	1.2089461869
4	0	0.5688888889	1.0969547778

$$I(f)=\sum_{i=0}^{4}A_i f(x_i)\approx 1.8970923182.$$

积分 I 的真值为

$$I=\frac{\sqrt{2}}{2}\ln\frac{\sqrt{2}+1}{\sqrt{2}-1}+\frac{\sqrt{2}-1}{2}\pi=1.897\,095922\cdots,$$

说明用 Gauss-Legendre 公式计算的精度较高.

注　如果读者对此积分直接做以下变换:

$$I=\int_0^1\frac{1}{x^{3/2}}\arctan x\mathrm{d}x=\frac{1}{2}\int_{-1}^{1}\frac{\arctan\frac{1}{2}(1+x)}{\left[\frac{1}{2}(1+x)\right]^{3/2}}\mathrm{d}x,$$

然后使用五节点 Gauss-Legendre 公式，则得到近似值 $I\approx 1.7387094802$，误差较大，原因是 $x=-1$ 是奇点．所以，就能理解此题为什么要做这么复杂的变换了.

第 9 章　常微分方程的数值解法

9.1　主要内容

本章主要讲解常微分方程求解的 Euler 法、改进的 Euler 法、Runge- Kutta 法；要求掌握局部截断误差、整体截断误差、相容性、稳定性以及收敛性的概念；理解刚性方程组的定义及数值方法；学习线性多步法、边值问题的打靶法和差分法.

9.2　知识要点

9.2.1　初值问题常用的单步法

考虑常微分方程初值问题(IVP)

$$\begin{cases} y' = f(x, y), & a \leqslant x \leqslant b, \\ y(a) = y_0. \end{cases} \tag{9.1}$$

定理 9.1　设 $f(x, y)$ 在区间 $D = \{(x, y) \mid a \leqslant x \leqslant b, \ y \in \mathbf{R}\}$ 上连续，且满足对 y 的 Lipschitz 条件，则初值问题(9.1)在区间 $[a, b]$ 上存在唯一的连续可微解.

将求解区间 $[a, b]$ 分成 N 等份，步长为 h，$x_i = a + ih$，$i = 0, 1, \cdots, N$，寻求 $y(x)$ 在 $x_1, x_2, \cdots, x_N$ 处的近似值 $y_1, y_2, \cdots, y_N$. 如果求 y_{i+1} 时只利用前一步的 y_i，则称这类方法为单步法；如果求 y_{i+1} 时需利用 $y_i, \cdots, y_{i-k+1}$，则称这类方法为 k 步法.

1. Euler 方法

$$y_0 = y(x_0),$$
$$y_{i+1} = y_i + hf(x_i, y_i), \quad i = 0, 1, \cdots, N-1.$$

2. 梯形法

$$y_{i+1} = y_i + \frac{h}{2}(f(x_i, y_i) + f(x_{i+1}, y_{i+1})), \quad i = 0, 1, \cdots, N-1.$$

此公式是隐式的，通常将 Euler 方法与梯形法联合使用得到改进的 Euler 方法.

3. 改进的 Euler 方法

$$\bar{y}_{i+1} = y_i + hf(x_i,\ y_i),$$
$$y_{i+1} = y_i + \frac{h}{2}(f(x_i,\ y_i) + f(x_{i+1},\ \bar{y}_{i+1})),\quad i = 0,\ 1,\ \cdots,\ N-1.$$

4. Runge-Kutta 方法

n 级显式 Runge-Kutta 方法的一般计算格式为

$$y_{i+1} = y_i + h\sum_{j=1}^{n} b_j k_j,$$

其中，$k_1 = f(x_i,\ y_i)$，$k_j = f(x_i + c_j h,\ y_i + h\sum_{m=1}^{j-1} a_{jm}k_m)$，$c_j = \sum_{m=1}^{j-1} a_{jm}$，$j = 2,\ 3,\ \cdots,\ n$.

中点方法(二级二阶 Runge-Kutta 法)：

$$\begin{cases} y_{i+1} = y_i + hk_2, \\ k_1 = f(x_i,\ y_i), \\ k_2 = f\left(x_i + \dfrac{h}{2},\ y_i + \dfrac{h}{2}k_1\right). \end{cases} \tag{9.2}$$

经典四阶 Runge-Kutta 法：

$$\begin{cases} y_{i+1} = y_i + \dfrac{h}{6}(k_1 + 2k_2 + 2k_3 + k_4), \\ k_1 = f(x_i,\ y_i), \\ k_2 = f\left(x_i + \dfrac{h}{2},\ y_i + \dfrac{1}{2}hk_1\right), \\ k_3 = f\left(x_i + \dfrac{h}{2},\ y_i + \dfrac{1}{2}hk_2\right), \\ k_4 = f(x_i + h,\ y_i + hk_3). \end{cases} \tag{9.3}$$

5. 变步长算法

假设以四阶 Runge-Kutta 法，从 x_n 开始以步长 h 求 $y(x_{n+1})$ 的近似值 $y_{n+1}^{(h)}$，则有

$$y(x_{n+1}) - y_{n+1}^{(h)} \approx ch^5.$$

将步长折半，从 x_n 计算两步到 x_{n+1}，得近似值 $y_{n+1}^{(h/2)}$，

$$y(x_{n+1}) - y_{n+1}^{(h/2)} \approx 2c\left(\frac{h}{2}\right)^5.$$

从而得到如下的事后估计：

$$y(x_{n+1}) - y_{n+1}^{(h/2)} \approx \frac{1}{15}(y_{n+1}^{(h/2)} - y_{n+1}^{(h)}).$$

通过检查步长折半前后两次计算结果的偏差 $\Delta = |y_{n+1}^{(h/2)} - y_{n+1}^{(h)}|$ 来判定步长是否合适. 对于给定的精度 ε，若 $\Delta > \varepsilon$，则将步长折半；若 $\Delta < \varepsilon$，则将步长加倍. 注意 MATLAB

中的 ode23 和 ode45 是通过不同精度格式的计算结果来调整步长的，如果高精度和低精度的格式计算的结果差别小于指定精度，步长就合适了.

9.2.2 单步法的精度、稳定性以及收敛性

求解 IVP(9.1)的显式单步法为如下形式：

$$y_{i+1} = y_i + h\Phi(x_i, y_i, h). \tag{9.4}$$

定义 9.1 若 $\lim\limits_{h\to 0}\Phi(x, y(x), h) = f(x, y(x))$，则称单步法(9.4)与微分方程(9.1)相容.

定义 9.2 在假定 $y_i = y(x_i)$ 的情形下，用式(9.4)计算得到的值记为 $\hat{y}_{i+1}$，则在 x_{i+1} 处的局部截断误差定义为 $e_{i+1} = y(x_{i+1}) - \hat{y}_{i+1}$. 整体截断误差为

$$E_{i+1} = y(x_{i+1}) - y_{i+1}.$$

定理 9.2(整体截断误差与局部截断误差的关系) 设式(9.4)的局部截断误差

$$|e_{i+1}| = O(h^{p+1}) \leqslant Mh^{p+1} \quad (M\text{ 为正常数}),$$

且增量函数 Φ 满足关于 y 的 Lipschitz 条件，即存在常数 $L > 0$，使

$$|\Phi(x, y_1, h) - \Phi(x, y_2, h)| \leqslant L|y_1 - y_2|, \quad \forall y_1, y_2,$$

则式(9.4)的整体截断误差有 $|E_{i+1}| = O(h^p)$.

定义 9.3 如果一个方法的局部截断误差是 $O(h^{p+1})$，则称此种方法具有 p 阶精度或方法是 p 阶的.

定义 9.4 若 $\lim\limits_{h\to 0}E_{i+1} = \lim\limits_{h\to 0}(y(x_{i+1}) - y_{i+1}) = 0$，则称单步法(9.4)收敛.

由定理 9.2，容易推出下列的定理：

定理 9.3 若单步法(9.4)是高于零阶的方法，且增量函数 Φ 满足对 y 的 Lipschitz 条件，则单步法(9.4)收敛.

定义 9.5 如果有一种数值方法在节点 x_i 上的值 y_i 有扰动 δ_i，由此引起以后各节点上的值 $y_j(j > i)$ 的偏差 δ_j 均满足 $|\delta_j| \leqslant |\delta_i|$，则称该数值方法绝对稳定.

单步法(9.4)绝对稳定的条件是

$$\left|1 + h\frac{\partial \Phi}{\partial y}\right| \leqslant 1.$$

由于 Φ 与微分方程右端 f 有关，考察起来比较困难．通常考虑模型方程 $y'(x) = \lambda y(x)$. 用单步法求解，得到解满足稳定性方程：$y_{n+1} = G(\lambda h)y_n$. 方法不同，$G(\lambda h)$ 有不同的表达式．若 $|G(\lambda h)| \leqslant 1$，则称此方法对所选步长 h 和复数 λ 是绝对稳定的．在复平面上所有满足 $|G(\lambda h)| < 1$ 的区域称为该方法的绝对稳定区域.

对任何 $h > 0$，隐式 Euler 方法和梯形法是数值稳定的．显式 Euler 方法和改进 Euler 方法的稳定性条件：$-2 \leqslant \lambda h \leqslant 0$. 经典 Runge-Kutta 法的稳定性条件：$-2.785 \leqslant \lambda h \leqslant 0$.

9.2.3 一阶方程组和高阶方程

对于高阶方程初值问题：

$$y^{(n)}(x)=f(x,\ y(x),\ y'(x),\ \cdots,\ y^{(n-1)}(x)),\quad a\leqslant x\leqslant b,$$

初始条件：

$$y(a)=\alpha_0,\quad y'(a)=\alpha_1,\quad \cdots,\quad y^{(n-1)}(a)=\alpha_{n-1},$$

定义

$$y_1(x)=y(x),\quad y_2(x)=y'(x),\quad \cdots,\quad y_n(x)=y^{(n-1)}(x),$$

可将其转化为一阶方程组：

$$\begin{cases}y_1'(x)=y_2(x),\\ y_2'(x)=y_3(x),\\ \cdots\\ y_{n-1}'(x)=y_n(x),\\ y_n'(x)=f(x,\ y_1(x),\ y_2(x),\ \cdots,\ y_n(x)),\end{cases}$$

初始条件：

$$y_1(a)=\alpha_0,\quad y_2(a)=\alpha_1,\quad \cdots,\quad y_n(a)=\alpha_{n-1}.$$

前述各方法可以推广到常微分方程组的初值问题：

$$\begin{cases}\boldsymbol{y}'=\boldsymbol{f}(x,\ \boldsymbol{y}),\quad a<x<b,\\ \boldsymbol{y}(a)=\boldsymbol{y}_0.\end{cases}\tag{9.5}$$

其中，

$$\boldsymbol{y}=(y_1(x),\ y_2(x),\ \cdots,\ y_m(x))^{\mathrm{T}},\quad \boldsymbol{y}_0=(y_{10},\ y_{20},\ \cdots,\ y_{m0})^{\mathrm{T}},$$

$$\boldsymbol{f}(x,\ \boldsymbol{y})=(f_1(x,\ \boldsymbol{y}),\ f_2(x,\ \boldsymbol{y}),\ \cdots,\ f_m(x,\ \boldsymbol{y}))^{\mathrm{T}}.$$

比如经典的四阶 Runge-Kutta 法可写成：

$$\boldsymbol{y}_{i+1}=\boldsymbol{y}_i+\frac{h}{6}(\boldsymbol{k}_1+2\boldsymbol{k}_2+2\boldsymbol{k}_3+\boldsymbol{k}_4),$$

$$\boldsymbol{k}_1=\boldsymbol{f}(x_i,\ \boldsymbol{y}_i),\quad \boldsymbol{k}_2=f\left(x_i+\frac{h}{2},\ \boldsymbol{y}_i+\frac{1}{2}h\boldsymbol{k}_1\right),$$

$$\boldsymbol{k}_3=\boldsymbol{f}\left(x_i+\frac{h}{2},\ \boldsymbol{y}_i+\frac{1}{2}h\boldsymbol{k}_2\right),\quad \boldsymbol{k}_4=\boldsymbol{f}(x_i+h,\ \boldsymbol{y}_i+h\boldsymbol{k}_3).$$

9.2.4　刚性方程组

1. 刚性方程组的定义

定义 9.6　对 m 维非线性微分方程组的初值问题(9.5)，其 Jacobi 矩阵 $\dfrac{\partial \boldsymbol{f}}{\partial \boldsymbol{y}}$ 的特征值为 λ_j，$j=1,\ 2,\ \cdots,\ m$，如果满足

(1) $\mathrm{Re}\lambda_j<0$，$j=1,\ 2,\ \cdots,\ m$；

(2) $\max\limits_{j=1,\ 2\cdots,\ m}|\mathrm{Re}\lambda_j|\gg\min\limits_{j=1,\ 2,\ \cdots,\ m}|\mathrm{Re}\lambda_j|$，

则称该问题为刚性方程组或 Stiff 方程组，并称比值

$$s=\frac{\max\limits_{j=1,\ 2\cdots,\ m}|\mathrm{Re}\lambda_j|}{\min\limits_{j=1,\ 2,\ \cdots,\ m}|\mathrm{Re}\lambda_j|}$$

为刚性比.

2. 刚性方程组的数值方法

由于隐式方法比显式方法具有更大的绝对稳定区域，因此求解刚性方程组一般使用隐式方法，如隐式的 Euler 方法、Runge-Kutta 方法等.

(1)二级二阶 Runge-Kutta 方法：

$$\begin{cases} y_{m+1} = y_m + \frac{1}{2}h(K_1 + K_2), \\ K_1 = f(x_m, y_m), \\ K_2 = f\left(x_m + h, y_m + \frac{1}{2}h(K_1 + K_2)\right). \end{cases}$$

(2)二级四阶 Runge-Kutta 方法：

$$\begin{cases} y_{m+1} = y_m + \frac{1}{2}h(K_1 + K_2), \\ K_1 = f\left(x_m + \left(\frac{1}{2} - \frac{\sqrt{3}}{6}\right)h, y_m + \frac{1}{4}hK_1 + \left(\frac{1}{4} - \frac{\sqrt{3}}{6}\right)hK_2\right), \\ K_2 = f\left(x_m + \left(\frac{1}{2} + \frac{\sqrt{3}}{6}\right)h, y_m + \left(\frac{1}{4} + \frac{\sqrt{3}}{6}\right)hK_1 + \frac{1}{4}hK_2\right). \end{cases}$$

9.2.5 线性多步法

线性 k 步法的一般形式：

$$\sum_{j=0}^{k} \alpha_j y_{n+j} = h\sum_{j=0}^{k} \beta_j f_{n+j},$$

其中，$f_j = f(x_j, y_j)$. $\beta_{n+k} = 0$ 时格式是显式的；$\beta_{n+k} \neq 0$ 时是隐式的.

定义 9.7 线性 k 步法的第一特征多项式：$\rho(\xi) = \sum_{j=0}^{k} \alpha_j \xi^j$，第二特征多项式：$\sigma(\xi) = \sum_{j=0}^{k} \beta_j \xi^j$.

定义 9.8 若条件 $\rho(1) = 0$，$\rho'(1) = \sigma(1)$ 成立，则称上述线性 k 步法与微分方程相容；该条件为相容性条件.

定义 9.9 若 $\rho(\xi)$ 的根都在单位圆内或单位圆上，且在单位圆上的根为单根，则该多步法满足根条件.

对充分小的步长多步法的解连续依赖于初值，则称多步法稳定或零稳定. 线性多步法零稳定的充要条件是 $\rho(\xi)$ 满足根条件. 若求解 IVP 的线性多步法相容且稳定，则 $\lim_{h\to 0} y_n = y(x_n)$，即数值解收敛.

零稳定性用于讨论差分方程解的稳定性，而实际计算中步长是固定的，不可能太小，需要针对模型方程 $y' = \lambda y$ 讨论格式的绝对稳定性.

定义 9.10 如果特征方程 $\rho(\xi) - \mu\sigma(\xi) = 0$ 的根都在单位圆内，则称线性 k 步法关于

$\mu = h\lambda$ 绝对稳定. 在变量为 μ 的复平面中使方程零点 $|\xi_i| < 1\ (i = 1, 2, \cdots, k)$ 的区域, 称为方法的绝对稳定区域, 与实轴的交则称为绝对稳定区间.

几种常用的线性多步法公式:

Adams 外插公式(Adams-Bashforth 公式)是一类 $k+1$ 步 $k+1$ 阶显式方法.

三步法 $(k=2)$:

$$y_{i+1} = y_i + \frac{h}{12}(23f_i - 16f_{i-1} + 5f_{i-2}), \quad i = 2, 3, \cdots, N-1.$$

四步法 $(k=3)$:

$$y_{i+1} = y_i + \frac{h}{24}(55f_i - 59f_{i-1} + 37f_{i-2} - 9f_{i-3}), \quad i = 3, 4, \cdots, N-1.$$

Adams 内插公式(Adams-Moulton 公式)是一类 $k+1$ 步 $k+2$ 阶隐式方法.

三步法 $(k=2)$:

$$y_{i+1} = y_i + \frac{h}{24}(9f_{i+1} + 19f_i - 5f_{i-1} + f_{i-2}), \quad i = 2, 3, \cdots, N-1.$$

Adams 预估-校正方法(Adams-Bashforth-Moulton 公式):

一般取四步外插法与三步内插法结合.

Milne 方法:

四步四阶显式方法:

$$y_{i+1} = y_{i-3} + \frac{4}{3}h(2f_i - f_{i-1} + 2f_{i-2}), \quad i = 3, 4, \cdots, N-1.$$

Simpson 方法:

二步四阶隐式方法:

$$y_{i+1} = y_{i-1} + \frac{h}{3}(f_{i+1} + 4f_i + f_{i-1}), \quad i = 1, 2, \cdots, N-1.$$

Milne-Simpson 方法:

$$\bar{y}_{i+1} = y_{i-3} + \frac{4}{3}h(2f_i - f_{i-1} + 2f_{i-2}),$$

$$y_{i+1} = y_{i-1} + \frac{h}{3}(f(x_{i+1}, \bar{y}_{i+1}) + 4f_i + f_{i-1}), \quad i = 3, 4, \cdots, N-1.$$

Hamming 方法:

三步四阶隐式方法:

$$y_{i+1} = \frac{1}{8}(9y_i - y_{i-2}) + \frac{3}{8}h(f_{i+1} + 2f_i - f_{i-1}).$$

在实际应用中将它与显式 Milne 方法结合, 给出 Milne-Hamming 方法:

$$\bar{y}_{i+1} = y_{i-3} + \frac{4}{3}h(2f_i - f_{i-1} + 2f_{i-2}),$$

$$y_{i+1} = \frac{1}{8}(9y_i - y_{i-2}) + \frac{3}{8}h(f(x_{i+1}, \bar{y}_{i+1}) + 2f_i - f_{i-1}), \quad i = 3, 4, \cdots, N-1.$$

9.2.6 边值问题的数值方法

1. 打靶法

考虑下列二阶非线性边值问题(BVP):

$$\begin{cases} y'' = f(x, y, y'), & a < x < b, \\ y(a) = \alpha, & y(b) = \beta. \end{cases} \tag{9.6}$$

数值求解初值问题

$$\begin{cases} y'' = f(x, y, y'), & a < x < b, \\ y(a) = \alpha, & y'(a) = w_k. \end{cases}$$

得到解 $y(b, w_k)$. 若 $|y(b, w_k) - \beta| < \varepsilon$ (预设误差限), 则将 $y(b, w_k)$ 作为 BVP 的近似解; 否则将 w_k 改进为 w_{k+1}, 重复上述计算.

二阶线性边值问题:

$$\begin{cases} y'' = p(x)y' + q(x)y - r(x), & a < x < b, \\ y(a) = \alpha, & y(b) = \beta. \end{cases} \tag{9.7}$$

式(9.7)的解可以通过求解下面两个初值问题获得:

(IVP1)
$$\begin{cases} y_1'' = p(x)y_1' + q(x)y_1 - r(x), \\ y_1(a) = \alpha, & y_1'(a) = 0. \end{cases}$$

(IVP2)
$$\begin{cases} y_2'' = p(x)y_2' + q(x)y_2, \\ y_2(a) = 0, & y_2'(a) = 1. \end{cases}$$

原来边值问题的解可以表示为

$$y(t) = y_1(t) + \frac{\beta - y_1(b)}{y_2(b)} y_2(t).$$

2. 有限差分法

二阶线性边值问题(9.7)的差分离散:

$$-\frac{y_{j+1} - 2y_j + y_{j-1}}{h^2} + p(x_j)\frac{y_{j+1} - y_{j-1}}{2h} + q(x_j)y_j = r(x_j), \quad j = 1, 2, \cdots, N;$$

$$y_0 = \alpha, \quad y_{N+1} = \beta,$$

这里取空间步长为 $h = \dfrac{b - a}{N + 1}$. 记

$$p_j = p(x_j), \quad q_j = q(x_j), \quad r_j = r(x_j),$$

$$a_j = -1 - \frac{h}{2}p_j, \quad b_j = 2 + h^2 q_j, \quad c_j = -1 + \frac{h}{2}p_j,$$

则有

$$a_j y_{j-1} + b_j y_j + c_j y_{j+1} = h^2 r_j, \quad j = 1, 2, \cdots, N;$$

$$y_0 = \alpha, \quad y_{N+1} = \beta.$$

9.3　典型例题详解

9.3.1　初值问题常用的单步法

例 9.1　用 Euler 法解初值问题 $\begin{cases} y' = ax + b, \\ y(0) = 0, \end{cases}$ 证明其截断误差

$$y(x_n) - y_n = \frac{1}{2}anh^2,$$

这里 $x_n = nh$，y_n 是 Euler 法的近似解，$y(x) = \frac{1}{2}ax^2 + bx$ 为原初值问题的精确解.

分析　本题考查 Euler 法的具体实施，用简单的例子反映截断误差以及阶数的概念.

证　用 Euler 法求解的计算公式为

$$y_{n+1} = y_n + h(ax_n + b),$$

其中 $x_n = nh$，从而有

$$\begin{aligned} &y_1 - y_0 = h(a \cdot 0 + b), \\ &y_2 - y_1 = h(a \cdot h + b), \\ &\cdots \\ &y_n - y_{n-1} = h[a \cdot (n-1)h + b]. \end{aligned}$$

以上各式相加，得

$$y_n - y_0 = ah^2[0 + 1 + \cdots + (n-1)] + nbh = \frac{n(n-1)}{2}ah^2 + nbh.$$

代入初始条件，有

$$y_n = \frac{1}{2}n(n-1)ah^2 + nbh.$$

又 $y(x_n) = \frac{1}{2}a\,(nh)^2 + b(nh)$，所以

$$y(x_n) - y_n = \frac{1}{2}nah^2.$$

注　(1) 由此可知 $y(x_n) - y_n = O(h^2)$，是一阶格式.

(2)本题如果用改进的 Euler 方法，则能求出精确解.

$$\bar{y}_{n+1} = y_n + h(nah + b),$$

$$\begin{aligned} y_{n+1} &= y_n + \frac{h}{2}[nah + b + a(n+1)h + b] \\ &= y_n + \frac{2n+1}{2}ah^2 + bh. \end{aligned}$$

所以，$y_n = \frac{1}{2}n^2ah^2 + nbh = y(x_n)$.

例 9.2 用梯形法解初值问题 $\begin{cases} y' + y = 0, \\ y(0) = 1. \end{cases}$ 证明：其近似解

$$y_n = \left(\frac{2-h}{2+h}\right)^n, \quad n = 0, 1, 2, \cdots,$$

并证明当 $h \to 0$ 时，它收敛于原问题的精确解 $y = e^{-x}$.

分析 梯形法和 Euler 法都是最基本的单步法．本题考察梯形法的计算过程，同时给出收敛性概念的一个具体例子.

证 梯形法计算公式为

$$y_{i+1} = y_i + \frac{h}{2}(f(x_i, y_i) + f(x_{i+1}, y_{i+1})).$$

对于本初值问题，$f(x, y) = -y$，代入上式，$y_{n+1} = y_n + \frac{h}{2}(-y_n - y_{n+1})$，此即 $y_{n+1} = \frac{2-h}{2+h}y_n$，从而 $y_n = \left(\frac{2-h}{2+h}\right)^n$，$y_0 = \left(\frac{2-h}{2+h}\right)^n$，

$$\begin{aligned} \lim_{h\to 0} y_n &= \lim_{h\to 0}\left(1 - \frac{2h}{2+h}\right)^{\frac{x_n}{h}} = \lim_{h\to 0}\left[\left(1 - \frac{2h}{2+h}\right)^{\frac{2+h}{2h}}\right]^{\frac{2x_n}{2+h}} \\ &= e^{-x_n} = y(x_n). \end{aligned}$$

例 9.3 用经典的 Runge-Kutta 法求解初值问题：

$$\begin{cases} y' = \frac{2}{3}xy^{-2}, \quad x \in [0, 1.2], \\ y(0) = 1, \end{cases}$$

取步长 $h = 0.4$.

解 $h = 0.4$，$x_0 = 0$，$x_1 = 0.4$，$x_2 = 0.8$，$x_3 = 1.2$，经典 Runge-Kutta 公式为

$$\begin{cases} y_{i+1} = y_i + \frac{0.4}{6}(k_1 + 2k_2 + 2k_3 + k_4), \\ k_1 = f(x_i, y_i) = \frac{2x_i}{3y_i^2}, \\ k_2 = f\left(x_i + \frac{h}{2}, y_i + \frac{1}{2}hk_1\right) = \frac{2(x_i + 0.2)}{3(y_i + 0.2k_1)^2}, \\ k_3 = f\left(x_i + \frac{h}{2}, y_i + \frac{1}{2}hk_2\right) = \frac{2(x_i + 0.2)}{3(y_i + 0.2k_2)^2}, \\ k_4 = f(x_i + h, y_i + hk_3) = \frac{2(x_i + 0.4)}{3(y_i + 0.4k_3)^2}. \end{cases}$$

计算结果见下表：

i	x_i	y_i	k_1	k_2	k_3	k_4	$\lvert y(x_i)-y_i \rvert$
0	0	1	0	0.13333	0.12650	0.24160	0
1	0.4	1.05075	0.24152	0.33115	0.32060	0.38369	3.34×10^{-5}
2	0.8	1.17933	0.38347	0.42258	0.44139	0.44139	5.83×10^{-5}
3	1.2	1.34632					5.29×10^{-5}

注　这是使用四阶 Runge-Kutta 法计算的一个具体例子．参考例 9.10，从绝对稳定性的角度考虑，思考本题步长的选择范围.

9.3.2　单步法的精确度、收敛性以及稳定性

下面的讨论中，除非特殊说明，我们一般假设所涉及的导数是存在的.

例 9.4　证明隐式 Euler 法(向后 Euler 法) $y_{n+1}=y_n+hf(x_{n+1}, y_{n+1})$ 是一阶的.

证法 1　假设 $y_n=y(x_n)$，由于

$$f(x_{n+1}, y_{n+1})=f(x_{n+1}, y(x_{n+1}))+f'_y(x_{n+1}, \eta)(y_{n+1}-y(x_{n+1})),$$

η 介于 y_{n+1} 与 $y(x_{n+1})$ 之间，且

$$f(x_{n+1}, y(x_{n+1}))=y'(x_{n+1})=y'(x_n)+hy''(x_n)+O(h^2).$$

因此，

$$\begin{aligned} y_{n+1} &= y(x_n)+hf(x_{n+1}, y_{n+1}) \\ &= y(x_n)+hy'(x_n)+h^2y''(x_n)+O(h^3)+hf'_y(x_{n+1}, \eta)(y_{n+1}-y(x_{n+1})). \end{aligned}$$

又

$$y(x_{n+1})=y(x_n)+hy'(x_n)+\frac{h^2}{2}y''(x_n)+O(h^3),$$

所以，

$$y(x_{n+1})-y_{n+1}=hf'_y(x_{n+1}, \eta)(y(x_{n+1})-y_{n+1})-\frac{h^2}{2}y''(x_n)+O(h^3).$$

从而局部截断误差 $y(x_{n+1})-y_{n+1}$ 为

$$\begin{aligned} y(x_{n+1})-y_{n+1} &= \frac{1}{1-hf'_y(x_{n+1}, \eta)}\left(-\frac{h^2}{2}y''(x_n)\right)+O(h^3) \\ &= -\frac{h^2}{2}y''(x_n)(1+hf'_y(x_{n+1}, \eta))+O(h^3)=O(h^2). \end{aligned}$$

故隐式 Euler 法是一阶的.

证法 2

$$\begin{aligned} y_{n+1} &= y_n+hf(x_{n+1}, y_{n+1}) \\ &= y_n+hf(x_n+h, y_n+hf(x_{n+1}, y_{n+1})) \end{aligned}$$

$$= y_n + h(f(x_n, y_n) + hf'_x(x_n, y_n) + hf(x_{n+1}, y_{n+1})f'_y(x_n, y_n)) + O(h^3).$$

再代入

$$f(x_{n+1}, y_{n+1}) = f(x_n + h, y_n + hf(x_{n+1}, y_{n+1})) = f(x_n, y_n) + O(h),$$

有

$$\begin{aligned} y_{n+1} &= y_n + h(f(x_n, y_n) + hf'_x(x_n, y_n) + hf(x_n, y_n)f'_y(x_n, y_n)) + O(h^3) \\ &= y_n + hf(x_n, y_n) + h^2(f'_x(x_n, y_n) + f(x_n, y_n)f'_y(x_n, y_n)) + O(h^3). \end{aligned}$$

代入

$$y''(x_n) = f'_x(x_n, y_n) + f(x_n, y_n)f'_y(x_n, y_n),$$

并与如下的 $y(x_{n+1})$ Taylor 展开式相减,

$$y(x_{n+1}) = y(x_n) + hy'(x_n) + \frac{h^2}{2}y''(x_n) + O(h^3).$$

注意到 $y(x_n) = y_n$, 我们得到

$$y(x_{n+1}) - y_{n+1} = -\frac{h^2}{2}y''(x_n) + O(h^3) = O(h^2).$$

证法 3

$$y(x_{n+1}) - y(x_n) - hf(x_{n+1}, y(x_{n+1})) = y(x_{n+1}) - y(x_n) - h(y'(x_n) + hy''(x_n) + O(h^2)),$$

再代入 $y(x_{n+1})$ 的展开式

$$y(x_{n+1}) = y(x_n) + hy'(x_n) + \frac{h^2}{2}y''(x_n) + O(h^3),$$

所以,

$$y(x_{n+1}) - y_{n+1} = -\frac{h^2}{2}y''(x_n) + O(h^3).$$

注 (1) 我们假设前一步是精确的, 即假设 $y_n = y(x_n)$. 关键是导出局部截断误差 $y(x_{n+1}) - y_{n+1}$. 这里唯一用到的工具就是 Taylor 展开.

(2)我们可以用 $f(x_{n+1}, y(x_{n+1}))$ 代替计算公式中的 $f(x_{n+1}, y_{n+1})$, 由此带来的差别是更高阶的量, 并不影响计算公式阶数的判断, 这就是证法 3.

例 9.5 证明: 求解 $y' = f(x, y)$ 的改进 Euler 公式

$$\bar{y}_{i+1} = y_i + hf(x_i, y_i),$$

$$y_{i+1} = y_i + \frac{h}{2}(f(x_i, y_i) + f(x_{i+1}, \bar{y}_{i+1}))$$

具有二阶精度.

证 作局部化假定, $y_i = y(x_i)$.

$$\begin{aligned} f(x_{i+1}, \bar{y}_{i+1}) &= f(x_i + h, y_i + hy'(x_i)) \\ &= f(x_i, y_i) + hf'_x(x_i, y_i) + hy'(x_i)f'_y(x_i, y_i) \\ &\quad + \frac{1}{2}h^2 f''_{xx}(x_i, y_i) + h^2 y'(x_i)f''_{xy}(x_i, y_i) \\ &\quad + \frac{1}{2}h^2 (y'(x_i))^2 f''_{yy}(x_i, y_i) + O(h^3). \end{aligned}$$

将 $y(x_{i+1})$ 在 x_i 处 Taylor 展开，

$$y(x_{i+1}) = y_i + hy'(x_i) + \frac{1}{2}h^2y''(x_i) + \frac{1}{6}h^3y'''(x_i) + O(h^4).$$

所以

$$y(x_{i+1}) - y_{i+1} = h(y'(x_i) - f(x_i, y_i)) + \frac{1}{2}h^2(y''(x_i) - f'_x(x_i, y_i) - y'(x_i)f'_y(x_i, y_i))$$
$$+ \frac{1}{12}h^3[2y'''(x_i) - 3f''_{xx}(x_i, y_i) - 6y'(x_i)f''_{xy}(x_i, y_i)$$
$$- 3(y'(x_i))^2 f''_{yy}(x_i, y_i)] + O(h^4).$$

因为

$$y'(x_i) = f(x_i, y_i),\quad y''(x_i) = f'_x(x_i, y_i) + f(x_i, y_i)f'_y(x_i, y_i),$$

故 $y(x_{i+1}) - y_{i+1} = O(h^3)$.

注　注意用以下各关系式：

$$y' = f(x, y),\quad y'' = \frac{\partial f}{\partial x} + f\frac{\partial f}{\partial y} \overset{\text{def}}{=} Pf,$$

$$y''' = \left(\frac{\partial}{\partial x} + f\frac{\partial}{\partial y}\right)y'' = P^2 f$$
$$= \left[\frac{\partial^2}{\partial x^2} + \frac{\partial}{\partial x}\left(f\frac{\partial}{\partial y}\right) + f\frac{\partial^2}{\partial x\partial y} + f\frac{\partial}{\partial y}\left(f\frac{\partial}{\partial y}\right)\right]f$$
$$= \frac{\partial^2 f}{\partial x^2} + 2f\frac{\partial^2 f}{\partial x\partial y} + f^2\frac{\partial^2 f}{\partial y^2} + \frac{\partial f}{\partial x}\frac{\partial f}{\partial y} + f\left(\frac{\partial f}{\partial y}\right)^2.$$

一般地，$y^{(n)} = P^{n-1}f$.

例 9.6　证明对于任何参数 α，下列格式是二阶的：

$$\begin{cases} y_{n+1} = y_n + \dfrac{1}{2}(k_2 + k_3), \\ k_1 = hf(x_n, y_n), \\ k_2 = hf(x_n + \alpha h, y_n + \alpha k_1), \\ k_3 = hf(x_n + (1-\alpha)h, y_n + (1-\alpha)k_1). \end{cases}$$

分析　证明计算公式的阶数，关键是写出局部截断误差.

证　局部截断误差 $e_n = y(x_{n+1}) - y(x_n) - \frac{1}{2}(k_2 + k_3)$.

$$k_2 = hf(x_n + \alpha h, y_n + \alpha k_1)$$
$$= hf(x_n, y_n) + f'_x(x_n, y_n)\alpha h^2 + f'_y(x_n, y_n)\alpha h^2 f$$
$$+ \frac{h}{2!}(\alpha^2h^2f''_{xx}(x_n, y_n) + 2\alpha^2h^2f(x_n, y_n)f''_{xy}(x_n, y_n)$$
$$+ \alpha^2h^2f^2(x_n, y_n)f''_{yy}(x_n, y_n)) + O(h^4),$$

$$k_3 = hf(x_n + (1-\alpha)h, y_n + (1-\alpha)k_1)$$
$$= hf(x_n, y_n) + f'_x(x_n, y_n)(1-\alpha)h^2 + f'_y(x_n, y_n)(1-\alpha)h^2f(x_n, y_n)$$

$$+\frac{h}{2!}((1-\alpha)^2h^2f''_{xx}(x_n, y_n)+2(1-\alpha)^2h^2f(x_n, y_n)f''_{xy}(x_n, y_n)$$

$$+(1-\alpha)^2h^2f^2(x_n, y_n)f''_{yy}(x_n, y_n))+O(h^4),$$

$$k_2+k_3=2hf(x_n, y_n)+h^2(f'_x(x_n, y_n)+f(x_n, y_n)f'_y(x_n, y_n))$$

$$+\frac{h^3}{2}[\alpha^2+(1-\alpha)^2](f''_{xx}(x_n, y_n)+2f(x_n, y_n)f''_{xy}(x_n, y_n)$$

$$+f^2(x_n, y_n)f''_{yy}(x_n, y_n))+O(h^4).$$

在上式中令 $y_n=y(x_n)$，注意到

$$y(x_{n+1})=y(x_n)+y'(x_n)h+\frac{h^2}{2!}y''(x_n)+\frac{y'''(x_n)}{3!}h^3+O(h^4),$$

有

$$e_n=hy'(x_n)+\frac{h^2}{2!}y''(x_n)+\frac{y'''(x_n)}{3!}h^3-hf(x_n, y(x_n))$$

$$-\frac{h^2}{2}(f'_x(x_n, y(x_n))+f(x_n, y(x_n))f'_y(x_n, y(x_n)))$$

$$-\frac{h^3}{4}[\alpha^2+(1-\alpha)^2](f''_{xx}(x_n, y_n)+2f(x_n, y_n)f''_{xy}(x_n, y_n)$$

$$+f^2(x_n, y_n)f''_{yy}(x_n, y_n))+O(h^4).$$

因为

$$y'(x_n)=f(x_n, y(x_n)),$$

$$y''(x_n)=f'_x(x_n, y_n)+f(x_n, y_n)f'_y(x_n, y_n),$$

从而，$e_n=O(h^3)$，格式是二阶的.

例 9.7 证明：由

$$y_{n+1}=y_n+\frac{1}{6}h(4f(x_n, y_n)+2f(x_{n+1}, y_{n+1})+hf'(x_n, y_n))$$

确定的隐式单步法的阶为 3.

证 由于

$$f(x_{n+1}, y(x_{n+1}))=y'(x_{n+1})=y'(x_n)+hy''(x_n)+\frac{h^2}{2}y'''(x_n)+\frac{h^3}{6}y^{(4)}(x_n)+O(h^4),$$

$$y(x_{n+1})-y(x_n)-\frac{h}{6}(4f(x_n, y(x_n))+2f(x_{n+1}, y(x_{n+1}))+hf'(x_n, y(x_n)))$$

$$=y(x_{n+1})-\left[y(x_n)+hy'(x_n)+\frac{h^2}{2}y''(x_n)+\frac{h^3}{6}y'''(x_n)+\frac{h^4}{18}y^{(4)}(x_n)+O(h^5)\right],$$

又

$$f(x_{n+1}, y_{n+1})=f(x_{n+1}, y(x_{n+1}))+f'_y(x_{n+1}, \eta)(y_{n+1}-y(x_{n+1})),$$

则有

$$y(x_{n+1})-y(x_n)-\frac{h}{6}(4f(x_n,\ y(x_n))+2f(x_{n+1},\ y_{n+1})+hf'(x_n,\ y(x_n)))$$

$$=y(x_{n+1})-y(x_n)-\frac{h}{6}(4f(x_n,\ y(x_n))+2f(x_{n+1},\ y(x_{n+1}))$$

$$+hf'(x_n,\ y(x_n)))-\frac{h}{3}f'_y(x_{n+1},\ \eta)(y_{n+1}-y(x_{n+1}))$$

$$=y(x_{n+1})-\left(y(x_n)+hy'(x_n)+\frac{h^2}{2}y''(x_n)+\frac{h^3}{6}y'''(x_n)\right.$$

$$\left.+\frac{h^4}{18}y^{(4)}(x_n)+O(h^5)\right)-\frac{h}{3}f'_y(x_{n+1},\ \eta)(y_{n+1}-y(x_{n+1})).$$

再用 Taylor 展开，

$$y(x_{n+1})=y(x_n+h)=y(x_n)+hy'(x_n)+\frac{h^2}{2!}y''(x_n)+\frac{h^3}{3!}y'''(x_n)+\frac{h^4}{4!}y^{(4)}(x_n)+O(h^5),$$

因此

$$y(x_{n+1})-y(x_n)-\frac{h}{6}(4f(x_n,\ y(x_n))+2f(x_{n+1},\ y_{n+1})+hf'(x_n,\ y(x_n)))$$

$$=-\frac{h}{3}f'_y(x_{n+1},\ \eta)(y_{n+1}-y(x_{n+1}))-\frac{h^4}{72}y^{(4)}(x_n)+O(h^5).$$

故

$$y(x_{n+1})-y_{n+1}=\frac{1}{1-\dfrac{h}{3}f'_y(x_{n+1},\ \eta)}\left(-\frac{h^4}{72}y^{(4)}(x_n)\right)+O(h^5)=O(h^4),$$

即此隐式单步法为三阶格式.

注　将 $f(x_{n+1},\ y_{n+1})$ 在 $(x_n,\ y_n)$ 处展开至二阶项，

$$f(x_{n+1},\ y_{n+1})=f\left(x_n+h,\quad y_n+\frac{h}{6}(4f(x_n,\ y_n)+2f(x_{n+1},\ y_{n+1}))+\frac{h^2}{6}f'(x_n,\ y_n)\right)$$

$$=f(x_n,\ y_n)+hf'_x(x_n,\ y_n)+\left[\frac{h}{6}(6f(x_n,\ y_n)+2hf'_x(x_n,\ y_n)\right.$$

$$\left.+2hf(x_n,\ y_n)f'_y(x_n,\ y_n))+\frac{h^2}{6}f'(x_n,\ y_n)\right]f'_y(x_n,\ y_n)$$

$$+\frac{h^2}{2}f''_{xx}(x_n,\ y_n)+\frac{h^2}{6}\cdot 6f(x_n,\ y_n)f''_{xy}(x_n,\ y_n)$$

$$+\frac{h^2}{2}f^2(x_n,\ y_n)f''_{yy}(x_n,\ y_n)+O(h^3)$$

$$=f+h(f'_x+ff'_y)+\frac{h^2}{3}\left(f'_xf'_y+ff'^2_y+\frac{1}{2}f'f'_y\right)$$

$$+\frac{h^2}{2}(f''_{xx}+2ff''_{xy}+f^2f''_{yy})+O(h^3).$$

这里把 $f(x_n,\ y_n)$，$f'_x(x_n,\ y_n)$，$f'_y(x_n,\ y_n)$，$f''_{xx}(x_n,\ y_n)$，$f''_{xy}(x_n,\ y_n)$，$f''_{yy}(x_n,\ y_n)$ 分

别简记为f, f'_x, f'_y, f''_{xx}, f''_{xy}, f''_{yy}. 将上式代入计算公式中，

$$y_{n+1}=y_n+hf+\frac{h^2}{3}(f'_x+ff'_y)+\frac{h^3}{9}\left(f'_xf'_y+ff'^2_y+\frac{1}{2}f'f'_y\right)$$
$$+\frac{h^3}{6}(f''_{xx}+2ff''_{xy}+f^2f''_{yy})+\frac{h^2}{6}f'+O(h^4).$$

利用

$$y''(x_n)=f'_x(x_n, y_n)+f(x_n, y_n)f'_y(x_n, y_n),$$
$$y'''(x_n)=f''_{xx}+2ff''_{xy}+f^2f''_{yy}+f'_xf'_y+ff'^2_y,$$

得

$$y_{n+1}=y_n+hf(x_n, y_n)+\frac{h^2}{2}y''(x_n)+\frac{h^3}{6}y'''(x_n)+O(h^4).$$

对$y(x_{n+1})$在x_n处展开，

$$y(x_{n+1})=y_n+hy'(x_n)+\frac{h^2}{2}y''(x_n)+\frac{h^3}{6}y'''(x_n)+O(h^4).$$

故$y_{n+1}-y(x_{n+1})=O(h^4)$，至少阶数为 3.

例 9.8 求解初值问题的单步法为

$$y_{n+1}=y_n+\frac{h}{8}\left(3f(x_n, y_n)+5f\left(x_n+\frac{4h}{5}, y_n+\frac{4h}{5}f(x_n, y_n)\right)\right).$$

证明：(1) 此单步法为二阶方法；(2) 此单步法是收敛的.

分析 本题考查用局部截断误差判断计算公式的阶数，用增量函数判断单步法的收敛性.

证 (1) $f\left(x_n+\frac{4h}{5}, y(x_n)+\frac{4h}{5}f(x_n, y(x_n))\right)$

$$=f(x_n, y(x_n))+\frac{4h}{5}f'_x+\frac{4h}{5}f\cdot f'_y+O(h^2)$$
$$=y'(x_n)+\frac{4h}{5}y''(x_n)+O(h^2).$$

计算局部截断误差

$$e_n=y(x_{n+1})-y(x_n)-\frac{h}{8}\left(3f(x_n, y(x_n))+5f\left(x_n+\frac{4h}{5}, y(x_n)+\frac{4h}{5}f(x_n, y(x_n))\right)\right)$$
$$=y'(x_n)+\frac{h^2}{2!}y''(x_n)+\frac{h^3}{3!}y'''(\xi)-\frac{h}{8}(3y'(x_n)+5y'(x_n)+4hy''(x_n)+O(h^2))$$
$$=\frac{h^3}{3!}y'''(\xi)-O(h^3)=O(h^3).$$

从而，此单步法为二阶方法.

(2)增量函数为

$$\Phi(x, y, h)=\frac{1}{8}\left(3f(x, y)+5f\left(x+\frac{4h}{5}, y+\frac{4h}{5}f(x, y)\right)\right),$$

$$
\begin{aligned}
|\Phi(x,\ y,\ h)-\Phi(x,\ \bar{y},\ h)| &\leqslant \frac{3}{8}|f(x,\ y)-f(x,\ \bar{y})|+\frac{5}{8}\left|f\left(x+\frac{4h}{5},\ y+\frac{4h}{5}f(x,\ y)\right)\right. \\
&\quad \left.-f\left(x+\frac{4h}{5},\ \bar{y}+\frac{4h}{5}f(x,\ \bar{y})\right)\right| \\
&\leqslant \frac{3}{8}L\,|y-\bar{y}|+\frac{5}{8}L\left(|y-\bar{y}|+\frac{4h}{5}L\,|y-\bar{y}|\right) \\
&=\left(1+\frac{1}{2}hL\right)L\,|y-\bar{y}|=L_0\,|y-\bar{y}|.
\end{aligned}
$$

增量函数满足 Lipschitz 条件，由定理 9.3 知，此单步法收敛.

例 9.9　利用模型方程 $y'=\lambda y\ (\lambda<0)$ 给出中点方法(9.2)和经典 Runge- Kutta 法(9.3)的稳定性条件.

解　中点方法对应的计算公式

$$
\tilde{y}_{k+1}=\tilde{y}_k+\lambda h\left(\tilde{y}_k+\frac{h}{2}\lambda\,\tilde{y}_k\right)=\left[1+\lambda h+\frac{1}{2}(\lambda h)^2\right]\tilde{y}_k.
$$

如果 $\varepsilon_k=|\tilde{y}_k-y_k|$，则

$$
\varepsilon_{k+1}=\left|1+\lambda h+\frac{1}{2}(\lambda h)^2\right|\varepsilon_k.
$$

根据稳定性分析所做的假设，

$$
\varepsilon_n=\left|1+\lambda h+\frac{1}{2}(\lambda h)^2\right|^n\varepsilon_0.
$$

选择 h，使 $\left|1+\lambda h+\frac{1}{2}(\lambda h)^2\right|<1$. 可以解出 $-2<\lambda h<0$，即 $0<h<-\frac{2}{\lambda}$.

对经典四阶 Runge-Kutta 法，

$$
\begin{aligned}
k_1&=\lambda y_n,\\
k_2&=\lambda\left(y_n+\frac{1}{2}hk_1\right)=\left(\lambda+\frac{1}{2}h\lambda^2\right)y_n,\\
k_3&=\lambda\left(y_n+\frac{1}{2}hk_2\right)=\left(\lambda+\frac{1}{2}h\lambda^2+\frac{1}{4}h^2\lambda^3\right)y_n,\\
k_4&=\lambda(y_n+hk_3)=\left(\lambda+h\lambda^2+\frac{1}{2}h^2\lambda^3+\frac{1}{4}h^3\lambda^4\right)y_n,\\
y_{n+1}&=y_n+\frac{h}{6}(k_1+2k_2+2k_3+k_4)\\
&=\left(1+h\lambda+\frac{1}{2}h^2\lambda^2+\frac{1}{6}h^3\lambda^3+\frac{1}{24}h^4\lambda^4\right)y_n.
\end{aligned}
$$

由

$$
\left|1+h\lambda+\frac{1}{2}h^2\lambda^2+\frac{1}{6}h^3\lambda^3+\frac{1}{24}h^4\lambda^4\right|<1,
$$

得经典 Runge-Kutta 法的稳定性条件为：$-2.785\leqslant\lambda h\leqslant 0$.

注　本题的关键是导出对模型问题计算公式的扰动误差增长方式：

$$\varepsilon_{n+1}=f(\lambda h)\varepsilon_n.$$

例 9.10 用经典四阶 Runge-Kutta 法求解

$$y'=1-\frac{10ty}{1+t^2},\quad 0\leqslant t\leqslant 10,$$

$$y(0)=0.$$

从绝对稳定性考虑，步长 h 如何选取？

分析 用上一题的绝对稳定性条件选取步长.

解 对所给微分方程，

$$\lambda=\frac{\partial f}{\partial y}=-\frac{10t}{1+t^2},\quad 0\leqslant t\leqslant 10,$$

从而

$$\max|\lambda|=\max_{0\leqslant t\leqslant 10}\frac{10t}{1+t^2}=5.$$

由于四阶经典 Runge-Kutta 法的绝对稳定区间为 $-2.785\leqslant\lambda h\leqslant 0$，故取 $0<h<0.557$.

9.3.3 一阶方程组和高阶方程

例 9.11 用四阶 Runge-Kutta 法求解

$$y''(x)-3y'(x)+2y(x)=6e^{3x}(0\leqslant x\leqslant 1),$$

初始条件：$y(0)=1$，$y'(0)=-1$，步长 $h=0.1$.

解 令 $u(x)=y'(x)$，$v(x)=y(x)$，原方程化为下面的一阶常微分方程组：

$$u'(x)=3u-2v+6e^{3x},\quad u(0)=-1;$$

$$v'(x)=u(x),\quad v(0)=1.$$

对照前面给出的公式，令

$$f(x,u,v)=3u-2v+6e^{3x},$$

$$g(x,u,v)=u.$$

取步长 $h=0.1$，用经典四阶 Runge-Kutta 法计算 $y(0.1)$.

$$k_1=f(0,-1,1)=1,$$

$$c_1=g(0,-1,1)=-1,$$

$$k_2=f\left(0+\frac{0.1}{2},-1+\frac{0.1}{2}\times 1,1+\frac{0.1}{2}\times(-1)\right)=2.221005,$$

$$c_2=g\left(0+\frac{0.1}{2},-1+\frac{0.1}{2}\times 1,1+\frac{0.1}{2}\times(-1)\right)=-0.950000,$$

$$k_3=f\left(0+\frac{0.1}{2},-1+\frac{0.1}{2}\times 2.221,1+\frac{0.1}{2}\times(-0.95)\right)=2.399156,$$

$$c_3=g\left(0+\frac{0.1}{2},-1+\frac{0.1}{2}\times 2.221,1+\frac{0.1}{2}\times(-0.95)\right)=-0.888950,$$

$$k_4=f(0+0.1,-1+0.1\times 2.2399155,1+0.1\times(-0.88895))$$

$$= 3.996690,$$

$$c_4 = g(0 + 0.1,\ -1 + 0.1 \times 2.2399155,\ 1 + 0.1 \times (-0.88895))$$

$$= -0.760084.$$

从而

$$u(0.1) \approx -1 + \frac{0.1}{6}(1 + 2 \times 2.221 + 2 \times 2.399155 + 3.99669)$$

$$\approx -0.762716,$$

$$v(0.1) \approx 1 + \frac{0.1}{6}[-1 + 2 \times (-0.95) + 2 \times (-0.88895) - 0.76008]$$

$$\approx 0.909367.$$

下面的计算过程在表中给出：

x_i	u_i	v_i	$y(x_i)$	error
0	−1	1	1	0
0.1	−0.7627	0.9094	0.9094	1.29 e−5
0.2	−0.1418	0.8601	0.8602	3.61 e−5
0.3	1.0815	0.9009	0.9010	7.50 e−5
0.4	3.2231	1.1068	1.1070	1.38 e−4
0.5	6.7345	1.5909	1.5911	2.35 e−4
0.6	12.2569	2.5203	2.5207	3.85 e−4
0.7	20.6936	4.1388	4.1394	6.09 e−4
0.8	33.3114	6.7976	6.7985	9.42 e−4
0.9	51.8779	10.9982	10.9996	1.43 e−3
1.0	78.8502	17.4517	17.4539	2.13 e−3

注　实际中常用自适应步长的 Runge-Kutta-Fehlberg 算法，可同时使用四阶和五阶的 Runge-Kutta 公式来改进并监测精度．这两个公式共享某些中间斜率值，不需要计算 9 个斜率值(RK4 的 4 个和 RK5 的 5 个)，只需计算 6 个．MATLAB 内置的 ode45 和 ode23 就属于此类情形.

9.3.4　刚性方程组

例 9.12　求下列微分方程组的刚性比.

(1) $\begin{cases} y_1' = -0.1y_1 - 49.9y_2, \\ y_2' = -50y_2, \\ y_3' = 70y_2 - 3000y_3; \end{cases}$　　(2) $\begin{cases} y_1' = -0.1y_1 + 10y_2 - 100y_3, \\ y_2' = -100y_2 + y_3, \\ y_3' = -y_2 - 100y_3. \end{cases}$

分析　此两个问题都是一个线性微分方程组，直接计算系数矩阵的特征值，然后按照定义 9.6 求刚性比即可.

解 (1) 常微分方程组右端的系数矩阵为

$$M = \begin{pmatrix} -0.1 & -49.9 & 0 \\ 0 & -50 & 0 \\ 0 & 70 & -3000 \end{pmatrix},$$

易求出此矩阵的三个特征值为 $\lambda_1 = -0.1$, $\lambda_2 = -50$, $\lambda_3 = -3000$. 故刚性比 $s = \left|\dfrac{-3000}{-0.1}\right| = 30000.$

(2) 常微分方程组右端的系数矩阵为

$$M = \begin{pmatrix} -0.1 & 10 & -100 \\ 0 & -100 & 1 \\ 0 & -1 & -100 \end{pmatrix},$$

易求出此矩阵的三个特征值为 $\lambda_1 = -0.1$, $\lambda_2 = -100 + i$, $\lambda_3 = -100 - i$. 故刚性比 $s = \left|\dfrac{-100}{-0.1}\right| = 1000.$

例 9.13 著名的 Robertson 化学反应如下(其中 A, B, C 是三个化学样本):

$$A \xrightarrow{0.04} B(\text{slow})$$

$$B + B \xrightarrow{3 \times 10^7} C + B\ (\text{veryfast})$$

$$B + C \xrightarrow{10^4} A + C\ (\text{fast})$$

我们通过建模可以得到如下方程组:

$$\begin{cases} y_1' = -0.04 y_1 + 10^4 y_2 y_3, & y_1(0) = 1, \\ y_2' = 0.04 y_1 - 10^4 y_2 y_3 - 3 \times 10^7 y_2^2, & y_2(0) = 0, \\ y_3' = 3 \times 10^7 y_2^2, & y_3(0) = 0. \end{cases}$$

此方程组在平衡点(1, 0.000 036 5, 0)是否为刚性问题? 若用 Euler 方法求其数值解时是稳定的, 则步长 h 应取多少?

分析 此方程组是非线性的, 需要计算 Jacobian 矩阵.

解 对此 Robertson 系统而言, Jacobian 矩阵为

$$\begin{pmatrix} -0.04 & 10^4 y_3 & 10^4 y_2 \\ 0.04 & -10^4 y_3 - 6 \times 10^7 y_2 & -10^4 y_2 \\ 0 & 6 \times 10^7 y_2 & 0 \end{pmatrix}.$$

在平衡点(1, 0.000 036 5, 0), Jacobian 矩阵为

$$\begin{pmatrix} -0.04 & 0 & 0.365 \\ 0.04 & -2190 & -0.365 \\ 0 & 2190 & 0 \end{pmatrix}.$$

三个特征值为 $\lambda_1 = 0$, $\lambda_2 = -0.405$, $\lambda_3 = -2189.6$. 第三个特征值 λ_3 产生了刚性.

若用 Euler 方法求解时是稳定的, 则必须 $\lambda_3 h \geqslant -2$. 因此

$$h \leqslant \frac{2}{2189.6} = \frac{5}{5474} \approx 0.0009.$$

注　本题是一个实际应用的例子，有一个特征值为 0，因此无法用常规的定义 9.6 来判别．但可用其他的方法判别此问题是刚性的，参看文献[26]．

例 9.14　对下列常微分方程组

$$\begin{cases} y_1' = 1\,195 y_1 - 1\,995 y_2, & y_1(0) = 2, \\ y_2' = 1\,197 y_1 - 1\,997 y_2, & y_2(0) = -2, \end{cases}$$

取步长 $h = 0.1$，用显式的 Euler 法和隐式的 Euler 法计算 $t = 0.1$ 时的数值解，并与此初值问题的精确解

$$y_1(t) = 10e^{-2t} - 8e^{-800t},$$

$$y_2(t) = 6e^{-2t} - 8e^{-800t}$$

进行比较(计算结果保留小数点后 4 位)．

解　此方程组右端的系数矩阵为

$$\boldsymbol{M} = \begin{pmatrix} 1195 & -1995 \\ 1197 & -1197 \end{pmatrix}.$$

易求出此矩阵的两个特征值为 $\lambda_1 = -2$，$\lambda_2 = -800$. 故刚性比

$$s = \left| \frac{-800}{-2} \right| = 400.$$

用显式的 Euler 法，迭代公式为

$$y_{1,\,i+1} = y_{1,\,i} + 0.1(1195 y_{1,\,i} - 1995 y_{2,\,i}),$$

$$y_{2,\,i+1} = y_{2,\,i} + 0.1(1197 y_{1,\,i} - 1997 y_{2,\,i}).$$

迭代一步，得到

$$y_{1,\,1} = 640.0000, \quad y_{2,\,1} = 636.8000.$$

用隐式的 Euler 法，迭代公式为

$$y_{1,\,i+1} = y_{1,\,i} + 0.1(1195 y_{1,\,i+1} - 1995 y_{2,\,i+1}),$$

$$y_{2,\,i+1} = y_{2,\,i} + 0.1(1197 y_{1,\,i+1} - 1997 y_{2,\,i+1}).$$

这是一个线性方程组，可以化为

$$\begin{pmatrix} y_{1,\,i+1} \\ y_{2,\,i+1} \end{pmatrix} = \begin{pmatrix} -118.5 & 199.5 \\ -119.7 & 200.7 \end{pmatrix}^{-1} \begin{pmatrix} x_i \\ y_i \end{pmatrix}.$$

经计算得到

$$y_{1,\,1} = 8.2346, \quad y_{2,\,1} = 4.9012.$$

计算解与精确解的比较见下表：

$t = 0.1$	显式 Euler 法	隐式 Euler 法	准确解
$y_1(0.1)$	640.000 0	8.234 6	8.187 3
$y_2(0.1)$	636.800 0	4.901 2	4.912 4

注 此例题主要为了说明当方程组为刚性时用隐式方法比用显式方法精度要高.

9.3.5 线性多步法

例 9.15 利用 Taylor 展开的方法推导 Adams 外插四步法的计算公式和 Adams 内插三步法的计算公式及相应的误差公式.

分析 注意 Adams 外插四步法是显式计算公式, 而 Adams 内插三步法是隐式的. 我们先写出线性多步法的一般计算式, 在 x_i 处 Taylor 展开, 推导其对应的截断误差, 根据截断误差确定计算公式中的待定系数.

解 考虑如下的显式四步法:

$$y_{i+1}=\alpha_0 y_i+\alpha_1 y_{i-1}+\alpha_2 y_{i-2}+\alpha_3 y_{i-3}+h(\beta_0 y_i'+\beta_1 y_{i-1}'+\beta_2 y_{i-2}'+\beta_3 y_{i-3}').$$

其局部截断误差为

$$e_{i+1}=y(x_{i+1})-\left(\sum_{r=0}^{3}\alpha_r y(x_{i-r})+h\sum_{r=0}^{3}\beta_r y'(x_{i-r})\right).$$

在 x_i 处做如下的 Taylor 展开:

$$y(x_{i-1})=y(x_i)-hy'(x_i)+\frac{h^2}{2}y''(x_i)-\frac{h^3}{6}y^{(3)}(x_i)+\frac{h^4}{24}y^{(4)}(x_i)-\frac{h^5}{120}y^{(5)}(x_i)+O(h^6),$$

$$y(x_{i-2})=y(x_i)-2hy'(x_i)+2h^2y''(x_i)-\frac{4h^3}{3}y^{(3)}(x_i)+\frac{2h^4}{3}y^{(4)}(x_i)-\frac{4h^5}{15}y^{(5)}(x_i)+O(h^6),$$

$$y(x_{i-3})=y(x_i)-3hy'(x_i)+\frac{9h^2}{2}y''(x_i)-\frac{9h^3}{2}y^{(3)}(x_i)+\frac{27h^4}{8}y^{(4)}(x_i)-\frac{81h^5}{40}y^{(5)}(x_i)+O(h^6),$$

$$y'(x_{i-1})=y'(x_i)-hy''(x_i)+\frac{h^2}{2}y^{(3)}(x_i)-\frac{h^3}{6}y^{(4)}(x_i)+\frac{h^4}{24}y^{(5)}(x_i)+O(h^5),$$

$$y'(x_{i-2})=y'(x_i)-2hy''(x_i)+2h^2y^{(3)}(x_i)-\frac{4h^3}{3}y^{(4)}(x_i)+\frac{2h^4}{3}y^{(5)}(x_i)+O(h^5),$$

$$y'(x_{i-3})=y'(x_i)-3hy''(x_i)+\frac{9h^2}{2}y^{(3)}(x_i)-\frac{9h^3}{2}y^{(4)}(x_i)+\frac{27h^4}{8}y^{(5)}(x_i)+O(h^5).$$

故有

$$
\begin{aligned}
e_{i+1} = & (1-\alpha_0-\alpha_1-\alpha_2-\alpha_3)y(x_i) \\
& + h(1+\alpha_1+2\alpha_2+3\alpha_3-\beta_0-\beta_1-\beta_2-\beta_3)y'(x_i) \\
& + h^2\left(\frac{1}{2}-\frac{1}{2}\alpha_1-2\alpha_2-\frac{9}{2}\alpha_3+\beta_1+2\beta_2+3\beta_3\right)y''(x_i) \\
& + h^3\left(\frac{1}{6}+\frac{1}{6}\alpha_1+\frac{4}{3}\alpha_2+\frac{9}{2}\alpha_3-\frac{1}{2}\beta_1-2\beta_2-\frac{9}{2}\beta_3\right)y'''(x_i) \\
& + h^4\left(\frac{1}{24}-\frac{1}{24}\alpha_1-\frac{2}{3}\alpha_2-\frac{27}{8}\alpha_3+\frac{1}{6}\beta_1+\frac{4}{3}\beta_2+\frac{9}{2}\beta_3\right)y^{(4)}(x_i) \\
& + h^5\left(\frac{1}{120}+\frac{1}{120}\alpha_1+\frac{4}{15}\alpha_2+\frac{81}{40}\alpha_3-\frac{1}{24}\beta_1-\frac{2}{3}\beta_2-\frac{27}{8}\beta_3\right)y^{(5)}(x_i) \\
& + O(h^6).
\end{aligned}
$$

要使 $e_{i+1}=O(h^5)$，需满足

$$
\begin{aligned}
1-\alpha_0-\alpha_1-\alpha_2-\alpha_3 &= 0, \\
1+\alpha_1+2\alpha_2+3\alpha_3-\beta_0-\beta_1-\beta_2-\beta_3 &= 0, \\
\frac{1}{2}-\frac{1}{2}\alpha_1-2\alpha_2-\frac{9}{2}\alpha_3+\beta_1+2\beta_2+3\beta_3 &= 0, \\
\frac{1}{6}+\frac{1}{6}\alpha_1+\frac{4}{3}\alpha_2+\frac{9}{2}\alpha_3-\frac{1}{2}\beta_1-2\beta_2-\frac{9}{2}\beta_3 &= 0, \\
\frac{1}{24}-\frac{1}{24}\alpha_1-\frac{2}{3}\alpha_2-\frac{27}{8}\alpha_3+\frac{1}{6}\beta_1+\frac{4}{3}\beta_2+\frac{9}{2}\beta_3 &= 0.
\end{aligned}
$$

5 个方程 8 个未知量，令 $\alpha_1=\alpha_2=\alpha_3=0$，可解出

$$
\alpha_0=1,\quad \beta_0=\frac{55}{24},\quad \beta_1=-\frac{59}{24},\quad \beta_2=\frac{37}{24},\quad \beta_3=-\frac{9}{24}.
$$

从而得到 Adams 外插四步法的计算公式：

$$
y_{i+1}=y_i+\frac{h}{24}(55f_i-59f_{i-1}+37f_{i-2}-9f_{i-3}),\quad i=3,\ 4,\ \cdots,\ N-1.
$$

对应的局部截断误差为

$$
e_{i+1}=\frac{251}{720}h^5y^{(5)}(x_i)+O(h^6).
$$

考虑如下的三步隐式法，

$$
y_{i+1}=\alpha_0y_i+\alpha_1y_{i-1}+\alpha_2y_{i-2}+h(\beta_{-1}y'_{i+1}+\beta_0y'_i+\beta_1y'_{i-1}+\beta_2y'_{i-2}).
$$

考查其局部截断误差：

$$
e_{i+1}=y(x_{i+1})-\left(\sum_{r=0}^{3}\alpha_ry(x_{i-r})+h\sum_{r=0}^{3}\beta_ry'(x_{i-r})\right).
$$

将 $y'(x_{i+1})$ 在 x_i 处作 Taylor 展开，

$$
y'(x_{i+1})=y'(x_i)+hy''(x_i)+\frac{h^2}{2}y^{(3)}(x_i)+\frac{h^3}{6}y^{(4)}(x_i)
$$

$$+\frac{h^4}{24}y^{(5)}(x_i)+O(h^5).$$

$y(x_{i-1})$，$y(x_{i-2})$，$y'(x_{i-1})$，$y'(x_{i-2})$ 的展开同前．截断误差为

$$\begin{aligned}e_{i+1}&=y(x_{i+1})-\left(\sum_{r=0}^{2}\alpha_r y(x_{i-r})+h\sum_{r=-1}^{2}\beta_r y'(x_{i-r})\right)\\&=(1-\alpha_0-\alpha_1-\alpha_2)y(x_i)\\&\quad+h(1+\alpha_1+2\alpha_2-\beta_{-1}-\beta_0-\beta_1-\beta_2)y'(x_i)\\&\quad+h^2\left(\frac{1}{2}-\frac{1}{2}\alpha_1-2\alpha_2-\beta_{-1}+\beta_1+2\beta_2\right)y''(x_i)\\&\quad+h^3\left(\frac{1}{6}+\frac{1}{6}\alpha_1+\frac{4}{3}\alpha_2-\frac{1}{2}\beta_{-1}-\frac{1}{2}\beta_1-2\beta_2\right)y^{(3)}(x_i)\\&\quad+h^4\left(\frac{1}{24}-\frac{1}{24}\alpha_1-\frac{2}{3}\alpha_2-\frac{1}{6}\beta_{-1}+\frac{1}{6}\beta_1+\frac{4}{3}\beta_2\right)y^{(4)}(x_i)\\&\quad+h^5\left(\frac{1}{120}+\frac{1}{120}\alpha_1+\frac{4}{15}\alpha_2-\frac{1}{24}\beta_{-1}-\frac{1}{24}\beta_1-\frac{2}{3}\beta_2\right)y^{(5)}(x_i)\\&\quad+O(h^6).\end{aligned}$$

要使 $e_{i+1}=O(h^5)$，则

$$\begin{aligned}1-\alpha_0-\alpha_1-\alpha_2&=0,\\1+\alpha_1+2\alpha_2-\beta_{-1}-\beta_0-\beta_1-\beta_2&=0,\\\frac{1}{2}-\frac{1}{2}\alpha_1-2\alpha_2-\beta_{-1}+\beta_1+2\beta_2&=0,\\\frac{1}{6}+\frac{1}{6}\alpha_1+\frac{4}{3}\alpha_2-\frac{1}{2}\beta_{-1}-\frac{1}{2}\beta_1-2\beta_2&=0,\\\frac{1}{24}-\frac{1}{24}\alpha_1-\frac{2}{3}\alpha_2-\frac{1}{6}\beta_{-1}+\frac{1}{6}\beta_1+\frac{4}{3}\beta_2&=0.\end{aligned}$$

这里有 7 个未知量 5 个方程，选择 $\alpha_1=\alpha_2=0$，则可解出

$$\alpha_0=1,\quad\beta_{-1}=\frac{9}{24},\quad\beta_0=\frac{19}{24},\quad\beta_1=-\frac{5}{24},\quad\beta_2=\frac{1}{24}.$$

由此得 Adams 内插三步法：

$$y_{i+1}=y_i+\frac{h}{24}(9f_{i+1}+19f_i-5f_{i-1}+f_{i-2}),\quad i=2,\ 3,\ \cdots,\ N-1.$$

同时可得截断误差为

$$e_{i+1}=-\frac{19}{720}h^5y^{(5)}(x_i)+O(h^6).$$

例 9.16 用四阶 Adams-Bashforth 方法求解下面的初值问题：

$$y'(x)=2x-y(x),\quad y(0)=-1.$$

取步长 $h=0.1$，求 $x=1$ 处的值.

解 四阶 Adams-Bashforth 方法：

$$y_{i+1}=y_i+\frac{h}{24}(55f_i-59f_{i-1}+37f_{i-2}-9f_{i-3}),\quad i=3,\ 4,\ \cdots,\ N-1.$$

记 $f(x,\ y)=2x-y$. 已知 $y_0=-1$, y_1, y_2, y_3 可用四阶 Runge-Kutta 法获得:

$$y_1=-0.895163,\quad y_2=-0.781269,\quad y_3=-0.659182.$$

从而

$$f_0=f(0,\ y_0)=1,$$

$$f_1=f(h,\ y_1)=f(0.1,\ -0.895163)=1.095163,$$

$$f_2=f(2h,\ y_2)=f(0.2,\ -0.781269)=1.181269,$$

$$f_3=f(3h,\ y_3)=f(0.3,\ -0.659182)=1.259182.$$

用四阶 Adams-Bashforth 公式:

$$y_4=y_3+\frac{h}{24}(55f_3-59f_2+37f_1-9f_0)=-0.529677.$$

该问题有精确解: $y(x)=\mathrm{e}^{-x}+2x-2$.

计算结果如下表:

i	x_i	f_i	f_{i-1}	f_{i-2}	f_{i-3}	y_{i+1}	error
3	0.4	1.259182	1.181269	1.095163	1	−0.529677	2.83 e−6
4	0.5	1.329677	1.259182	1.181269	1.095163	−0.393465	4.67 e−6
5	0.6	1.393465	1.329677	1.259182	1.181269	−0.251182	6.69 e−6
6	0.7	1.451182	1.393465	1.329677	1.259182	−0.103407	7.99 e−6
7	0.8	1.503407	1.451182	1.393465	1.329677	0.049338	9.12 e−6
8	0.9	1.550662	1.503407	1.451182	1.393465	0.206580	9.88 e−6
9	1.0	1.593420	1.550662	1.503407	1.451182	0.367890	1.05 e−5

注　(1) 显式的 Adams-Bashforth 方法常与隐式的 Adams-Moulton 方法结合起来使用. 先用 Adams-Bashforth 方法预估, 再用 Adams-Moulton 方法校正, 组合成 Adams 预估-校正方法(亦称 Adams-Bashforth-Moulton 方法).

(2)用四阶 Adams-Bashforth 公式计算出 $y_4=-0.529677$, 则

$$f(4h,\ y_4)=f(0.4,\ -0.529677)=1.329677.$$

(3)对于高阶 Adams-Bashforth 方法, 由于稳定性要求, 要想得到合理的结果, 必须严格限制步长.

例 9.17　给定多步法 $y_{n+1}=-\frac{3}{2}y_n+3y_{n-1}-\frac{1}{2}y_{n-2}+3hf_n$. 讨论方法的相容性和稳定性.

解　该方法对应的特征多项式为

$$\rho(\xi)=\xi^3+\frac{3}{2}\xi^2-3\xi+\frac{1}{2},\quad \sigma(\xi)=3\xi^2.$$

容易计算$\rho(1)=0$，$\rho'(1)=\sigma(1)=3$，由定义9.8中的相容性条件知，该方法是相容的.

注意到$\rho(\xi)=\frac{1}{2}(\xi-1)(2\xi^2+5\xi-1)$. 令$\rho(\xi)=0$，得

$$\xi_1=\frac{-5-\sqrt{33}}{4},\quad \xi_2=\frac{-5+\sqrt{33}}{4},\quad \xi_3=1.$$

因$|\xi_1|>1$，不满足根条件，故上述方法不稳定.

注 格式的局部截断误差为$O(h^4)$. 本题考查多步法的相容性和渐进稳定性概念.

9.3.6 边值问题的数值方法

例 9.18 用差分法求解

$$y''=y+x(x-4),\quad 0\leqslant x\leqslant 4;$$
$$y(0)=y(4)=0.$$

取空间步长$h=1$，用差分法求出$x_1=1$，$x_2=2$，$x_3=3$处的近似解.

解 对二阶导数用中心差分，

$$y''(x_i)\approx\frac{y_{i+1}-2y_i+y_{i-1}}{h^2}.$$

令$h=1$，得到离散方程

$$y_{i+1}-2y_i+y_{i-1}=y_i+x_i(x_i-4),\quad i=1,2,3.$$

代入边界条件和x_1，x_2，x_3的值后，有

$$y_2-2y_1+0=y_1+1(1-4),$$
$$y_3-2y_2+y_1=y_2+2(2-4),$$
$$0-2y_3+y_2=y_3+3(3-4).$$

化简后，有

$$3y_1-y_2=3,$$
$$-y_1+3y_2-y_3=4,$$
$$-y_2+3y_3=3.$$

求解此方程，$y_1=\frac{13}{7}$，$y_2=\frac{18}{7}$，$y_3=\frac{13}{7}$.

注 该问题的准确解是

$$y(x)=\frac{2(1-e^4)}{e^{-4}-e^4}e^{-x}-\frac{2(1-e^{-4})}{e^{-4}-e^4}e^x-x^2+4x-2.$$

在$x=1$处，$y(1)\approx 1.8341$，用差分法求得的结果是$y_1=\frac{13}{7}=1.8571$.

例 9.19 求解下面的边值问题：

$$y''+(x+1)y'-2y=(1-x^2)e^{-x},\quad 0\leqslant x\leqslant 1;$$
$$y(0)=-1,\quad y(1)=0.$$

解 对一般的线性问题

$$y''(x)+p(x)y'(x)+q(x)y(x)=r(x),\quad a\leqslant x\leqslant b,$$

边界条件：$y(a)=\alpha$，$y(b)=\beta$，令步长 $h=\dfrac{b-a}{N}$，$x_i=a+ih$，用中心差分格式近似一阶导数项和二阶导数项：

$$y'(x_i)\approx\frac{y(x_{i+1})-y(x_{i-1})}{2h},$$

$$y''(x_i)\approx\frac{y(x_{i+1})-2y(x_i)+y(x_{i-1})}{h^2}.$$

从而得到离散形式：

$$\left(1-\frac{h}{2}p_i\right)y_{i-1}+(-2+h^2q_i)y_i+\left(1+\frac{h}{2}p_i\right)y_{i+1}=h^2r_i,\ i=1,2,\cdots,N-1,$$

其中，$y_0=\alpha$，$y_N=\beta$，$p_j=p(x_j)$，$q_j=q(x_j)$，$r_j=r(x_j)$.

对本例，取步长 $h=0.2$，$x_i=ih=0.02i(i=1,2,3,4)$.

$$[-1+0.1(x_i+1)]y_{i-1}+(2+0.08)y_i+[-1-0.1(x_i+1)]y_{i+1}$$
$$=-0.04(1-x_i^2)e^{-x_i},$$

边界条件：$y_0=-1$，$y_5=0$. 对应的线性系统为

$$\begin{pmatrix}2.08 & -1.12 & & \\ -0.86 & 2.08 & -1.14 & \\ & -0.84 & 2.08 & -1.16 \\ & & -0.82 & 2.08\end{pmatrix}\begin{pmatrix}y_1\\y_2\\y_3\\y_4\end{pmatrix}=\begin{pmatrix}-0.911439\\-0.022523\\-0.014050\\-0.006470\end{pmatrix}.$$

计算解与精确解的比较见下表：

x_i	差分解	准确解	误差
0.0	-1.00000	-1.00000	0.00000
0.2	-0.65413	-0.65498	0.00085
0.4	-0.40103	-0.40219	0.00116
0.6	-0.21848	-0.21952	0.00105
0.8	-0.08924	-0.08987	0.00062
1.0	0.00000	0.00000	0.00000

注　本题考查用差分方法求解边值问题的基本步骤．其中，线性方程组的求解有多种方法可以选择．本题的精确解为 $y(x)=(x-1)e^{-x}$.

附录　模拟试题及解答

模拟试题 1

一、(20 分)方程组 $\boldsymbol{Ax}=b$，其中 $\boldsymbol{A}=\begin{pmatrix}1 & a & 0\\ a & 1 & a\\ 0 & a & 1\end{pmatrix}$，$\boldsymbol{b}=\begin{pmatrix}2\\ -3\\ 1\end{pmatrix}$.

(1)证明：当 $-\dfrac{1}{\sqrt{2}}<a<\dfrac{1}{\sqrt{2}}$ 时，矩阵 $\boldsymbol{A}$ 是正定的，并问用 Gauss-Seidel 迭代法求解方程组 $\boldsymbol{Ax}=\boldsymbol{b}$ 是否收敛?

(2)证明这时用 Jacobi 迭代法求解此方程组是收敛的.

二、(10 分) 已知 $y=f(x)$ 的数据如下：

x_i	0	1	2
$f(x_i)$	0	2	6
$f'(x_i)$		1	

求 $f(x)$ 的 Hermite 插值多项式 $H_3(x)$，并给出截断误差

$$R(x)=f(x)-H_3(x).$$

三、(15 分)确定逼近曲线 $y=\mathrm{e}^x$ 的两条直线 l_1 和 l_2，分别满足下列条件：

(1)使误差函数 $E_1(x)=\mathrm{e}^x-l_1(x)$ 在节点 $(x_1, x_2, x_3, x_4, x_5)=(-1, -0.5, 0, 0.5, 1)$ 的范数 $\|E_1\|^2=\sum\limits_{i=1}^{5}|E_1(x_i)|^2$ 尽可能小.

(2)使误差函数 $E_2(x)=\mathrm{e}^x-l_2(x)$ 在区间 $[-1, 1]$ 的范数 $\|E_2\|^2=\int_{-1}^{1}|E_2(x)|^2\mathrm{d}x$ 尽可能小.

四、(15 分)若给定公式

$$\int_a^b f(x)\mathrm{d}x=(b-a)f\left(\frac{a+b}{2}\right)+\frac{f''(\eta)}{24}(b-a)^3.$$

(1)问它是否为高斯(Gauss)型求积公式?

(2) 将区间 $[a, b]$ n 等分，写出计算积分 $\int_a^b f(x)\mathrm{d}x$ 的复化求积公式，并估计误差.

五、(15 分)常微分方程初值问题 $\begin{cases} y' = f(x, y), \\ y(x_0) = y_0 \end{cases}$ 的单步法

$$y_{n+1} = y_n + \frac{h}{3}(f(x_n, y_n) + 2f(x_{n+1}, y_{n+1})).$$

(1)试求其局部截断误差并回答它是几阶方法?

(2)求此单步法的绝对稳定区域.

六、(10 分)设 $\boldsymbol{A} = \begin{pmatrix} 2 & 10 & 2 \\ 10 & 5 & -8 \\ 2 & -8 & 11 \end{pmatrix}$ 的一个特征值为 $\lambda = 9$, 其相应的特征向量为 $x = \left(\frac{2}{3}, \frac{1}{3}, \frac{2}{3}\right)^{\mathrm{T}}$. 试求一个 Householder 变换矩阵 $\boldsymbol{H}$, 使得 $\boldsymbol{Hx} = \boldsymbol{e}_1 = (1, 0, 0)^{\mathrm{T}}$, 并计算 $\boldsymbol{HAH}^{\mathrm{T}}$.

七、(15 分)一简单的风险评估模型需要求解下列的大型稀疏矩阵方程组

$$(\boldsymbol{I} + \boldsymbol{A})\boldsymbol{x} = \boldsymbol{b},$$

其中,$\boldsymbol{b} \in \mathbf{R}^n$, $\boldsymbol{A} = \frac{1}{4}(\boldsymbol{P}_1 + \boldsymbol{P}_2 + \boldsymbol{P}_3)$, $\boldsymbol{P}_i \in \mathbf{R}^{n\times n}$, $i = 1, 2, 3$ 是任意的置换矩阵(即指每行每列恰有一个 1 的(0, 1)矩阵).

(1) 对任意的置换矩阵 $\boldsymbol{P} \in \mathbf{R}^{n\times n}$, $\boldsymbol{x} \in \mathbf{R}^n$, 有 $\|\boldsymbol{Px}\|_2 = \|\boldsymbol{x}\|_2$;

(2) 证明 $\boldsymbol{I} + \boldsymbol{A}$ 是非奇异矩阵, 并给出 $\|\boldsymbol{A}\|_2$, $\|\boldsymbol{I} + \boldsymbol{A}\|_2$, $\|(\boldsymbol{I} + \boldsymbol{A})^{-1}\|_2$ 和 $\mathrm{cond}_2(\boldsymbol{I} + \boldsymbol{A})$ 的上界.

模拟试题 2

一、(10 分)给定矩阵 $\boldsymbol{A}=\begin{pmatrix}1 & 1+\varepsilon\\ 1-\varepsilon & 1\end{pmatrix}$，其中 $\varepsilon>0$.

(1)求 $\boldsymbol{A}$ 的条件数 $\mathrm{cond}_{\infty}(\boldsymbol{A})$.

(2)如果 $\varepsilon\leqslant 0.01$，则 $\mathrm{cond}_{\infty}(A)$ 至少有多大?

二、(20 分)设 $\boldsymbol{A}$ 和 $\boldsymbol{B}$ 都是 n 阶实矩阵，且成立 $\|\boldsymbol{I}-\boldsymbol{BA}\|<1$. 为解线性方程组

$$\boldsymbol{Ax}=\boldsymbol{b},\tag{S1}$$

给初始向量 $\boldsymbol{x}_0\in\mathbf{R}^n$，构造迭代格式

$$\boldsymbol{x}_{k+1}=\boldsymbol{x}_k+\boldsymbol{B}(\boldsymbol{b}-\boldsymbol{Ax}_k),\quad k=0,1,2,\cdots\tag{S2}$$

(1)证明 $\boldsymbol{A}$ 可逆因而(S1)有唯一解.

(2)证明由(S2)得到的序列 $\{\boldsymbol{x}_k\}_{k=0}^{\infty}$ 必收敛到(S1)的解 $\boldsymbol{x}^*$.

(3) $\boldsymbol{B}$ 取为怎样的矩阵，(S2)成为 Jacobi 迭代? $\boldsymbol{B}$ 又取为怎样的矩阵，(S2)便是 Gauss-Seidel 迭代? 验证你的结论.

三、(20 分)设 $f(x)=x+x^{1+\alpha}$，$0<\alpha<1$.

(1)为求 $f(x)$ 的一个近似零点，构造如下迭代方法:

选取初值 $0<x_0\ll 1$，对 $k=0,1,2,\cdots$，执行

i) 解关于 ε_k 的方程

$$f(x_k)+f'(x_k)\varepsilon_k=0;$$

ii) 校正近似解

$$x_{k+1}=x_k+\varepsilon_k.$$

此迭代法跟你熟悉的什么方法等价? 解释你的结论.

(2)证明由上述迭代法产生的序列 $(x_k)_{k=0}^{\infty}$ 是收敛列，求出其极限并确定序列的收敛阶.

四、(15 分)设 π: $a=x_0<x_1<x_2<\cdots<x_n=b$ 是区间 $[a,b]\subset\mathbf{R}$ 上的一个剖分. 记 $h_i=x_i-x_{i-1}$，$i=1,2,\cdots,n$，$h=\max\limits_{1\leqslant i\leqslant n}h_i$. 又记 $[a,b]$ 上按剖分 π 分段且在所有节点 x_i 处取有理值的分段线性样条函数的集合为 $S_h[a,b]$，即

$$S_h[a,b]=\left\{s(x)\in C[a,b]:\ s(x)=\frac{x-x_{i-1}}{h_i}u_i+\frac{x_i-x}{h_i}u_{i-1},\right.$$
$$\left.x\in[x_{i-1},x_i];\ u_{i-1},u_i\text{ 是有理数};\ i=1,2,\cdots,n\right\}.$$

证明：当 $h\to 0$ 时，$S_h[a,b]$ 稠密于 $C[a,b]$.

五、(10 分)求区间 $[0,1]$ 上函数 $f(x)=\sin\pi x$ 的最佳平方逼近二次多项式 $P_2(x)$.

六、(15 分)设有求积公式

$$\int_0^1 f(x)\,\mathrm{d}x\approx af(0)+bf(1)+cf'(0).$$

(1)求 a，b，c，使以上求积公式的代数精度尽可能高，并指出所达到的最高代数精度.

(2)如果此求积公式的误差为 $R = kf'''(\eta)$，$\eta \in (0,1)$，试确定误差式中的 k 值.

七、(10分) 椭圆形积分 $\int \sqrt{1+t^3}\mathrm{d}t$ 用基本的微积分方法不能求解，试用解常微分方程初值问题的经典 Runge-Kutta 方法求 $y(x)=\int_0^x \sqrt{1+t^3}\mathrm{d}t$ 在 $x=0.5$，1.0 处的近似值，取步长 $h=0.5$(保留4位有效数字). 请问此积分还可以用什么数值方法求解?

模拟试题 3

一、(10 分)考虑最小二乘问题

$$\min_{x} \| \boldsymbol{b} - \boldsymbol{A}\boldsymbol{x} \|_2, \tag{S3}$$

其中，$\boldsymbol{A}$ 是 6×5 实矩阵

$$\boldsymbol{A} = \begin{pmatrix} 1 & 1 & 1 & 1 & 1 \\ \varepsilon & 0 & 0 & 0 & 0 \\ 0 & \varepsilon & 0 & 0 & 0 \\ 0 & 0 & \varepsilon & 0 & 0 \\ 0 & 0 & 0 & \varepsilon & 0 \\ 0 & 0 & 0 & 0 & \varepsilon \end{pmatrix},$$

$\boldsymbol{x} \in \boldsymbol{R}^5$，$\boldsymbol{0} \neq \boldsymbol{b} \in R^6$，$\| \boldsymbol{x} \|_2 = (\boldsymbol{x}, \boldsymbol{x})^{\frac{1}{2}}$，$(\cdot, \cdot)$ 表示 Euclid 空间中的内积. 如果 $\varepsilon = 0.5 \times 10^{-5}$，而所用的浮点计算机只能保留 10 位小数，那么问题(S3)能利用法方程(或称正则方程)求解吗？说明理由.

二、(15 分)

(1)空间 $\mathbf{R}^n$ 中向量 $\boldsymbol{x} = (x_1, x_2, \cdots, x_n)^{\mathrm{T}}$ 的范数 $\| \boldsymbol{x} \|_1$ 和 $\| \boldsymbol{x} \|_\infty$ 分别定义为 $\| \boldsymbol{x} \|_1 = \sum_{i=1}^{n} |x_i|$ 和 $\| \boldsymbol{x} \|_\infty = \max_{1 \leq i \leq n} |x_i|$. 证明这两个范数是等价的.

(2)空间 $C[0, 1]$ 中函数 $x(t)$ 的范数 $\| x \|_1$ 和 $\| x \|_\infty$ 分别定义为 $\| x \|_1 = \int_0^1 |x(t)| \mathrm{d}t$ 和 $\| x \|_\infty = \max_{0 \leq t \leq 1} |x(t)|$. 证明这两个范数不是等价的.

三、(15 分)方程组 $\boldsymbol{A}\boldsymbol{x} = \boldsymbol{b}$，其中

$$\boldsymbol{A} = \begin{pmatrix} 1 & -0.5 & a \\ -0.5 & 2 & -0.5 \\ -a & -0.5 & 1 \end{pmatrix}, \ \boldsymbol{x}, \boldsymbol{b} \in \mathbf{R}^3.$$

(1)试利用迭代收敛的充要条件求出使 Jacobi 迭代法收敛的 a 的取值范围；

(2)选择一种便于计算的迭代收敛的充分条件，求出使 Gauss-Seidel 迭代法收敛的 a 的取值范围；并写出其 Gauss-Seidel 迭代公式（分量形式).

四、(15 分)考虑在区间 $\left[\frac{\sqrt{2}}{2}, 1\right]$ 内寻找 Chebyshev 多项式

$$T_3(x) = 4x^3 - 3x \tag{S4}$$

的一个近似零点.

(1)作函数

$$g(x) = x - T_3(x), \tag{S5}$$

并且在 $\left[\frac{\sqrt{2}}{2}, 1\right]$ 内取初值 x_0，构造迭代格式

$$x_{k+1} = g(x_k), \qquad k = 0, 1, 2, \cdots. \tag{S6}$$

问由格式(S6)产生的序列 (x_k) 是否必收敛到 $T_3(x)=0$ 在 $\left[\frac{\sqrt{2}}{2},\ 1\right]$ 内的一个解 x^*？为什么？

(2)将(S5)改为

$$g_\beta(x) = x - \beta T_3(x), \tag{S7}$$

其中，$\beta \neq 0$ 为常数．类似(1)取初值 x_0，并构造迭代格式

$$x_{k+1} = g_\beta(x_k), \qquad k = 0,\ 1,\ 2,\ \cdots \tag{S8}$$

问 β 满足怎样的条件可保证格式(S8)产生的序列 (x_k) 收敛到上述解 x^*？

(3) β 取何值时格式(S8)收敛最快？

五、(15 分)设 $a=(3,\ 0,\ 4,\ 0)^{\mathrm{T}}$，求 Householder 变换矩阵 $\boldsymbol{H}$，使得 $\boldsymbol{H}\boldsymbol{a}=(b,\ 0,\ 0,\ 0)^{\mathrm{T}}$，又问 b 为多少？

六、(15 分)给定 n 个节点的数值积分公式

$$T_f = \int_a^b f(x)\,\mathrm{d}x = \sum_{k=0}^{n-1} A_k f(x_k) + \frac{B}{(2n)!}(b-a)^{2n+1} f^{(2n)}(\xi), \tag{S9}$$

其中，$f(x) \in C^{2n}[a,\ b]$，$x_0,\ x_1,\ \cdots,\ x_{n-1},\ \xi \in [a,\ b]$，$B$ 为常数.

(1)将区间 $[a,\ b]$ 等分为 M 个子区间(步长设为 h)，并在每个子区间上应用 n 节点的积分公式(S9)，写出相应的复化求积公式及其误差余项.

(2)证明：$A_k > 0\ (k=0,\ 1,\ \cdots,\ n-1)$.

七、(15 分)利用模型问题 $y' = \lambda y\ (\lambda < 0)$ 讨论公式

$$y_{n+1} = y_n + hf\left(x_n + \frac{h}{2},\ y_n + \frac{h}{2}f(x_n,\ y_n)\right)$$

的稳定性.

模拟试题 4

一、(15 分)对 n 阶矩阵 $\boldsymbol{A}$，用 2-范数定义条件数 $\mathrm{cond}_2(\boldsymbol{A})$，$\rho(\boldsymbol{A})$ 表示谱半径.

(1) 设 $\boldsymbol{A}=\begin{pmatrix}0 & 0\\ 1 & 0\end{pmatrix}$，$\boldsymbol{B}=\begin{pmatrix}0 & -1\\ 0 & 0\end{pmatrix}$，试计算 $\rho(\boldsymbol{A})$，$\rho(\boldsymbol{B})$ 与 $\rho(\boldsymbol{A}+\boldsymbol{B})$.

(2) 若 $\boldsymbol{A}$ 的奇异值为 $\sigma_1 \geqslant \cdots \geqslant \sigma_n > 0$，试用奇异值表示出 $\mathrm{cond}_2(\boldsymbol{A})=$? 若 $\boldsymbol{A}$ 为 Hermite 阵，且特征值为 $|\lambda_1| \geqslant \cdots \geqslant |\lambda_n| > 0$，试用特征值表示出 $\mathrm{cond}_2(\boldsymbol{A})=$?

二、(15 分) 用迭代法 $x^{(k+1)}=x^{(k)}+\alpha(\boldsymbol{b}-\boldsymbol{A}\boldsymbol{x}^{(k)})$，$k=0, 1, 2, \cdots$，求解线性方程组 $\boldsymbol{A}\boldsymbol{x}=\boldsymbol{b}$，其中

$$\boldsymbol{A}=\begin{pmatrix}3 & 2\\ 1 & 2\end{pmatrix},\ \boldsymbol{b}=\begin{pmatrix}3\\ -1\end{pmatrix}.$$

求使得此迭代公式收敛的 α 的最大允许区间和使得迭代收敛最快的 α.

三、(15 分) 设 $n\times n$ 实矩阵 $\boldsymbol{A}$ 的奇异值分解(SVD)为 $\boldsymbol{A}=\boldsymbol{U\Sigma V}^{\mathrm{T}}$，其中 $\boldsymbol{U}$ 和 $\boldsymbol{V}$ 为正交阵，$\boldsymbol{\Sigma}$ 为对角阵. $\boldsymbol{I}$ 为 $n\times n$ 单位阵，$\boldsymbol{b}$ 为 $n\times 1$ 向量，μ 为正实数，证明下列最小二乘问题

$$\min_x \left\| \begin{pmatrix}\boldsymbol{A}\\ \mu\boldsymbol{I}\end{pmatrix} x-\begin{pmatrix}\boldsymbol{b}\\ 0\end{pmatrix} \right\|_2$$

的最小二乘解为 $x=\boldsymbol{V}(\boldsymbol{\Sigma}^2+\mu^2\boldsymbol{I})^{-1}\boldsymbol{\Sigma}\boldsymbol{U}^{\mathrm{T}}b$.

四、(15 分) 设有计算积分 $I(f)=\int_{-1}^{1}(1+x^2)f(x)\,\mathrm{d}x$ 的一个积分公式为：

$$I(f)=af\left(-\sqrt{\frac{2}{5}}\right)+bf\left(\sqrt{\frac{2}{5}}\right)+R(1+x^2,\ f)$$

(1) 求 a，b 使以上求积公式的代数精度尽可能高，并指出所达到的最高代数精度；

(2)如果 $f(x)\in C^4[-1,\ 1]$，试给出该求积公式的截断误差.

五、(15 分)　试证明线性二步法

$$y_{n+1}=y_{n-1}+h[f(x_{n+1},\ y_{n+1})+f(x_{n-1},\ y_{n-1})]$$ 为二阶格式.

六、(10 分)设 $S(x)$ 是三次自然样条，$g(x)\in C^2[a,\ b]$ 且满足相同插值条件，则 $\int_a^b [S''(x)]^2\mathrm{d}x \leqslant \int_a^b [g''(x)]^2\mathrm{d}x$.

七、(15 分) 取初始向量 $\boldsymbol{u}_0=(1,\ 1)^{\mathrm{T}}$，应用幂法于矩阵 $\boldsymbol{A}_1=\begin{pmatrix}\lambda & 1\\ 0 & \lambda\end{pmatrix}$ $(\lambda>0)$，并判断所得序列是否收敛.

模拟试题解答

◎ 模拟试题 1 解答

一、(1) 当 $-\frac{1}{\sqrt{2}} < a < \frac{1}{\sqrt{2}}$ 时,

$$1 > 0,\quad \begin{vmatrix} 1 & a \\ a & 1 \end{vmatrix} = 1 - a^2 > 0,\quad \begin{vmatrix} 1 & a & 0 \\ a & 1 & a \\ 0 & a & 1 \end{vmatrix} = 1 - 2a^2 > 0$$

矩阵 $\boldsymbol{A}$ 是正定的, 故由定理 2.9 知, 用 Gauss-Seidel 迭代法求解方程组 $\boldsymbol{Ax}=\boldsymbol{b}$ 是收敛的.

(2) 证法 1　Jacobi 迭代矩阵

$$\boldsymbol{G}_J = \boldsymbol{D}^{-1}(\boldsymbol{L}+\boldsymbol{U}) = \begin{pmatrix} 0 & -a & 0 \\ -a & 0 & -a \\ 0 & -a & 0 \end{pmatrix}.$$

$\boldsymbol{G}_J$ 的特征多项式为

$$|\lambda \boldsymbol{I} - \boldsymbol{G}_J| = \begin{vmatrix} \lambda & a & 0 \\ a & \lambda & a \\ 0 & a & \lambda \end{vmatrix} = \lambda(\lambda^2 - 2a^2).$$

因而其谱半径 $\rho(\boldsymbol{G}_J) = \sqrt{2}\,|a| < 1$, 由定理 2.3 知, Jacobi 迭代法收敛.

证法 2　矩阵 $\boldsymbol{A}$ 是正定的, 且易证明 $2\boldsymbol{D}-\boldsymbol{A} = \begin{pmatrix} 1 & -a & 0 \\ -a & 1 & -a \\ 0 & -a & 1 \end{pmatrix}$ 也为正定的, 由定理 2.8 知, Jacobi 迭代法收敛.

二、设 $H_3(x) = N_2(x) + Kx(x-1)(x-2)$ (K 为待定系数), 其中

$$N_2(x) = f(0) + f[0,1](x-0) + f[0,1,2](x-0)(x-1).$$

x_i	y_i	一阶差商	二阶差商
0	0		
1	2	2	
2	6	4	1

所以 $N_2(x) = 0 + 2(x-0) + (x-0)(x-1) = x^2 + x$. 又 $H_3'(1) = 1$, 所以

$$N_2'(1) + [K(x-0)(x-1)(x-2)]'_{x=1} = 1.$$

因此 $K=2$, 从而

$$H_3(x) = x^2 + x + 2(x-0)(x-1)(x-2) = 2x^3 - 5x^2 + 5x,$$

其误差 $R(x) = \frac{f^{(4)}(\eta)}{4!}(x-0)(x-1)^2(x-2)$.

三、(1) $l_1(x) = a_0 + a_1 x$, 则 $\varphi_0 = 1$, $\varphi_1 = x$. 所以

$$\boldsymbol{\varphi}_0=\begin{pmatrix}1\\1\\1\\1\\1\end{pmatrix},\quad \boldsymbol{\varphi}_1=\begin{pmatrix}-1\\-0.5\\0\\0.5\\1\end{pmatrix},\quad \boldsymbol{y}=\begin{pmatrix}\mathrm{e}^{-1}\\\mathrm{e}^{-0.5}\\1\\\mathrm{e}^{0.5}\\\mathrm{e}^{1}\end{pmatrix}.$$

则求解方程 $\begin{pmatrix}(\boldsymbol{\varphi}_0,\boldsymbol{\varphi}_0), & (\boldsymbol{\varphi}_0,\boldsymbol{\varphi}_1)\\(\boldsymbol{\varphi}_1,\boldsymbol{\varphi}_0), & (\boldsymbol{\varphi}_1,\boldsymbol{\varphi}_1)\end{pmatrix}\begin{pmatrix}a_0\\a_1\end{pmatrix}=\begin{pmatrix}(\boldsymbol{\varphi}_0,\boldsymbol{y})\\(\boldsymbol{\varphi}_1,\boldsymbol{y})\end{pmatrix}$，即

$$\begin{pmatrix}5 & 0\\0 & 2.5\end{pmatrix}\begin{pmatrix}a_0\\a_1\end{pmatrix}=\begin{pmatrix}\mathrm{e}^{-1}+\mathrm{e}^{-0.5}+1+\mathrm{e}^{0.5}+\mathrm{e}^{1}\\-\mathrm{e}^{-1}-\frac{1}{2}\mathrm{e}^{-0.5}+0+\frac{1}{2}\mathrm{e}^{0.5}+\mathrm{e}^{1}\end{pmatrix}.$$

求解

$$\begin{cases}a_0=\dfrac{1}{5}(\mathrm{e}^{-1}+\mathrm{e}^{-0.5}+1+\mathrm{e}^{0.5}+\mathrm{e}),\\a_1=\dfrac{2}{5}\left(-\mathrm{e}^{-1}-\dfrac{1}{2}\mathrm{e}^{-0.5}+\dfrac{1}{2}\mathrm{e}^{0.5}+\mathrm{e}\right),\end{cases}$$

得

$$l_1(x)=\frac{1}{5}(\mathrm{e}^{-1}+\mathrm{e}^{-0.5}+1+\mathrm{e}^{0.5}+\mathrm{e})+\frac{2}{5}\left(-\mathrm{e}^{-1}-\frac{1}{2}\mathrm{e}^{-0.5}+\frac{1}{2}\mathrm{e}^{0.5}+\mathrm{e}\right)x.$$

（2）设 $l_2(x)=C_0+C_1x$. 取 $\varphi_0=1$，$\varphi_1=x$，$\rho(x)=1$.

$$(\varphi_0,\varphi_0)=\int_{-1}^{1}1\cdot 1\mathrm{d}x=2,\quad (\varphi_0,\varphi_1)=\int_{-1}^{1}1\cdot x\mathrm{d}x=0,\quad (\varphi_1,\varphi_1)=\int_{-1}^{1}x\cdot x\mathrm{d}x=\frac{2}{3},$$

$$(\varphi_0,y)=\int_{-1}^{1}1\cdot \mathrm{e}^{x}\mathrm{d}x=\mathrm{e}^{1}-\mathrm{e}^{-1},\quad (\varphi_1,y)=\int_{-1}^{1}x\cdot \mathrm{e}^{x}\mathrm{d}x=2\mathrm{e}^{-1}.$$

求解方程 $\begin{pmatrix}2 & 0\\0 & \frac{2}{3}\end{pmatrix}\begin{pmatrix}C_0\\C_1\end{pmatrix}=\begin{pmatrix}\mathrm{e}-\mathrm{e}^{-1}\\2\mathrm{e}^{-1}\end{pmatrix}$，求得 $\begin{cases}C_0=\frac{1}{2}(\mathrm{e}-\mathrm{e}^{-1}),\\C_1=3\mathrm{e}^{-1}.\end{cases}$ 所以

$$l_2(x)=\frac{1}{2}(\mathrm{e}-\mathrm{e}^{-1})+3\mathrm{e}^{-1}x.$$

四、（1）节点个数 $n=1$，代数精度为 1，因此由 Gauss 型求积公式的定义知，此公式是 Gauss 型求积公式.

（2）将 $[a,b]$ n 等分，则 $a=x_0$，$b=x_n$，$h=\dfrac{b-a}{n}$，$\displaystyle\int_a^b f(x)\mathrm{d}x=\sum_{i=1}^{n}\int_{x_{i-1}}^{x_i}f(x)\mathrm{d}x$，

$$\begin{aligned}\int_{x_{i-1}}^{x_i}f(x)\mathrm{d}x&=(x_i-x_{i-1})f\left(\frac{x_i+x_{i-1}}{2}\right)+\frac{f''(\eta_i)}{24}(x_i-x_{i-1})^3\\&=hf\left(\frac{x_i+x_{i-1}}{2}\right)+\frac{f''(\eta_i)}{24}h^3.\end{aligned}$$

所以

$$\int_a^b f(x)\mathrm{d}x = \sum_{i=1}^n hf\left(\frac{x_i + x_{i-1}}{2}\right) + \sum_{i=1}^n \frac{f''(\eta_i)}{24}h^3 = h\left(\sum_{i=1}^n f\left(a + \left(i - \frac{1}{2}\right)h\right)\right) + \frac{f''(\eta)}{24}h^3 n$$

$$= h\left(\sum_{i=1}^n f\left(a + \left(i - \frac{1}{2}\right)h\right)\right) + \frac{b-a}{24}f''(\eta)h^2.$$

从而复化求积公式为 $\int_a^b f(x)\mathrm{d}x \approx h\sum_{i=1}^n f\left(a + \left(i - \frac{1}{2}\right)h\right)$，误差为 $R(x) = \frac{b-a}{24}f''(\eta)h^2$，$\eta \in (a, b)$.

五、(1)假设 $y_n = y(x_n)$. 由于

$$f(x_{n+1}, y_{n+1}) = f(x_{n+1}, y(x_{n+1})) + f'_y(x_{n+1}, \eta)(y_{n+1} - y(x_{n+1})),$$

η 介于 y_{n+1} 与 $y(x_{n+1})$ 之间，且

$$f(x_{n+1}, y(x_{n+1})) = y'(x_{n+1}) = y'(x_n) + hy''(x_n) + O(h^2).$$

因此，

$$y_{n+1} = y(x_n) + \frac{h}{3}(f(x_n, y_n) + 2f(x_{n+1}, y_{n+1}))$$

$$= y(x_n) + hy'(x_n) + \frac{2}{3}h^2y''(x_n) + O(h^3) + \frac{2}{3}hf'_y(x_{n+1}, \eta)(y_{n+1} - y(x_{n+1})).$$

又 $y(x_{n+1}) = y(x_n) + hy'(x_n) + \frac{h^2}{2}y''(x_n) + O(h^3)$，所以

$$y(x_{n+1}) - y_{n+1} = \frac{2}{3}hf'_y(x_{n+1}, \eta)(y(x_{n+1}) - y_{n+1}) - \frac{h^2}{6}y''(x_n) + O(h^3).$$

从而局部截断误差 $y(x_{n+1}) - y_{n+1}$ 为

$$y(x_{n+1}) - y_{n+1} = \frac{1}{1 - \frac{2}{3}hf'_y(x_{n+1}, \eta)}\left(-\frac{h^2}{6}y''(x_n)\right) + O(h^3)$$

$$= -\frac{h^2}{6}y''(x_n)\left(1 + \frac{2}{3}hf'_y(x_{n+1}, \eta)\right) + O(h^3) = O(h^2).$$

故此单步法是一阶的.

(2) 考查试验方程 $y' = \lambda y$，有 $y_{n+1} = y_n + \frac{h}{3}(\lambda y_n + 2\lambda y_{n+1})$，所以

$$\left(1 - \frac{2}{3}h\lambda\right)y_{n+1} = \left(1 + \frac{1}{3}h\lambda\right)y_n.$$

因此 $\left|\frac{\delta_{n+1}}{\delta_n}\right| = \left|\frac{3 + h\lambda}{3 - 2h\lambda}\right|$. 当 $\left|\frac{3 + h\lambda}{3 - 2h\lambda}\right| \leqslant 1$ 时该单步法是绝对稳定的. 所以该单步法的绝对稳定区域为 $h\lambda \leqslant 0$ 或 $h\lambda \geqslant 6$.

六、对 $\boldsymbol{x} = \left(\frac{2}{3}, \frac{1}{3}, \frac{2}{3}\right)^{\mathrm{T}}$，取 $\boldsymbol{u} = \frac{\boldsymbol{x} - \|\boldsymbol{x}\|_2 \boldsymbol{e}_1}{\|\boldsymbol{x} - \|\boldsymbol{x}\|_2 \boldsymbol{e}_1\|_2} = \left(-\frac{1}{\sqrt{6}}, \frac{1}{\sqrt{6}}, \frac{2}{\sqrt{6}}\right)^{\mathrm{T}}$，则有

$$\boldsymbol{H} = \boldsymbol{I} - 2\boldsymbol{u}\boldsymbol{u}^{\mathrm{T}} = \frac{1}{3}\begin{pmatrix} 2 & 1 & 2 \\ 1 & 2 & -2 \\ 2 & -2 & -1 \end{pmatrix}.$$

这时 $Hx = e_1$，且有 $HAH^{\mathrm{T}} = \begin{pmatrix} 9 & 0 & 0 \\ 0 & 18 & 0 \\ 0 & 0 & -9 \end{pmatrix}$.

七、(1) 若 P 为置换矩阵，则有 $P^{-1} = P^{\mathrm{T}} = P$. 对任意的 $x \in \mathbf{R}^n$，

$$\|Px\|_2^2 = x^{\mathrm{T}} P^{\mathrm{T}} P x = x^{\mathrm{T}} I x = x^{\mathrm{T}} x = \|x\|_2^2,$$

即 $\|Px\|_2 = \|x\|_2$.

(2) 由(1)，若 P 为置换矩阵，则 $\|P\|_2 = \sup \dfrac{\|Px\|_2}{\|x\|_2} = 1$. 因此

$$\|A\|_2 = \left\| \frac{1}{4}(P_1 + P_2 + P_3) \right\|_2 \leqslant \frac{1}{4}(\|P_1\|_2 + \|P_2\|_2 + \|P_3\|_2) = \frac{3}{4}.$$

由第 1 章的重要定理 1.2, $I + A$ 是非奇异矩阵，且

$$\|I + A\|_2 \leqslant \|I\|_2 + \|A\|_2 \leqslant \frac{7}{4}, \quad \|(I + A)^{-1}\|_2 \leqslant \frac{1}{1 - \|A\|_2} \leqslant 4,$$

$$\mathrm{cond}_2(I + A) = \|I + A\|_2 \cdot \|(I + A)^{-1}\|_2 \leqslant 7.$$

◎ 模拟试题 2 解答

一、(1) 可算出 $\|A\|_\infty = 2 + \varepsilon$，$\|A^{-1}\|_\infty = \varepsilon^{-2}(2 + \varepsilon)$，故

$$\mathrm{cond}(A)_\infty = \|A\|_\infty \|A^{-1}\|_\infty = \left(\frac{2 + \varepsilon}{\varepsilon}\right)^2 > \frac{4}{\varepsilon^2}.$$

(2) 若 $\varepsilon < 0.01$，则 $\mathrm{cond}(A)_\infty \geqslant 40000$.

二、(1) 由于 $\|I - BA\| < 1$，由第 1 章的定理 1.2 知, $I - (I - BA)$ 可逆，即 BA 可逆. 从而 A，B 可逆. 因此 $Ax = b$ 有唯一解.

(2) 设 x^* 是方程 $Ax = b$ 的解，则有

$$\begin{aligned} x_{k+1} - x^* &= x_k + B(b - Ax_k) - x^* = x_k - x^* - B(Ax_k - Ax^*) \\ &= (I - BA)(x_k - x^*). \end{aligned}$$

所以

$$\begin{aligned} \|x_{k+1} - x^*\| &= \|(I - BA)(x_k - x^*)\| \leqslant \|I - BA\| \, \|x_k - x^*\| \\ &\leqslant \|I - BA\|^2 \|x_{k-1} - x^*\| \leqslant \cdots \leqslant \|I - BA\|^{k+1} \|x_0 - x^*\|. \end{aligned}$$

由于 $\|I - BA\| < 1$，所以 $\|x_{k+1} - x^*\| \to 0 \ (k \to \infty)$.

(3) 令 $A = D - L - U$，其中 D，$-L$，$-U$ 是 A 的对角矩阵、下三角阵及上三角阵

$$x_{k+1} = x_k + B(b - Ax_k) = (I - BA)x_k + Bb.$$

若取 B 为 A 的对角元矩阵之逆 D^{-1}，即 $B = D^{-1}$，则(S2)为 Jacobi 迭代. 验证如下：

$$x_{k+1} = (I - BA)x_k + Bb = (I - D^{-1}A)x_k + D^{-1}b = D^{-1}(L + U)x_k + D^{-1}b.$$

此即标准的 Jacobi 迭代.

又若取 $B = (D - L)^{-1}$，则有

$$x_{k+1} = (I - BA)x_k + Bb = (I - (D - L)^{-1}A)x_k + (D - L)^{-1}b$$

$$= (\boldsymbol{D} - \boldsymbol{L})^{-1}\boldsymbol{U}\boldsymbol{x}_k + (\boldsymbol{D} - \boldsymbol{L})^{-1}\boldsymbol{b}.$$

此即 Gauss-Seidel 迭代.

三、(1) 合并迭代法的二步得到 $x_{k+1} = x_k - f'(x_k)^{-1}f(x_k)$，故此迭代法就是 Newton 迭代法.

(2) 由 Newton 迭代得到

$$x_{k+1} = x_k - f'(x_k)^{-1}f(x_k) = x_k - \frac{x_k + x_k^{1+\alpha}}{1 + (1+\alpha)x_k^{\alpha}} = \frac{\alpha x_k^{1+\alpha}}{1 + (1+\alpha)x_k^{\alpha}}. \tag{S10}$$

于是若 $x_k > 0$，则 $x_{k+1} > 0$，而且还有

$$\frac{x_{k+1}}{x_k} = \frac{\alpha x_k^{\alpha}}{1 + (1+\alpha)x_k^{\alpha}} < 1.$$

又因 $0 < x_0$，故序列 $(x_k)_{k=1}^{\infty}$ 单调下降并且以 0 为下界，因而有极限，设为 $\tilde{x}$. 于(S10)式两端取极限得 $\tilde{x} = \dfrac{\alpha x^{1+\alpha}}{1 + (1+\alpha)x^{\alpha}}$. 于是 $\tilde{x} = 0$ 是 $f(x)$ 的一个零点.

(3) 为确定收敛阶，利用式(S10)可得

$$\frac{|x_{k+1} - 0|}{|x_k - 0|^{1+\alpha}} = \frac{\alpha}{1 + (1+\alpha)x_k^{\alpha}} \to \alpha \ (k \to \infty),$$

即收敛阶 $p = 1 + \alpha$.

此试题说明：若 $f(x)$ 在 $\boldsymbol{x}^*$ 附近不是二阶连续可微的，则 Newton 法不一定具有二阶收敛速度.

四、本题要证对任一函数 $f(x) \in C[a, b]$ 和任给的 $\varepsilon > 0$，必有 $s_1(x) \in S_h[a, b]$，使 $|f(x) - s_1(x)| < \varepsilon$ 成立.

现任取 $f(x) \in C[a, b]$，熟知 $f(x)$ 在 $[a, b]$ 上也是一致连续的，即 $\forall \varepsilon > 0$，$\exists \delta > 0$，当 $x_1, x_2 \in [a, b]$ 满足 $|x_1 - x_2| < \delta$ 时，便有

$$|f(x_1) - f(x_2)| < \frac{\varepsilon}{3}.$$

设剖分 π 使 $h = \max_i h_i < \delta$，又取有理点组 $\{u_i\}_{i=0}^{n}$，使得 $|f(x_i) - u_i| < \dfrac{\varepsilon}{3}$，$i = 0, 1, 2, \cdots, n$. 由此点组定义一个一次样条函数 $s_1(x) \in S_h[a, b]$，

$$s_1(x) = \frac{x - x_{i-1}}{h_i}u_i + \frac{x_i - x}{h_i}u_{i-1}, \quad x \in [x_{i-1}, x_i], \quad i = 1, 2, \cdots, n,$$

则有

$$\begin{aligned} |f(x) - s_1(x)| &= |f(x) - f(x_i) + f(x_i) - u_i + u_i - s_1(x)| \\ &\leqslant |f(x) - f(x_i)| + |f(x_i) - u_i| + |u_i - s_1(x)| \\ &< \frac{\varepsilon}{3} + \frac{\varepsilon}{3} + \frac{\varepsilon}{3} = \varepsilon, \quad x \in [x_{i-1}, x_i], \quad i = 1, 2, \cdots, n. \end{aligned}$$

五、设所求得的逼近多项式为 $P_2(x) = a_0 + a_1 x + a_2 x^2$，则应有

$$a_0\int_0^1 1\mathrm{d}x + a_1\int_0^1 x\mathrm{d}x + a_2\int_0^1 x^2\mathrm{d}x = \int_0^1 \sin\pi x\mathrm{d}x,$$
$$a_0\int_0^1 x\mathrm{d}x + a_1\int_0^1 x^2\mathrm{d}x + a_2\int_0^1 x^3\mathrm{d}x = \int_0^1 x\sin\pi x\mathrm{d}x,$$
$$a_0\int_0^1 x^2\mathrm{d}x + a_1\int_0^1 x^3\mathrm{d}x + a_2\int_0^1 x^4\mathrm{d}x = \int_0^1 x^2\sin\pi x\mathrm{d}x.$$

积分得到

$$a_0 + \frac{a_1}{2} + \frac{a_2}{3} = \frac{2}{\pi},\quad \frac{a_0}{2} + \frac{a_1}{3} + \frac{a_2}{4} = \frac{1}{\pi},\quad \frac{a_0}{3} + \frac{a_1}{4} + \frac{a_2}{5} = \frac{\pi^2 - 4}{\pi^3}.$$

解此方程组得

$$a_0 = \frac{12}{\pi^3}(\pi^2 - 10) \approx -0.0505,\quad a_1 = -a_2 = -\frac{60}{\pi^3}(\pi^2 - 12) \approx 4.1225.$$

所以 $P_2(x) = \frac{12}{\pi^3}(\pi^2 - 10) - \frac{60}{\pi^3}(\pi^2 - 12)x + \frac{60}{\pi^3}(\pi^2 - 12)x^2$.

六、(1) 令 $f(x)=1$, x, x^2, 分别代入求积公式两端，使其精确相等，得到下列方程组

$$\begin{cases} a + b = 1, \\ b + c = \dfrac{1}{2}, \\ b = \dfrac{1}{3}. \end{cases}$$

解得 $a = \frac{2}{3}$, $b = \frac{1}{3}$, $c = \frac{1}{6}$. 于是得到求积公式

$$\int_0^1 f(x)\mathrm{d}x \approx \frac{2}{3}f(0) + \frac{1}{3}f(1) + \frac{1}{6}f'(0).$$

当 $f(x) = x^3$ 时，左 $= \int_0^1 x^3\mathrm{d}x = \frac{1}{4}$, 右 $= \frac{1}{3}$, 左 $\neq$ 右. 所以所得求积公式具有最高代数精确度 2.

(2) 将 $f(x) = x^3$ 代入公式，即

$$\int_0^1 f(x)\mathrm{d}x = \frac{2}{3}f(0) + \frac{1}{3}f(1) + \frac{1}{6}f'(0) + kf'''(\eta),$$

即 $\frac{1}{4} = \frac{1}{3} + 6k$, $k = -\frac{1}{72}$, 这时误差项为 $R = -\frac{1}{72}f'''(\eta)$.

七、求积分等价于解下列常微分方程初值问题

$$\begin{cases} y' = \sqrt{1 + x^3}, & x > 0, \\ y(0) = 0 \end{cases}$$

记 $f(x, y) = \sqrt{1 + x^3}$, 则解此初值问题的经典 Runge-Kutta 方法为

$$
\begin{cases}
y_{i+1} = y_i + \dfrac{h}{6}(k_1 + 2k_2 + 2k_3 + k_4), \\
k_1 = f(x_i, y_i), \\
k_2 = f\left(x_i + \dfrac{h}{2}, y_i + \dfrac{1}{2}hk_1\right), \\
k_3 = f\left(x_i + \dfrac{h}{2}, y_i + \dfrac{1}{2}hk_2\right), \\
k_4 = f(x_i + h, y_i + hk_3).
\end{cases}
$$

取 $h = 0.5$，可算出

$$
y(0.5) \approx y_1 = 0.5077, \quad y(1.0) \approx y_2 = 1.1114
$$

此题还可以用数值积分的方法求近似解.

◎ 模拟试题3解答

一、问题(S3)的法方程为 $\boldsymbol{A}^{\mathrm{T}}\boldsymbol{A}\boldsymbol{x} = \boldsymbol{A}^{\mathrm{T}}\boldsymbol{b}$，于是

$$
\boldsymbol{A}^{\mathrm{T}}\boldsymbol{A} = \begin{pmatrix}
1+\varepsilon^2 & 1 & 1 & 1 & 1 \\
1 & 1+\varepsilon^2 & 1 & 1 & 1 \\
1 & 1 & 1+\varepsilon^2 & 1 & 1 \\
1 & 1 & 1 & 1+\varepsilon^2 & 1 \\
1 & 1 & 1 & 1 & 1+\varepsilon^2
\end{pmatrix}.
$$

若 $\varepsilon = 0.5 \times 10^{-5}$，则 $\varepsilon^2 = 0.25 \times 10^{-10}$. 又由机器的小数表示可得

$$
fl(\boldsymbol{A}^{\mathrm{T}}\boldsymbol{A}) = \begin{pmatrix}
1 & 1 & 1 & 1 & 1 \\
1 & 1 & 1 & 1 & 1 \\
1 & 1 & 1 & 1 & 1 \\
1 & 1 & 1 & 1 & 1 \\
1 & 1 & 1 & 1 & 1
\end{pmatrix},
$$

此矩阵奇异，故本题的最小二乘问题不能用法方程求解.

二、(1) 由范数定义直接得到

$$
\|\boldsymbol{x}\|_\infty = \max_i |x_i| \leqslant \sum_{i=1}^{n} |x_i| = \|\boldsymbol{x}\|_1 \leqslant n\|\boldsymbol{x}\|_\infty.
$$

(2) $\forall x \in C[0, 1]$ 有

$$
\|x\|_1 = \int_0^1 |x(t)|\mathrm{d}t \leqslant \max_{0\leqslant t\leqslant 1} |x(t)| \int_0^1 \mathrm{d}t = \|x\|_\infty.
$$

但并非对所有的 $x \in C[0, 1]$ 都存在常数 $\alpha > 0$ 使

$$
\|x\|_\infty \leqslant \alpha \|x\|_1 \tag{S11}
$$

成立. 为此构造反例：设 $\varepsilon > 0$ 任意小，$M > 0$ 任意大，且令 $\delta = \dfrac{\varepsilon}{M}$. 作函数

$$x(t)=\begin{cases}M\left(t-\dfrac{1}{2}+\delta\right)/\delta, & t\in\left[\dfrac{1}{2}-\delta,\ \dfrac{1}{2}\right],\\ M\left(t-\dfrac{1}{2}+\delta\right)/\delta, & t\in\left[\dfrac{1}{2},\ \dfrac{1}{2}+\delta\right],\\ 0, & \text{其他}.\end{cases}$$

显然 $x(t)\in C[0,1]$. 然而

$$\|x\|_1=\int_0^1|x(t)|\mathrm{d}t=\int_{\frac{1}{2}-\delta}^{\frac{1}{2}}\left[M\left(t-\frac{1}{2}+\delta\right)/\delta\right]\mathrm{d}t+\int_{\frac{1}{2}}^{\frac{1}{2}+\delta}\left[M\left(\frac{1}{2}+\delta-t\right)/\delta\right]\mathrm{d}t$$

$$=\frac{1}{2}\delta M+\frac{1}{2}\delta M=\delta M=\varepsilon\ (\text{任意小}).$$

$$\|x\|_\infty=\max_{0\leqslant t\leqslant 1}|x(t)|=M\ (\text{任意大}).$$

故不可能有 $\alpha>0$ 使(S11)式成立，即 $\|x\|_1$ 与 $\|x\|_\infty$ 不等价.

三、(1) 对 $\boldsymbol{A}$ 作分裂 $\boldsymbol{A}=\boldsymbol{D}-(\boldsymbol{D}-\boldsymbol{A})$，其中 $\boldsymbol{D}$ 是主对角元与 $\boldsymbol{A}$ 相同的对角阵. Jacobi 迭代矩阵

$$\boldsymbol{B}_J=\boldsymbol{D}^{-1}(\boldsymbol{D}-\boldsymbol{A})=\begin{pmatrix}1&0&0\\0&0.5&0\\0&0&1\end{pmatrix}\begin{pmatrix}0&0.5&-a\\0.5&0&0.5\\a&0.5&0\end{pmatrix}=\begin{pmatrix}0&0.5&-a\\0.25&0&0.25\\a&0.5&0\end{pmatrix}.$$

$\boldsymbol{B}_J$ 的特征多项式为

$$|\lambda\boldsymbol{I}-\boldsymbol{B}_J|=\begin{vmatrix}\lambda&-0.5&a\\-0.25&\lambda&-0.25\\-a&-0.5&\lambda\end{vmatrix}=\lambda(\lambda^2+a^2-0.25).$$

因而其谱半径 $\rho(\boldsymbol{B}_J)=|a^2-0.25|^{\frac{1}{2}}$，由 $\rho(\boldsymbol{B}_J)<1$ 解得，当 $a\in\left(-\dfrac{\sqrt{5}}{2},\ \dfrac{\sqrt{5}}{2}\right)$ 时，Jacobi 迭代法收敛.

(2) 当 $\boldsymbol{A}$ 为按行严格对角占优矩阵时 Gauss-Seidel 迭代法收敛，显然 $0.5+|a|<1$ 即 $a\in(-0.5,\ 0.5)$ 时 $\boldsymbol{A}$ 按行严格对角占优，因而 $a\in(-0.5,\ 0.5)$ 时 Gauss-Seidel 迭代法收敛. Gauss-Seidel 迭代公式分量形式为

$$\begin{cases}x_1^{(k+1)}=0.5x_2^{(k)}-ax_3^{(k)}+b_1,\\ x_2^{(k+1)}=0.25x_1^{(k+1)}+0.25x_3^{(k)}+\dfrac{1}{2}b_2,\\ x_3^{(k+1)}=ax_1^{(k+1)}+0.5x_2^{(k+1)}+b_3.\end{cases}$$

其中 $b_i(i=1,2,3)$ 为右端向量 $\boldsymbol{b}$ 的分量元素.

四、(1) 由(S4)，(S5)得 $g'(x)=4-12x^2$. 故在 $\left[\dfrac{\sqrt{2}}{2},\ 1\right]$ 内 $|g'(x)|>1$，(S6)不一定能收敛到 $T_3(x)=0$ 的解，除非恰好取到 x_0 为 $T_3(x)$ 的零点.

(2) 容易得到方程 $T_3(x)=0$ 在区间 $\left[\dfrac{\sqrt{2}}{2},\ 1\right]$ 内有一解 $x^*=\dfrac{\sqrt{3}}{2}$. 又由(S4)，(S7)得知

$g'_\beta(x)=1-12\beta x^2+3\beta$. 于是若要保证(S8)收敛，须取$\beta$满足$|g'_\beta(x^*)|=|1-6\beta|<1$. 即

$$0<\beta<\frac{1}{3}. \tag{S12}$$

(3) 因$T'_3(x)=12x^2-3$在$\left[\frac{\sqrt{2}}{2}, 1\right]$内单调增，故有$3\leqslant T'_3(x)\leqslant 9$，$x\in\left[\frac{\sqrt{2}}{2}, 1\right]$，且知$g'_\beta(x)$应取值于$1-9\beta$与$1-3\beta$之间，即$|g'_\beta(x)|\leqslant\max\{|1-9\beta|, |1-3\beta|\}$. 考虑到条件(S12)，问题归结为求$\beta$，使

$$\min_{0<\beta<\frac{2}{15}}\max\{|1-9\beta|, |1-3\beta|\}. \tag{S13}$$

简单分析可知，优化问题(S13)的解应满足$1-3\beta=-(1-9\beta)$，即取$\beta=\frac{1}{6}$时(S8)收敛最快，此时$|g'_\beta(x)|\leqslant\frac{1}{2}$.

五、$\boldsymbol{a}=(3, 0, 4, 0)^{\mathrm{T}}$，$b=\pm\sqrt{3^2+4^2}=\pm 5$.

(1) 若取$b=5$，则$\boldsymbol{u}_1=\dfrac{\boldsymbol{a}-b\boldsymbol{e}_1}{\|\boldsymbol{a}-b\boldsymbol{e}_1\|_2}=\left(-\frac{1}{\sqrt{5}}, 0, \frac{2}{\sqrt{5}}, 0\right)^{\mathrm{T}}$，

$$\boldsymbol{H}=\boldsymbol{I}-2\boldsymbol{u}_1\boldsymbol{u}_1^{\mathrm{T}}=\frac{1}{5}\begin{pmatrix}3&0&4&0\\0&1&0&0\\4&0&-3&0\\0&0&0&1\end{pmatrix}.$$

(2) 若取$b=-5$，则$\boldsymbol{u}_2=\dfrac{\boldsymbol{a}-b\boldsymbol{e}_1}{\|\boldsymbol{a}-b\boldsymbol{e}_1\|_2}=\left(\frac{2}{\sqrt{5}}, 0, \frac{1}{\sqrt{5}}, 0\right)^{\mathrm{T}}$，

$$\boldsymbol{H}=\boldsymbol{I}-2\boldsymbol{u}_2\boldsymbol{u}_2^{\mathrm{T}}=\frac{1}{5}\begin{pmatrix}-3&0&-4&0\\0&1&0&0\\-4&0&3&0\\0&0&0&1\end{pmatrix}.$$

六、(1) $h=\dfrac{b-a}{M}$，$x_i=a+ih\ (i=0, 1, \cdots, M)$，复化求积公式为

$$T_f=\int_a^b f(x)\,\mathrm{d}x=\sum_{i=1}^{M}\int_{x_{i-1}}^{x_i}f(x)\,\mathrm{d}x\approx\sum_{i=1}^{M}\sum_{k=0}^{n-1}A_kf(x_{k,i}).$$

误差余项为

$$R(T_f)=\sum_{i=1}^{M}\frac{B}{(2n)!}h^{2n+1}f^{(2n)}(\xi_i)=\frac{B}{(2n)!}h^{2n+1}\sum_{i=1}^{M}f^{(2n)}(\xi_i)$$
$$=\frac{B(b-a)h^{2n}}{(2n)!}f^{(2n)}(\eta).$$

(2) 对$k=0, 1, \cdots, n-1$，令$f(x)=\prod\limits_{\substack{j=0\\j\neq k}}^{n-1}(x-x_j)^2$，则$f(x)$为$2n-2$次多项式，且

$$\int_a^b f(x)\mathrm{d}x > 0,\quad \sum_{i=0}^{n-1} A_i f(x_i) = A_k \prod_{\substack{j=0\\ j\neq k}}^{n-1} (x_k - x_j)^2,\quad f^{(2n)}(\xi) = 0,$$

代入(S9)，得 $A_k \prod_{\substack{j=0\\ j\neq k}}^{n-1} (x_k - x_j)^2 > 0$，即 $A_k > 0$.

七、$y_{n+1} = y_n + h\left[\lambda\left(y_n + \frac{h}{2}\lambda y_n\right)\right] = \left[1 + \lambda h + \frac{1}{2}(\lambda h)^2\right] y_n$. 如果 $\delta_k = |\tilde{y}_k - y_k|$，则

$$\delta_{k+1} = \left[1 + \lambda h + \frac{1}{2}(\lambda h)^2\right]\delta_k.$$

根据稳定性分析所做的假设，$\delta_n = \left|1 + \lambda h + \frac{1}{2}(\lambda h)^2\right|^n \delta_0$. 选择 h，使

$$\left|1 + \lambda h + \frac{1}{2}(\lambda h)^2\right| < 1.$$

可以解出 $-2 < \lambda h < 0$.

◎ 模拟试题 4 解答

一、(1) $\rho(\boldsymbol{A}) = \rho(\boldsymbol{B}) = 0$; $\boldsymbol{A} + \boldsymbol{B} = \begin{pmatrix} 0 & -1 \\ 1 & 0 \end{pmatrix}$ 其特征值为 $\pm i$，故 $\rho(\boldsymbol{A} + \boldsymbol{B}) = 1$.（由此可知不满足三角不等式，不是范数）.

(2) $\mathrm{cond}_2(\boldsymbol{A}) = \|\boldsymbol{A}\|_2 \|\boldsymbol{A}^{-1}\|_2$，$\mathrm{cond}_2(\boldsymbol{A}) = \frac{\sigma_1}{\sigma_n}$，$\mathrm{cond}_2(\boldsymbol{A}) = \frac{|\lambda_1|}{|\lambda_n|}$.

二、迭代格式即为

$$x^{(k+1)} = (\mathrm{I} - \alpha\boldsymbol{A})x^{(k)} + \alpha\boldsymbol{b},\quad k = 0, 1, 2, \cdots$$

所以迭代矩阵为

$$\boldsymbol{D} = \mathrm{I} - \alpha\boldsymbol{A} = \begin{pmatrix} 1 - 3\alpha & -2\alpha \\ -\alpha & 1 - 2\alpha \end{pmatrix},$$

其特征方程为

$$|\lambda\boldsymbol{E} - \boldsymbol{D}| = \begin{vmatrix} \lambda - (1 - 3\alpha) & 2\alpha \\ \alpha & \lambda - (1 - 2\alpha) \end{vmatrix} = 0,$$

即 $\lambda^2 - (2 - 5\alpha)\lambda + (1 - \alpha)(1 - 4\alpha) = 0$，

解之得　$\lambda_1 = 1 - \alpha$，$\lambda_2 = 1 - 4\alpha$.

则 $\rho(\boldsymbol{D}) = \max\{|1 - \alpha|, |1 - 4\alpha|\} = \begin{cases} 1 - 4\alpha, & \alpha \leqslant 0 \\ 1 - \alpha, & 0 < \alpha < \frac{2}{5}, \\ 4\alpha - 1, & \alpha \geqslant \frac{2}{5} \end{cases}$

因为 $\rho(\boldsymbol{D}) < 1 \Leftrightarrow 0 < \alpha < \frac{1}{2}$，

所以，当$0 < \alpha < \dfrac{1}{2}$时迭代法收敛.

当$\alpha = \dfrac{2}{5}$时，$\rho(\boldsymbol{D}) = \dfrac{3}{5}$达到最小，此时收敛最快.

三、证明 令$\boldsymbol{B} = \begin{pmatrix} A \\ \mu I \end{pmatrix}$，$\bar{\boldsymbol{b}} = \begin{pmatrix} b \\ 0 \end{pmatrix}$，因此上述的最小二乘问题变成：

$$\min_x \|\boldsymbol{B}\boldsymbol{x} - \bar{b}\|_2,$$

由于$\boldsymbol{B}$为列满秩矩阵，所以其最小二乘解可以直接用正则化方法得到：

法方程为：$\boldsymbol{B}^{\mathrm{T}}\boldsymbol{B}\boldsymbol{x} = \boldsymbol{B}^{\mathrm{T}}\bar{\boldsymbol{b}}$，即

$$[\boldsymbol{A}^{\mathrm{T}}, \mu\boldsymbol{I}]\begin{pmatrix} \boldsymbol{A} \\ \mu\boldsymbol{I} \end{pmatrix} x = [\boldsymbol{A}^{\mathrm{T}}, \mu\boldsymbol{I}]\begin{pmatrix} b \\ 0 \end{pmatrix}$$

亦即：$(\boldsymbol{A}^{\mathrm{T}}\boldsymbol{A} + \mu^2\boldsymbol{I})x = \boldsymbol{A}^{\mathrm{T}}b$.

因此，$x = (\boldsymbol{A}^{\mathrm{T}}\boldsymbol{A} + \mu^2\boldsymbol{I})^{-1}\boldsymbol{A}^{\mathrm{T}}\boldsymbol{b}$，

将$\boldsymbol{A}$的奇异值分解$\boldsymbol{A} = U\Sigma V^{\mathrm{T}}$代入上式，得到

$$x = (\boldsymbol{V}\boldsymbol{\Sigma}^2\boldsymbol{V}^{\mathrm{T}} + \mu^2\boldsymbol{I})^{-1}\boldsymbol{V}\boldsymbol{\Sigma}\boldsymbol{U}^{\mathrm{T}}b = \boldsymbol{V}(\boldsymbol{\Sigma}^2 + \mu^2 I)^{-1}\boldsymbol{\Sigma}\boldsymbol{U}^{\mathrm{T}}b.$$

四、解 本题是一个带权$\rho(x) = 1 + x^2$的求积公式.

(1)当$f(x) = 1$时，左$= \int_{-1}^{1}(1 + x^2)\mathrm{d}x = \dfrac{8}{3}$，右$= a + b$；

当$f(x) = x$时，左$= \int_{-1}^{1}(1 + x^2)x\mathrm{d}x = 0$，右$= a\left(-\dfrac{\sqrt{2}}{\sqrt{5}}\right) + b\left(\dfrac{\sqrt{2}}{\sqrt{5}}\right)$.

要使求积公式至少具有1次代数精度，当且仅当

$$\begin{cases} a + b = \dfrac{8}{3}, \\ a - b = 0. \end{cases}$$

解得$a = b = \dfrac{4}{3}$. 于是得到求积公式

$$I(f) = \frac{4}{3}f\left(-\sqrt{\frac{2}{5}}\right) + \frac{4}{3}f\left(\sqrt{\frac{2}{5}}\right) + R(1 + x^2, f).$$

当$f(x) = x^2$时，左=右$= \dfrac{16}{15}$；

当$f(x) = x^3$时，左=右=0.

当$f(x) = x^4$时，左≠右.

所以当$a = b = \dfrac{4}{3}$时，所得求积公式具有最高代数精度3.

(2)作3次Hermite插值多项式$H(x)$)满足

$$H\left(-\sqrt{\frac{2}{5}}\right) = f\left(-\sqrt{\frac{2}{5}}\right),\quad H\left(\sqrt{\frac{2}{5}}\right) = f\left(\sqrt{\frac{2}{5}}\right)$$

$$H'\left(-\sqrt{\frac{2}{5}}\right) = f'\left(-\sqrt{\frac{2}{5}}\right),\quad H'\left(\sqrt{\frac{2}{5}}\right) = f'\left(\sqrt{\frac{2}{5}}\right),$$

则由

$$f(x)-H(x)=\frac{1}{4!}f^{(4)}(\xi)\left(x+\sqrt{\frac{2}{5}}\right)^2\left(x-\sqrt{\frac{2}{5}}\right)^2,$$

直接得到此求积公式的截断误差：

$$R(1+x^2,f)=\frac{f^{(4)}(\eta)}{4!}\int_a^b(1+x^2)\left(x+\sqrt{\frac{2}{5}}\right)^2\left(x-\sqrt{\frac{2}{5}}\right)^2\mathrm{d}x.$$

五、证明 分别将 y_{n-1}，y'_{n-1}，y'_{n+1} 在 x_n 处用 Taylor 公式展开得：

$$y_{n-1}=y_n-y'_nh+\frac{y''_n}{2!}h^2-\frac{y'''_n}{3!}h^3+o(h^3),\quad y'_{n-1}=y'_n-y''_nh+\frac{y'''_n}{2!}h^2+o(h^2),$$

$y'_{n+1}=y'_n+y''_nh+\dfrac{y'''_n}{2!}h^2+o(h^2)$. 将以上三式代入线性二步法中，得：

$$y_{n+1}=y_n+y'_nh+\frac{y''_n}{2!}h^2+\frac{5y'''_n}{6}h^3+o(h^3).$$

方程真解的 Taylor 展开式为

$$y(x_{n+1})=y(x_n)+y'(x_n)h+\frac{y''(x_n)}{2!}h^2+\frac{y'''(x_n)}{3!}h^3+o(h^3).$$

所以，局部截断误差 $=y(x_{n+1})-y_{n+1}=-\dfrac{2}{3}y'''_nh^3+o(h^3)$.

因此，该方法是二阶的.

六、 $S(x)$ 与 $g(x)$ 满足插值条件

$$S(x_i)=g(x_i)=f(x_i),\ i=0,1,\cdots,n.$$

记 $\eta(x)=g(x)-S(x)$，$\eta(x)\in C^2[a,b]$，$\eta(x_i)=0$，$i=0,1,\cdots,n$.

$$\int_a^b\eta''(x)S''(x)\mathrm{d}x=\sum_{i=0}^{n-1}\int_{x_i}^{x_{i+1}}\eta''(x)S''(x)\mathrm{d}x$$

$$=\eta'(b)S''(b)-\eta'(a)S''(a)+\sum_{i=0}^{n-1}\int_{x_i}^{x_{i+1}}\eta(x)S^{(4)}(x)\mathrm{d}x=0$$

（因为 $S''(a)=S''(b)=0$；$S(x)$ 在 (x_i,x_{i+1}) 上是三次多项式，$S^{(4)}(x)=0$）

$$\int_a^b[g''(x)]^2\mathrm{d}x=\int_a^b[\eta''(x)+S''(x)]^2\mathrm{d}x=\int_a^b[\eta''(x)]^2+[S''(x)]^2\mathrm{d}x\geqslant\int_a^b[S''(x)]^2\mathrm{d}x.$$

七、解 对于矩阵 $\boldsymbol{A}=\begin{bmatrix}\lambda & 1\\ 0 & \lambda\end{bmatrix}$

取初始向量：$\boldsymbol{u}_0=(1,1)^{\mathrm{T}}$，迭代如下

$$y_1=Au_0=\begin{bmatrix}\lambda+1\\ \lambda\end{bmatrix},\ m_1=\max(y_1)=\lambda+1,\ u_1=y_1/m_1=\begin{bmatrix}1\\ \dfrac{\lambda}{\lambda+1}\end{bmatrix};$$

$$y_2=Au_1=\begin{bmatrix}\lambda+\dfrac{\lambda}{\lambda+1}\\ \dfrac{\lambda^2}{\lambda+1}\end{bmatrix},\ m_2=\max(y_2)=\lambda+\frac{\lambda}{\lambda+1},\ u_2=y_2/m_2=\begin{bmatrix}1\\ \dfrac{\lambda}{\lambda+2}\end{bmatrix};$$

$$y_3 = Au_2 = \begin{bmatrix} \lambda + \dfrac{\lambda}{\lambda + 2} \\ \dfrac{\lambda^2}{\lambda + 2} \end{bmatrix}, \quad m_3 = \max(y_3) = \lambda + \frac{\lambda}{\lambda + 2}, \quad u_3 = y_3/m_3 = \begin{bmatrix} 1 \\ \dfrac{\lambda}{\lambda + 3} \end{bmatrix}.$$

一般地，

$$m_k = \lambda + \frac{\lambda}{\lambda + k - 1}, \quad u_k = \begin{bmatrix} 1 \\ \dfrac{\lambda}{\lambda + k} \end{bmatrix}, \quad k = 1, 2, \cdots.$$

显然

$$m_k \to \lambda, \quad u_k \to \begin{bmatrix} 1 \\ 0 \end{bmatrix}, \quad k \to \infty.$$

参 考 文 献

[1] 邹秀芬，陈绍林，胡宝清，向华．数值计算方法学习指导书［M］．武汉：武汉大学出版社，2008.

[2] 郑慧娆，陈绍林，莫忠息，等．数值计算方法［M］．2版．武汉：武汉大学出版社，2012.

[3] 曹志浩．数值线性代数［M］．上海：复旦大学出版社，1995.

[4] 关治，陆金甫．数值分析基础［M］．北京：高等教育出版社，1998.

[5] Stewart G W. Introduction to Matrix Computations［M］. New York and London：Academic Press，1973.

[6] 白峰杉．数值计算引论［M］．北京：高等教育出版社，2004.

[7] 熊西文，施吉林，谢如彪．数值代数［M］．武汉：华中工学院出版社，1986.

[8] Atkinson K. E. 数值分析引论［M］．匡蛟勋，王国荣，等，译．上海：上海科学技术出版社，1986.

[9] 王尊正．数值分析基本教程［M］．哈尔滨：哈尔滨工业大学出版社，1993.

[10] 徐树方．矩阵计算的理论与方法［M］．北京：北京大学出版社，1995.

[11] 林成森．数值计算方法（上、下册）［M］．北京：科学出版社，2000.

[12] 唐珍．舍入误差分析引论［M］．上海：上海科学技术出版社，1987.

[13] 孙猷．数值线性代数讲义［M］．天津：南开大学出版社，1987.

[14] 关治，陈景良．数值计算方法［M］．北京：清华大学出版社，1990.

[15] 聂铁军，侯谊，郑介庸．数值计算方法［M］．西安：西北工业大学出版社，1990.

[16] 陈延梅，吴勃英，金承日．计算方法学习指导［M］．北京：科学出版社，2003.

[17] 黄友谦，李岳生．数值逼近［M］．北京：高等教育出版社，1987.

[18] 全慧云，邹秀芬，康立山，等．数值分析与应用程序［M］．武汉：武汉大学出版社，2007.

[19] Richard L，Burden J. Donglas F. 数值分析［M］．7版．北京：高等教育出版社，2001.

[20] Kincaid D，Cheney W. 数值分析［M］．3版，英文版．北京：机械工业出版社，2003.

[21] 孙志忠．计算方法典型例题分析［M］．2版．北京：科学出版社，2005.

[22] 孙志忠．数值分析全真试题解析［M］．南京：东南大学出版社，2004.

[23] Michael T. Heath. 科学计算导论［M］．张威，等，译．北京：清华大学出版社，2005.

[24] 王立秋，魏焕彩，周学圣．工程数值分析题解［M］．山东：山东大学出版社，2004.
[25] 车刚明，聂玉峰，封建湖，等．数值分析典型题解析及自测试题［M］．西安：西北工业大学出版社，2002.
[26] 蔡大用．数值分析与实验学习指导［M］．北京：清华大学出版社，2001.
[27] 吴勃英，高广宏．数值分析学习指导［M］．北京：高等教育出版社，2007.
[28] Hairer E, Wanner G. 常微分方程的解法 II：刚性与微分代数问题［M］．2 版．北京：科学出版社，2006.
[29] Rainer Kress. Numerical analysis（Graduate Texts in Mathematics，181）［M］．New York：Springer-Verlag，1998.
[30] Trefethen L N. Approximation theory and approximation practice［M］．Philadelphia：SIAM，2018.
[31] Quarteroni A，Riccardo S，Fausto S. Numerical mathematics（Texts in Applied Mathematics，37）［M］．Berlin，Heidelberg：Springer，2007.